军队高等教育自学考试教材

信息管理与信息系统专业（**本科**）

军事信息网建设与管理

董绍进　李　航　主　编

国防工業出版社

·北京·

内 容 简 介

军事信息网,就是用于保障军队作战指挥和军事行动,达成信息获取、信息传输、信息利用目的的信息网络。近年来,以信息网络技术为核心的高技术群在军事领域的迅猛崛起,促进了军事信息产业的迅速发展。如今,军事信息网的发展,已经成为军队信息化建设的重中之重。

本书以军事信息网建设和管理为目的,全面介绍了军事信息网建设与发展现状等多方面的实用技术。帮助读者理解军事信息网建设和管理中涉及的基本概念、技术原理,掌握军事信息网建设和管理的基本技能。

本书共九章,主要内容包括:军事信息网概述、规划设计、互联设备、用户接入、广域互联、安全防护、信息服务、运维管理,最后通过一个案例将主要课程内容联系起来。本书的内容针对性强,涵盖了计算机网络值勤维护及相关岗位中可能涉及的配置技术,并且与部队在网装备和实战化需求结合紧密,针对性强,能够全面满足部队相关岗位专业能力需求。

读者通过学习本书,能够熟悉军事信息网的基础知识、网络结构和关键技术,掌握军事信息网安全防护和信息服务的专业知识和基本技能,了解军事信息网运维管理的基本概念及相关的值勤维护知识,有效提高军事信息网建设与管理的质量和水平,满足联合作战条件下军事信息网保障需求。

本书适合作为参加军队高等教育自学考试的信息管理与信息系统专业(独立本科段)学员的教材使用,也可面向军事信息网值勤维护骨干人员和运行管理技术人员、军事信息网管理参谋人员,以及相关人员提供培训使用。

图书在版编目(CIP)数据

军事信息网建设与管理/董绍进,李航主编.—北京:国防工业出版社,2019.11

ISBN 978-7-118-11994-7

Ⅰ.①军… Ⅱ.①董…②李… Ⅲ.①军事—信息网络 Ⅳ.①E919

中国版本图书馆 CIP 数据核字(2019)第 257956 号

※

国防工业出版社出版发行

(北京市海淀区紫竹院南路 23 号 邮政编码 100048)

三河市腾飞印务有限公司印刷

新华书店经售

*

开本 787×1092 1/16 **印张** 18¼ **字数** 415 千字

2019 年 11 月第 1 版第 1 次印刷 **印数** 1—3000 册 **定价** 73.00 元

国防书店:(010)88540777 发行邮购:(010)88540776

发行传真:(010)88540755 发行业务:(010)88540717

本册编审人员

主　审　行明顺

主　编　董绍进　李　航

副主编　梁　璟　王志国　曹　巍

编　者　时　晨　刘　晶　杜　佳　刘红燕

沈向余　李九英

前 言

近年来，随着我国国民经济和社会信息化进程的全面加快，各行各业的运行和发展都离不开网络，信息网络已成为现代社会的基础设施。信息网络的管理与维护是确保网络效能得以充分发挥的关键。

本书系统介绍了军事信息网建设与管理的实用技术，帮助读者理解军事信息网的现状，掌握军事信息网建设与管理的相关协议和基本技能。与国内外出版的同类书只重理论讲解、忽视实践操作的模式不同，本书内容丰富，深入浅出，切合实际，既有理论性和系统性，又有很强的操作性和实践性。

本书共9章，内容包括军事信息网概述、规划设计、互联设备、用户接入、广域互联、安全防护、信息服务、运维管理以及网络建设与管理案例。

第一章军事信息网概述，主要介绍军事信息网的地位作用、体系结构、发展趋势和技术基础等内容。通过本章的学习，读者可了解军事信息网的相关知识，熟悉和掌握军事信息网建设和管理的基本网络知识。

第二章军事信息网规划与设计，主要介绍军事信息网规划与设计的基础知识、网络逻辑设计和物理设计等相关内容。通过本章的学习，读者可理解网络规划和设计的流程、内容，掌握进行需求分析、网络的逻辑设计和物理设计的方法。

第三章军事信息网互联设备，主要介绍网络互联的基本概念和原理、常用的网络互联和安防设备以及主流的网络产品。通过本章的学习，读者可熟悉网络互联的概念，了解常用的网络互联设备。

第四章军事信息网用户接入，主要介绍以太网技术、高速/无线局域网的用户接入、虚拟局域网相关技术以及提高网络健壮性的技术方法等内容。通过本章的学习，读者可掌握交换机组网的相关技术、原理和局域网组建的方法。

第五章军事信息网广域互联，主要介绍军事信息网广域互联的协议和链路、数据转发过程、静态和动态路由协议以及大规模网络路由技术等内容。通过本章的学习，读者可理解网络广域互联的相关概念，掌握常见路由协议的原理和实施方法，并了解提高网络服务质量方面的相关概念。

第六章军事信息网安全防护，主要介绍网络安全涵盖接入控制、内容安全和行为审计的安全防护体系以及如何在网络建设中进行网络安全设计等内容。通过本章的学习，读者可了解网络安全防护工作在军事信息网中的实施流程和方法。

第七章军事信息网信息服务，主要介绍服务器的基本知识、磁盘阵列技术、服务器虚拟化技术、DNS/Web/FTP 等典型公共信息服务、云计算技术和网络平台构建等内容。通过本章的学习，读者可了解信息服务和云计算等相关概念以及如何将云计算服务与网络进行对接。

第八章军事信息网运维管理，主要介绍网络管理的基本概念、简单网络管理协议、网络运行管理与值勤等内容。通过本章的学习，读者可了解网络运行管理运行管理与值勤方面的基本知识和技能。

第九章军事信息网建设与管理案例，用一个案例介绍进行军事信息网建设和管理的实施全过程。通过本章的学习，读者可形象化地了解网络建设管理的过程以及过程中涉及的技术和方法如何具体运用。

本书由董绍进、李航主编，梁璟、王志国、曹巍、时晨、刘晶、杜佳、刘红燕、沈向余、李九英共同参与编写；行明顺教授主审。本书在编写过程中，参阅了大量文献，在此对这些文献的作者表示感谢。书中用到的网络设备图标来自华为、新华三等公司的官方资料，在此一并表示感谢。

由于编者水平有限，书中难免有不妥和错误之处，恳请读者批评指正！

编　者

2019年3月

目录

军事信息网建设与管理自学考试大纲

第一章　军事信息网概述

第二章　军事信息网规划与设计

第三章　军事信息网互联设备

第四章　军事信息网用户接入

第五章　军事信息网广域互联

第六章　军事信息网安全防护

第七章 军事信息网信息服务

第八章 军事信息网运维管理

第九章　军事信息网建设与管理案例

军队高等教育自学考试
信息管理与信息系统专业(**本科**)

军事信息网建设与管理
自学考试大纲

Ⅰ. 课程性质与课程目标

一、课程性质与特点

军事信息网建设与管理是高等教育自学考试信息管理与信息系统专业(独立本科段)考试计划中规定必考的专业教育课,也是该专业的学位课。设置本课程的目的是使考生建立关于军事信息网的整体网系概念,掌握军事信息网的体系结构、技术基础、规划设计、互联互通、安全防护、信息服务、运维管理等知识,为后续专业课程的学习训练打下坚实的理论和操作技能基础。

二、课程目标

军事信息网建设与管理是高等教育自学考试信息管理与信息系统专业(独立本科段)的专业教育课。通过本课程的学习,应达到以下目标。

(1) 熟悉军事信息网的体系结构、历史和发展趋势,理解军事信息网建设和管理的主要内容。

(2) 理解军事信息网规划与设计的理论和方法基础。

(3) 掌握网络互联的基本原理和方法,了解通用和专用网络设备。

(4) 掌握局域网组建的相关技术和应用方法。

(5) 掌握网络广域互联和大型网络组建的相关技术及应用方法。

(6) 理解信息服务的相关技术,掌握其构建和管理方法。

(7) 理解网络安全防护体系的概念,掌握网络安全方案设计方法。

(8) 理解网络管理的基本概念,掌握军事信息网运行管理的内容和方法。

(9) 理解军事信息网建设和管理的实施全过程。

三、与相关课程的联系与区别

本课程的学习需要考生具备数字通信、操作系统、计算机网络等基础知识。因此,考生在学习本课程之前需先完成操作系统概论、计算机网络技术等课程的学习。作为专业教育课,本课程是后续专业课程学习的基础,如指挥信息系统、信息组织等。

四、课程的重点和难点

本课程的重点包括军事信息网的体系结构、军事信息网建设和管理的主要内容、组网需求分析、网络结构的规划与设计、网络地址规划与分配、网络设备选型、网络互联基本原理、网络设备的作用与特点、典型军事信息网专用设备、高速/无线/专用局域网的特点;虚拟局域网(VLAN)、远程管理与访问控制、局域网健壮性、数据转发过程、广域网技术、路由协议、网络接入控制、网络内容安全、网络行为审计、网络安全解决方案、虚拟化、公共信息服务、云计算网络平台、网络管理体系结构、网络管理协议、统一网管、网络测试、网络性能优化、网络故障诊断、网络建设方案、网络项目测试验收和项目文档等。

本课程的难点包括分层网络体系结构、网络工程实施步骤、网络结构设计、网络互联方法、VLAN 间路由配置、生成树协议(STP)配置、虚拟路由冗余协议(VRRP)配置、交换机安全配置、路由配置、网络安全设备配置、网络安全方案设计、云计算网络平台构建、统一网管、网络测试和网络故障排除、网络建设方案的设计等。

Ⅱ. 考核目标

本大纲在考核目标中,按照识记、领会和应用三个层次规定其应达到的能力层次要求。三个能力层次是递升的关系,后者必须建立在前者的基础上。各能力层次的含义如下。

识记(Ⅰ):要求考生能够识别和记忆本课程中涉及的概念性内容,并能根据考核的不同要求,做出正确的表述、选择和判断。

领会(Ⅱ):要求考生在识记的基础上,能够领悟各知识点的内涵和外延,熟悉各知识点之间的区别和联系,能够根据相关知识点的特性来解决不同军事信息网应用场景下的网络设计、组建和管理等方面的简单问题。

应用(Ⅲ):要求考生综合运用局域网、广域网、路由协议、云计算、网络安全、网络管理等知识点,分析和解决军事信息网建设和管理中的一般问题。

Ⅲ. 课程内容与考核要求

第一章 军事信息网概述

一、学习目的与要求

本章的学习目的是要求考生了解军事信息网的地位与作用、体系结构;了解军事信息网的历史和发展趋势和技术基础;理解计算机网络的组成,理解军事信息网建设和管理的主要内容;掌握 OSI 参考模型及 TCP/IP 参考模型,掌握 IP 地址的分类与子网划分。

二、课程内容

(1) 军事信息网地位与作用。

(2) 军事信息网体系结构。

(3) 军事信息网的历史和发展趋势。

(4) 军事信息网建设和管理的主要内容。

(5) 军事信息网技术基础。

三、考核内容与考核要求

1）军事信息网建设与发展

识记（Ⅰ）：军事信息网的地位及作用；军事信息网的历史和发展趋势。

领会（Ⅱ）：军事信息网的体系结构；军事信息网与计算机网络的关系；军事信息网建设和管理的主要内容。

2）军事信息网技术基础

识记（Ⅰ）：计算机网络分层体系结构的基本概念；OSI 参考模型层次结构；TCP/IP 参考模型层次结构及主要协议；IP 数据报结构。

领会（Ⅱ）：IP 地址结构和分类。

应用（Ⅲ）：子网划分；变长子网掩码；无类域间路由。

四、本章重点、难点

本章重点是军事信息网的体系结构、TCP/IP 参考模型、IP 地址和子网划分；难点是分层网络体系结构的理解以及子网划分的相关计算。

第二章　军事信息网规划与设计

一、学习目的与要求

本章的学习目的是要求考生理解军事信息网的典型应用场景；理解网络建设的一般步骤；掌握进行网络规划与设计的原则和方法；掌握网络拓扑特点和网络分层结构设计；理解并掌握网络地址规划与分配方法；掌握网络出口设计；理解并掌握网络设备选型；理解并掌握网络工程实施步骤。

二、课程内容

（1）网络规划与设计基础知识。

（2）网络逻辑设计。

（3）网络物理设计。

三、考核内容与考核要求

1）网络规划与设计基础知识

领会（Ⅱ）：军事信息网典型应用场景；网络建设的一般步骤；网络体系结构分析；网络工程设计原则。

应用（Ⅲ）：组网需求分析；网络规划与设计。

2）网络逻辑设计

领会（Ⅱ）：网络逻辑设计的内容；网络拓扑结构的特点及选择；网络分层结构设计。

应用（Ⅲ）：网络地址规划与分配。

3）网络物理设计

领会（Ⅱ）：网络物理设计的内容；网络传输介质的选择；结构化布线方法；网络工程实施步骤。

应用（Ⅲ）：网络设备和介质的选择。

四、本章重点、难点

本章重点是组网需求分析、网络结构的规划与设计、网络地址规划与分配、网络设备选型。难点是网络工程实施步骤、网络地址规划中的子网划分、网络分层结构设计。

第三章　军事网络互联设备

一、学习目的与要求

本章的学习目的是要求考生理解异构网络和网络互联的概念、网络互联的主要技术方案、网络互联的基本原理;掌握实现网络互联的常用设备;掌握主流网络产品的特点和性能指标。

二、课程内容

(1) 网络互联及其基本原理。

(2) 网络互联设备。

(3) 主流网络产品。

三、考核内容与考核要求

1) 网络互联

识记(Ⅰ):异构网络和网络互联的概念;典型网络互联设备及其特点。

领会(Ⅱ):网络互联的基本原理;典型网络互联设备的应用场景。

应用(Ⅲ):网络互联的基本方法。

2) 常用网络设备

识记(Ⅰ):常用网络互联设备。

领会(Ⅱ):网络互联设备的发展趋势;路由/交换/网络安全设备的组成、作用和特点;军事信息网专用设备的作用和特点;网络设备操作系统。

3) 主流网络产品

领会(Ⅱ):主流路由器设备;主流交换机设备;主流网络设备的参数和性能指标。

四、本章重点、难点

本章重点是转发与路由概念的理解、网络互联的基本原理、路由/交换/网络安全设备的作用与特点、典型军事信息网专用设备;本章难点是进行网络互联的方法。

第四章　军事信息网用户接入

一、学习目的与要求

本章的学习目的是要求考生理解并掌握局域网的相关概念及其工作过程,掌握局域网组网中常用协议及其配置方法;理解并掌握提高网络健壮性的协议和方法。

二、课程内容

(1) 典型用户接入网络。

(2) 交换机基本技术与配置。

(3) 提高网络健壮性。

三、考核内容与考核要求

1）典型用户接入网络

识记（Ⅰ）：以太网技术特点；以太网工作过程；典型以太网组网设备；典型以太网组网结构。

领会（Ⅱ）：局域网内通信过程；高速/无线/专用局域网的特点和应用场景。

2）交换机基本技术与配置

识记（Ⅰ）：交换机的工作过程；VLAN 的概念及其特点。

领会（Ⅱ）：VLAN 的工作过程；VLAN 组网的配置方法；交换机安全配置；交换机远程管理与访问控制。

应用（Ⅲ）：使用交换机构建局域网；交换机安全配置；交换机远程管理与访问控制的配置。

3）提高网络健壮性

识记（Ⅰ）：STP 的概念及特点；VRRP 协议的概念及特点。

领会（Ⅱ）：STP 的工作过程；VRRP 协议的工作过程；链路聚合技术的工作过程。

应用（Ⅲ）：设计和配置交换机网络的 STP、VRRP 和链路聚合。

四、本章重点、难点

本章重点是高速/无线/专用局域网的特点；VLAN 的概念及工作过程；远程管理与访问控制的方法；STP 和 VRRP 协议的概念及工作过程；链路聚合技术的工作过程。本章难点是 VLAN 间路由配置、STP 配置、VRRP 协议配置和交换机安全配置。

第五章　军事信息网广域互联

一、学习目的与要求

本章的学习目的是要求考生理解军事信息网广域互联的协议和链路、数据转发过程、静态和动态路由协议以及大规模网络路由技术等内容；掌握静态路由和默认路由、OSPF 路由协议的配置和应用方法。

二、课程内容

（1）广域互联基础。

（2）路由协议基础。

（3）大规模网络路由。

三、考核内容与考核要求

1）广域互联基础

识记（Ⅰ）：广域网协议；广域网传输介质。

领会（Ⅱ）：广域网协议；广域网传输链路。

应用（Ⅲ）：广域网协议及相关配置。

2）路由协议基础

识记（Ⅰ）：数据转发过程。

领会（Ⅱ）：静态路由工作过程；默认路由工作过程。

应用（Ⅲ）：静态路由配置；默认路由配置。

3）大规模网络路由

识记（Ⅰ）：动态路由协议基本原理；路由算法分类。

领会（Ⅱ）：链路状态路由算法基本原理；OSPF 协议相关知识；OSPF 网络的配置；OSPF 网络的特殊区域。

应用（Ⅲ）：基于链路状态路由算法的路由计算；OSPF 协议的配置。

四、本章重点、难点

本章重点是数据转发过程、广域网协议、静态路由、默认路由的工作过程；静态路由和默认路由的工作过程和配置方法；动态路由协议基本原理、链路状态路由算法基本原理、OSPF 协议相关知识、OSPF 网络的特殊区域和 OSPF 网络的配置方法；难点是静态路由和默认路由的应用场景和配置方法以及 OSPF 的特点和配置方法。

第六章　军事信息网安全防护

一、学习目的与要求

本章的学习目的是要求考生了解网络接入控制，掌握网络内容安全和网络行为审计的安全防护体系以及如何在网络建设中进行网络安全设计等内容。

二、课程内容

（1）网络安全防护体系。

（2）网络安全解决方案。

三、考核内容与考核要求

1）网络安全防护体系

领会（Ⅱ）：网络接入控制的原理和方法；网络内容安全的技术原理；网络行为审计系统的功能和特点。

应用（Ⅲ）：地址绑定和接入认证配置；入侵检测设备的网络联动；防火墙设备的内容安全配置。

2）网络安全解决方案

领会（Ⅱ）：网络安全解决方案的基本思想；网络安全方案设计方法。

应用（Ⅲ）：运用网络安全设备进行网络安全方案设计。

四、本章重点、难点

本章重点是网络接入控制、网络内容安全、网络行为审计的原理和方法以及网络安全解决方案的基本思想；本章难点是综合运用多种网络安全设备进行网络安全方案设计。

第七章　军事信息网信息服务

一、学习目的与要求

本章要求理解服务器的基本概念、知识，理解磁盘阵列技术、服务器虚拟化技术，理解公共信息服务体系，掌握常用公共信息服务的部署方法，理解云计算技术架构和原理，掌握云计算网络平台构建等内容。

二、课程内容

(1) 服务器概述。

(2) 虚拟化的相关概念及技术。

(3) 公共信息服务体系。

(4) 云计算技术体系结构。

(5) 云计算网络平台构建。

三、考核内容与考核要求

1) 信息服务基础

识记(Ⅰ):服务器的相关概念;磁盘及存储相关概念;虚拟化的定义和相关技术。

领会(Ⅱ):RAID 技术原理及特点;虚拟化技术及应用场景。

应用(Ⅲ):虚拟化软件使用;虚拟化平台构建。

2) 典型公共信息服务

领会(Ⅱ):公共信息服务体系;常用公共信息服务的作用及工作原理。

应用(Ⅲ):常用公共信息服务的部署。

3) 云计算服务

识记(Ⅰ):云计算的概念、特点及发展现状;三种服务模式特点;云计算技术的特点;栅格计算与云计算的比较。

领会(Ⅱ):云计算服务的应用场景;云计算的网络分层。

应用(Ⅲ):云计算网络平台构建;云计算网络业务对接。

四、本章重点、难点

本章重点是 RAID 技术原理、虚拟化技术及应用场景、公共信息服务体系、云计算的应用场景、云计算的网络分层。

本章难点是云计算网络平台的构建和云计算网络业务对接。

第八章　军事信息网运维管理

一、学习目的与要求

本章要求掌握网络管理的基本概念、理解简单网络管理协议、军事信息网异构网络的统一管理、掌握网络运行管理与值勤等内容。

二、课程内容

(1) 网络管理的概念和功能。

(2) 网络运行管理。

(3) 网络故障诊断。

(4) 网络值勤。

三、考核内容与考核要求

1) 网络管理的基本概念

识记(Ⅰ):网络管理的基本概念;网络管理发展历史;SNMP 相关概念;网络管理系统的定义和功能。

领会(Ⅱ):网络管理体系结构;SNMP 协议通信过程;军事信息网异构网络的统一管理。

应用(Ⅲ):使用网络管理软件管理异构网络。

2) 网络运行管理与值勤

识记(Ⅰ):网络测试的发展及分类;网络性能优化的措施;网络故障的诊断思路;网络值勤相关概念。

领会(Ⅱ):常见的网络测试方法;网络性能优化的目的;网络安全评估的方法;结构化网络排障的流程。

应用(Ⅲ):网络性能优化的流程;网络故障排除方法;网络值勤、维护与管理。

四、本章重点、难点

本章重点是网络管理体系结构;SNMP 协议通信过程;网络测试发展及分类;网络性能优化的措施;结构化网络排障的流程。

本章难点是军事信息网异构网络的统一管理、网络测试和网络故障排除方法。

第九章　军事信息网建设与管理案例

一、学习目的与要求

本章要求掌握军事信息网建设和管理的实施全过程。

二、课程内容

(1) 军事信息网需求分析。

(2) 网络建设方案设计。

(3) 网络服务构建。

(4) 网络运维与管理。

(5) 网络项目文档。

三、考核内容与考核要求

领会(Ⅱ):军事信息网建设和管理的实施全过程。

应用(Ⅲ):网络需求分析;网络建设方案设计;网络项目文档。

四、本章重点、难点

本章重点有:根据需求进行网络建设方案的设计和实施;进行网络测试、管理和运维;网络建设项目的测试验收和项目文档。

本章难点有:网络建设方案的设计。

Ⅳ. 实 验 环 节

一、类型

课程实验。

二、目的与要求

通过实验,学生能够将计算机网络的理论知识和实践知识相结合,从而更好地理解和掌握构建和维护军事信息网的知识技能。同时,实验对于学生掌握军事信息网的体系结构,对于熟悉军事信息网建设和管理的过程和方法也具有重要的作用。

通过课程的实验环节,学生在掌握军事信息网的理论基础和实践知识的前提下,可以完成军事信息网的从设备选型、配置、设计、施工、组建,到测试、管理等一系列贯穿网络建设和管理全过程的所有实验任务,更好地理解课程内容,从而达到课程的培养目标。因此,课程实验对学生的能力培养具有重要的作用和意义。

三、与课程考试的关系

本课程实验建议在课程学习的过程中同步完成,以促进学习者掌握相应部分的课程内容。

四、实验大纲

学习本课程推荐结合实验进行,这里给出 11 个实验供考生选择,建议完成所有实验内容。

(1) 网络设备登录和基本操作。掌握网络设备模拟软件的使用;熟悉网络设备通过命令行配置的基本操作。

(2) 网络设备接口的基本配置。掌握以太网接口、串口、Loopback 接口、POS 接口的应用场景和配置方法,掌握各种接口 IP 地址等基本参数的配置。

(3) 广域网配置。掌握串口链路和 POS 链路的配置和使用方法;掌握 PPP 协议中 PAP 和 CHAP 认证、MP 的配置。

(4) 静态路由配置。掌握静态路由和默认路由的配置,能够根据网络互联需求合理配置静态路由。

(5) OSPF 动态路由。掌握 OSPF 协议配置,能够根据要求合理配置 OSPF 多区域路由和特殊区域,能够进行路由重分布。

(6) 交换机简单组网。掌握单交换机、跨交换机 VLAN 划分和 VLAN 路由实现互联互通;掌握远程 Telnet 登陆和 Web 登录配置。

(7) 交换机综合组网。掌握 STP、VRRP 和链路聚合配置;掌握地址绑定、端口镜像和 802.1X 接入认证配置。

(8) 网络安全技术配置。掌握访问控制列表配置;掌握防火墙配置;掌握入侵检测设备配置。

(9) 虚拟化和云计算网络平台构建。掌握虚拟化平台构建和管理;掌握云计算平台构建、云计算平台的网络分层和业务对接互通。

(10) 网络管理协议配置和网管软件使用。掌握网络设备和服务器的网管参数配置;掌握网管软件的安装和使用。

(11) 综合组网实验和网络建设项目文档。熟悉从需求分析、方案设计、网络建设、测试验收和运维管理的全过程及相应的项目文档。

V. 关于大纲的说明与考核实施要求

一、自学考试大纲的目的和作用

课程自学考试大纲是根据专业自学考试计划的要求,结合自学考试的特点来制订。其目的是对个人自学、社会助学和课程考试命题进行指导和规定。

课程自学考试大纲明确了课程自学考试内容及其深广度,规定出课程自学考试的范围和标准,是编写自学考试教材的依据,是社会助学的依据,是个人自学的依据,也是进行自学考试命题的依据。

二、关于自学教材

《军事信息网建设与管理》,国防工业出版社出版发行。

三、关于考核内容及考核要求的说明

(1) 课程中各章的内容均由若干知识点组成,在自学考试命题中知识点就是考核点。因此,课程自学考试大纲中所规定的考核内容是以分解为考核知识点的形式给出的。因各知识点在课程中的地位、作用以及知识自身的特点不同,自学考试将对各知识点分别按三个认知层次确定其考核要求(认知层次的具体描述请参看Ⅱ.考核目标)。

(2) 按照重要程度不同,考核内容分为重点内容和一般内容。为有效地指导个人自学和社会助学,本大纲已指明了课程的重点和难点,在各章的“学习目的与要求”中也指明了本章内容的重点和难点。在本课程试卷中重点内容所占分值一般不少于60%。

本课程共5学分。

四、关于自学方法的指导

军事信息网建设与管理作为信息管理与信息系统专业(独立本科段)的专业教育课和学位课,内容多、难度大、偏应用、综合性强,对于考生分析问题的能力、系统性思维有着比较高的要求。要取得比较好的学习效果,请注意以下事项。

(1) 在学习本课程之前应仔细阅读本大纲的第一部分,了解本课程的性质、特点和目标,熟知本课程的基本要求和与相关课程的关系,使接下来的学习紧紧围绕本课程的基本要求。

(2) 在学习每一章之前,先认真了解本自学考试大纲对该章知识点的考核要求,做到在学习时心中有数。

(3) 军事信息网体系庞大,结构复杂,涉及到的内容和技术非常广泛。建议从“需求分析、方案设计、网络建设、测试验收、运维管理”这一过程,理解本课程的相关章节内容,其中网络建设又涵盖局域网建设、广域网互联、网络安全设计、信息服务体系等部分。

(4) 在自学过程中应充分利用互联网在线开放课程资源,辅导自学,提高学习效率和效果。在本课程学习过程中,建议参加本课程配套的在线课程《军事信息网建设与管理》的学习,按照建议的学时和进度认真学习。

五、考试指导

在考试过程中应做到卷面整洁、书写工整。回答试卷简答和综合题时按照答题要点作答，避免答非所问。

如有可能，请教已经通过该科目考试的人，或充分利用该课程配套的在线交流平台进行答疑和交流，做到考前心中有数。

六、对助学的要求

(1) 要熟知考试大纲对本课程总的要求和各章的知识点，准确理解各知识点要求达到的认知层次和考核要求，并在辅导过程中帮助考生掌握这些要求，不要随意增删内容和提高或降低要求。

(2) 要结合网络组建实例和典型例题，讲清楚重要和核心知识点，引导学生独立思考，理解相关知识的原理和应用方法，掌握解决应用问题的思路和技巧，帮助考生真正达到考核要求，培养良好的学风，提高自学能力。

(3) 本课程辅导授课学时建议不少于 90 课时。

七、关于考试命题的若干规定

(1) 考试方式为闭卷、笔试，考试时间为 150min。考试时只允许携带笔、橡皮和尺子，答卷必须使用蓝/黑色的钢笔或圆珠笔书写。

(2) 本大纲各章所规定的基本要求、知识点及知识点下的知识细目，都属于考核的内容。考试命题既要覆盖到章，又要避免面面俱到。要注意突出课程的重点，加大重点内容的覆盖度。

(3) 命题应着重考核自学者对基本概念、基本知识和基本理论是否了解或掌握，对基本方法是否会用或熟练。

(4) 本课程在试卷中对不同能力层次要求的分数比例大致为：识记占 20%，领会占 40%，应用占 40%。

(5) 要合理安排试题的难易程度，试题的难度可分为易、较易、较难和难四个等级。每份试卷中不同难度试题的分数比例一般为 2:3:3:2。必须注意试题的难易程度与能力层次有一定的联系，但二者不是等同的概念，在各个能力层次都有不同难度的试题。

(6) 课程考试命题的主要题型一般有单项选择题、多项选择题、填空题、简答题和综合题。

附录 1　题 型 举 例

一、单项选择题

1. 某交换机端口原属于 VLAN 5，删除 VLAN 5 后，这个端口属于哪一个 VLAN？(　　)

A. 0　　B. 1　　C. 1023　　D. 1024

2. 网络管理员希望能够有效利用 192.168.176.0/25 网段的 IP 地址。现公司市场部门有 20 个主机，则好分配地址段(　　)给市场部。

A. 192.168.176.0/25　　B. 192.168.176.160/27

C. 192.168.176.48/29　　　　　　D. 192.168.176.96/27

二、多项选择题

1. 以下关于星型网络拓扑结构的描述正确的是(　　)。

A. 星型拓扑易于维护

B. 在星型拓扑中,某条线路的故障不影响其他线路下的计算机通信

C. 星型拓扑具有很高的健壮性,不存在单点故障的问题

D. 由于星型拓扑结构的网络是共享总线带宽,当网络负载过重时会导致性能下降

2. 云计算的部署模式有哪些?(　　)

A. 公有云　　B. 私有云　　C. 政务云　　D. 混合云

三、填空题

1. 带冲突检测的载波监听多路访问技术的原理可以概括为________、边听边发、________、随机重发。

2. 默认路由的网络地址为________,网络掩码为________。

四、简答题

1. 简述 PPP 链路的工作过程。

2. 简述交换机原理及转发方式。

五、综合题

某单位的局域网结构如图 1 所示。该单位内部的服务器和存储阵列业务流量较大,对网络的带宽和可靠性要求较高。

问题 1:在交换机、服务器、磁盘阵列间划分多个 VLAN 的目的是什么?

问题 2:交换机之间双链路的用到了什么技术?如何配置该特性?

问题 3:交换机之间存在物理环路,采用哪种技术可以避免产生广播风暴?请写出相关配置命令。

问题 4:连接服务器和终端的交换机端口应配置什么特性?

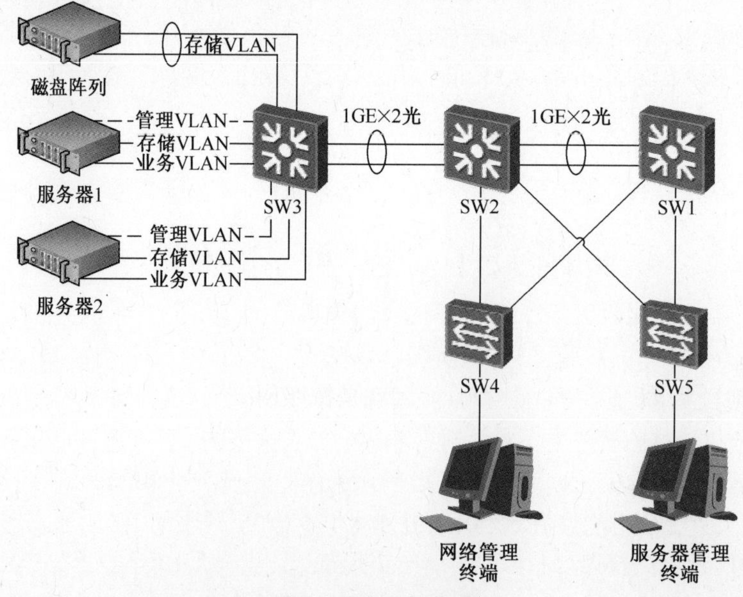

图 1　综合题拓扑图

附录2　参 考 样 卷

一、单项选择题(每题2分,共20分)

1. IP地址10.0.10.32和掩码255.255.255.224代表的是一个(　　)。

A. 主机地址　B. 网络地址　C. 广播地址　D. 以上都不对

2. 在网络层上实现网络互联的设备是(　　)。

A. 路由器　B. 交换机　C. 集线器　D. 中继器

3. DNS工作于OSI参考模型的(　　)。

A. 网络层　B. 传输层　C. 会话层　D. 应用层

4. 二层以太网交换机在MAC地址表中查找与帧目的MAC地址匹配的表项,从而将帧从相应接口转发出去,如果查找失败,交换机将(　　)。

A. 把帧丢弃　B. 把帧由除入端口以外的所有其他端口发送出去

C. 查找快速转发表　D. 查找路由表

5. VLAN划分的方法不包括(　　)。

A. 基于端口的划分　B. 基于MAC地址的划分

C. 基于端口属性的划分　D. 基于协议的划分

E. 基于子网的划分

6. 如果数据报在路由器的路由表中匹配多条路由项,那么关于路由优选的顺序描述正确的是(　　)。

A. Preference值越小的路由越优选　B. Cost值越小的路由越优选

C. 掩码越短的路由越优先　D. 掩码越长的路由越优先

7. SNMP中的MIB是一个(　　)数据库。

A. 环状　B. 星形　C. 网状　D. 树状

8. 文档的编制在网络项目工作中占有突出的地位。下列有关网络工程文档的叙述中,不正确的是(　　)。

A. 网络工程文档不能作为检查项目设计进度和设计质量的依据

B. 网络工程文档是设计人员在一定阶段的工作成果和结束标识

C. 网络工程文档的编制有助于提高设计效率

D. 按照规范要求生成一套文档的过程,就是按照网络分析与设计规范完成网络项目分析与设计的过程

9. 根据用户需求选择正确的网络技术是保证网络建设成功的关键,在选择网络技术时应考虑多种因素,下面的各种考虑中不正确的是(　　)。

A. 选择的网络技术必须保证足够的带宽,使得用户能够快速地访问应用系统

B. 选择网络技术时不仅要考虑当前的需求,而且要考虑未来的发展

C. 越是大型网络工程,越是要选择具有前瞻性的新的网络技术

D. 选择网络技术要考虑投入产出比,通过投入产出分析确定使用何种技术

10. 在运行 STP 协议的设备上,端口定义了(　　)种不同的端口状态。

A. 3　　B. 4　　C. 5　　D. 6

二、多项选择题(每题 2 分,共 20 分)

1. 以下关于星型网络拓扑结构的描述正确的是(　　)。

A. 星型拓扑易于维护

B. 在星型拓扑中,某条线路的故障不影响其他线路下的计算机通信

C. 星型拓扑具有很高的健壮性,不存在单点故障的问题

D. 由于星型拓扑结构的网络是共享总线带宽,当网络负载过重时会导致性能下降

2. 链路聚合的作用是(　　)。

A. 增加链路带宽　　B. 可以实现数据的负载均衡

C. 增加了交换机间的链路可靠性　D. 可以避免交换网环路

3. 在网络设计中,可通过选用冗余的网络拓扑来提供较高的可靠性,请问以下那些拓扑结构能够提供冗余功能?(　　)

A. 星型拓扑　B. 环形拓扑　C. 总线型拓扑　D. 双星型拓扑

4. 以太网是当前最主流的局域网,在进行以太网网络设备选型时,通常需要考虑哪些因素?(　　)

A. 网络速率　B. 网络介质　C. 网络规模　D. 网络层次结构

E. 封装标准

5. 云计算虚拟化技术可以提高资源的利用率,包括下面哪些方面?(　　)

A. 虚拟机资源调整　　B. 内存复用

C. 提高服务器利用率　　D. 应用自动部署

6. 下面关于交换机中静态路由的描述错误的是(　　)。

A. 二层交换机不支持路由转发功能,所以二层交换机不可以配置静态路由

B. 二层交换机可以配置静态路由

C. 只有三层交换机才可以配置静态路由

D. 交换机在配置静态路由时,可以直接指定出接口而不需要指定下一跳

7. 下面关于网络系统设计原则的说法中,不正确的是(　　)。

A. 网络设备应该尽量采用先进的网络设备,获得最高的网络性能

B. 网络总体设计过程中,只需要考虑近期目标即可,不需要考虑扩展性

C. 网络系统应采用开放标准和技术

D. 网络需求分析独立于应用系统的需求分析

8. 网络中用双绞线进行传输具有明显的优势,主要包括(　　)。

A. 布线方便、线缆利用率高　　B. 不受电磁干扰

C. 可靠性高、使用方便　　D. 价格便宜,取材方便

9. 以下关于 OSPF 网络层次化设计的描述正确的是(　　)。

A. 降低了路由器配置的复杂性

B. 加快了收敛速度

C. 将网络的不稳定性限制在单个区域内

D. 减少了路由开销

10. 当路由出现环路时,可能会产生下列哪些问题?(　　)

A. 数据报无休止地传递　　B. 路由器的 CPU 消耗增大

C. 路由器的内存消耗增大　　D. 数据报的目的 IP 地址被不断修改

E. 数据报的字节数越来越大

三、填空题(每空 1 分,共 20 分)

1. 默认路由的网络地址为________,网络掩码为________。

2. OSPF 使用________分组直接封装 OSPF 协议报文,协议号是________。

3. OSPF 使用组播更新路由信息,减少了对不运行 OSPF 协议的设备的干扰,使用的组播地址分别是________和________。

4. 常用的网络故障测试命令有 ipconfig、________、________、netstat 和 nslookup 等。

5. RAID 级别中,磁盘空间利用率最高、速度最快的是________,但其缺点是________。

6. 网络行为审计系统的审计内容包括________、________、________、________四个部分。

7. 防火墙的网络结构分为________、________、________区域。

8. 按照一般划分,结构化布线系统包括六个子系统:________、水平支干线子系统、管理子系统、________、设备子系统和________。

四、简答题(每题 5 分,共 25 分)

1. VLAN 间通信主要有哪几种方式?各有什么优缺点?实际组网时主要使用哪一种?

2. 网络管理的主要功能是什么?

3. 云计算的关键特征有哪些?

4. OSPF 协议中,Stub 区域、Totally Stub 区域、NSSA 区域各有什么特点?

5. 将某 C 类网络 192.168.118.0 划分成 6 个子网,请计算出每个子网的有效 IP 地址的范围和对应的网络掩码。

五、综合题(本题 15 分)

某单位欲构建局域网,考虑到很多业务依托于网络,要求内部用户能够高速访问服务器，并且对网络的可靠性要求很高。因此在网络的设计中，要考虑网络的冗余性，不能因为单点故障引起整个网络的瘫痪。

根据企业需求，将网络拓扑结构设计为双核心来进行负载均衡和容错。给出的网络拓扑如图2所示。

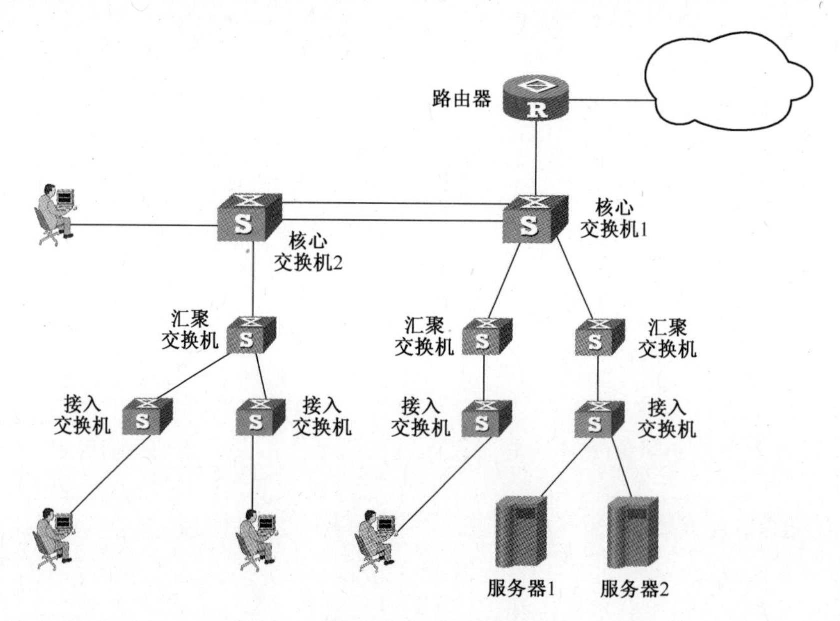

图2 综合题拓扑图

问题1：如果用户没有移动办公的需求，采用基于________的VLAN划分方法比较合理；如果有的用户需要移动办公，采用基于________的VLAN划分方法比较合适。（2分）

问题2：在该网络拓扑图中，请根据用户需求和设计要求，指出至少三个不合理之处，并简要说明理由。（5分）

问题3：在接入交换机上应配置哪些参数和功能，才能实现远程管理和配置？（4分）

问题4：交换机网络应该配置生成树协议STP。请写出相应命令，使核心交换机1始终为生成树的主根，并且使连接计算机和服务器的接口尽快进入转发状态。（4分）

第一章　军事信息网概述

随着人类文明的不断进步和信息技术的不断发展,信息网络已成为现代社会的基础设施。而在军队信息化建设中,建设、管理和利用好军事信息网日益成为打赢未来信息化战争的关键。

本书全面介绍了军事信息网的网络建设和管理技术。内容包括军事信息网的概念、网络的规划和设计、网络设备、用户接入、广域互联、安全防护、信息服务和管理运维等方面的知识。

本章共分三节。第一节介绍了军事信息网的概念、我军计算机网络的发展历史、军事信息网的发展趋势;第二节以军事综合信息为例,介绍军事信息网的组织结构、体系结构、系统组成等内容。第三节介绍军事信息网技术基础知识,包括计算机网络体系结构、IP协议、划分子网与子网掩码等内容。本章内容为后面章节的学习起到铺垫的作用。

第一节　军事信息网简介

以信息网络技术为核心的高技术群的迅猛崛起及其在军事领域的广泛应用,进一步促进了军事信息产业的迅速发展,极大地推动了信息化战争的快速演进。军事信息网的发展,已成为军队信息化建设的重中之重。本节主要介绍军事信息网的基本概念及发展沿革。

一、军事信息网概念

军事信息网,顾名思义,就是传输、处理和利用军事信息的网络,简称军网。在军队、社会和技术发展的不同阶段,不同的人由于所处的角度不同,对军网的理解也有所区别。

(一) 通俗意义的理解

在百度知道中,军网指军事网站,包括“军队内部网”和“互联网上的军事网站”。

军队内部网是一种和互联网物理隔离的内部计算机网络,它使用与互联网相同的技术,建立在军队组织的内部并为现役军人提供信息的共享和交流等服务。出于国防信息安全的需要,军网有一套独立完整的域名解析系统,且仅限于军营内部供军人使用。最主要的军网是“军事综合信息网”。

互联网上的军事网站则是由退役军人或军事爱好者建立的,或经国家或军队相关部门授权在互联网上建立的,主要用于向大家宣传国防知识和了解军事信息的网站。比较著名的有:《解放军报》主办的“中国军网”(www.81.cn)“中国八一网”(前身是“军网榕树下”)“铁血网”“中华军事”等。

(二) 学术意义的理解

从专业人士的角度看,军事信息网就是用于保障军队作战指挥和军队行动,达成信息获取、信息传输、信息利用目的的信息网络。具体地说,就是在军队指挥控制、战备值勤、教育训练和日常管理中,完成信息获取、信息传递、信息认知、信息再生及信息执行等全部信息功能的信息网络的集合。

军事信息网以军事感测和识别系统、计算与智能系统、控制与显示系统为节点,分别由通信与存储设备连接起来,通过信息流程的完成,在指定的环境下顺畅地运行,以达到给定的目标,是一个具有智能的信息网络。

军事信息网种类繁多,有军事通信网、指挥控制网、预警探测网、情报侦察网、导航定位网、电子对抗网、教育训练网、后勤保障网等,它们在不同的层面扩展着军队的信息功能。

(三)《军语》中的相关概念

在2011年出版的《中国人民解放军军语》中,并没有对军事信息网这一概念作专门定义。但与军事信息网相关的术语有军事通信、国防通信网、军事通信网、军事综合信息网、战术互联网、栅格化信息网等。

军事通信:是指为保障作战和其他军事任务,运用通信手段进行信息存储、传输、处理和管理的活动。按手段,分为无线电通信、有线电通信、光通信、运动通信和简易信号通信等;按业务,分为语音通信、数据通信、图像通信等;按任务,分为指挥通信、协同通信、报知通信、后勤通信、装备保障通信等;按层次,分为战略通信、战役通信、战斗通信。

国防通信网:用于国防目的的各种通信网络的总称,包括军事通信网和可用于保证军事行动的民用通信网。

军事通信网:由各种通信装备、设施和相关的网络管理、控制设备构成,按照一定的组织结构和联结方式而建立的保证军事信息传递的网络体系。

军事综合信息网:以光缆网为主要依托,以网络互联协议(IP 协议)为主要标准,传输处理日常办公信息和业务信息的公共计算机网络。主要承载各级机关和部队、院校、科研单位、保证机构等的日常业务信息系统和提供公共信息服务保障。

战术互联网:通过网络互联协议(IP 协议),将战术电台网、野战综合业务数字网等各类通信网络、系统和信息终端设备连为一体的机动战术通信系统。

栅格化信息网:采用信息栅格技术和面向服务的体系架构,集多种通信传输手段、计算存储资源和信息共享机制为一体的新型网络基础设施,是指挥信息系统的依托。

总的来讲,随着以 TCP/IP 协议为工业标准的计算机网络的发展,军事信息网也更加向 IP 体制聚焦。

(四) 本书"军事信息网"概念的界定

军事信息网的建设与管理涉及到多方面的知识。鉴于本书的主要读者是信息管理与信息系统专业的军队高等教育自学考试考生,与计算机网络关系紧密,因此本书将"军事信息网"的概念限定在军用计算机网络领域。此外,我军计算机网络主要包括军事综合信息网和资源管理网等。本书主要以军事综合信息网为例,介绍军队计算机网络的建设与管理,使读者了解网络建设使用到的各种协议、技术、组网及管理方法,以更好地理解军事信息网建设与管理的相关知识。

二、我军计算机网络发展沿革

我军计算机网络发展的历史,从310网开始,到后来的一分为二,发展出军事综合信息网和指挥专网,再到下一步要建设的包含资源管理网在内的栅格化信息网络。

(一) 310网

起源于“九五”时期的“310网”,又名“指挥自动化网三期网”。该网于1997年批准,1998年开建,2002年10月正式投入使用。采用全IP技术构建,主要用于保障我军作战指挥、日常战备和战役训练等。这也是我军“九五”时期全军唯一的计算机网络。由于该网除了保障作战指挥外,还开展了网上训练、网上办公、网上宣传等,接入了许多非作战指挥业务和用户。加之该网建设时间较早、设备老化落后、带宽较窄,因此,后来对310网的非作战指挥业务和用户进行剥离、转接至军事综合信息网,并对310网进行结构调整、信道扩容和升级完善,建成“管用、实用、好用”的指挥网络。

(二) 军事综合信息网

军事综合信息网于2000年开建,2003年试运行,2006年8月正式投入使用。军事综合信息网是我军信息系统的重要组成部分,也是我军信息化建设的基础设施,该网是以长途光缆网为依托,以网系集成、资源共享、安全保密、抗毁抗扰、综合多能为特色,多层次、分布式、一体化的宽带综合业务信息网络。

军事综合信息网最初采用IP+ATM技术,主要是传输处理作战保障信息,用于日常办公、业务处理和教学科研等,战时可作为指挥网络的备份和补充。其基础网络可传输处理秘密级信息;使用密码设备后可传输处理机密级信息。

军事综合信息网经历了多个建设周期,分别是以“十五”初步建设、以“十一五”为主的升级扩容以及“十二五”和“十三五”期间的升级扩容建设。“升级扩容”工程的主要内容就是将各级网络节点的主用装备升级、链路带宽扩容,并基于新的装备,实现调整优化网络结构、提升网络服务功能、完善网络监管手段、建立接入控制体系的目标。

三、军事信息网的发展趋势

(一) 军事信息网的发展方向

军事信息网主要向六个方面发展,概括来说是“六个统一”,分别是“统一传输交换、统一网络服务、统一计算环境、统一通信保障、统一网络安全、统一运维管理”。

统一传输交换,主要是指计算机网络与未来传输栅格网系要融合,有线与无线、固定与机动要一体,重点解决遂行机动任务的部队和武器平台的延伸接入问题。

统一网络服务,主要是指不要每搞一个系统,都“招批人马、建套机房、买批计算机,另起炉灶”,而是通过集中建设信息服务保障中心的方式,逐步实现网络服务资源的集中建设和统一保障。

统一计算环境,主要是指实现网络计算资源和存储资源的共享,形成栅格化的网络承载平台,提升网络的区域化保障和集约化使用能力。

统一通信保障,将语音、视频、数据和多媒体统一集成,实现网系整合和数据融合,减少建设投入,提高使用效能。

统一网络安全,主要是建立可信网络环境,拿出有自主知识产权的东西,从"根"上提升网络安全防护能力。

统一运维管理,主要是实现网络的集中统一监控,提高整体保障水平,实现网络可管可控。

发展目标是:着眼联合作战保障和遂行多样化军事任务需求,努力提升网络体系化保障和体系化管理能力,逐步构建地下、地面、空中、天基以及固定与机动一体化的智能栅格网络,为我军建设信息化军队、打赢信息化战争提供有力支撑。

(二) 栅格化信息基础网络

为满足打赢信息化战争的需要,我军将建设以栅格化信息基础网络为支撑,以一体化指挥平台为核心,以数据链和联合战术通信系统为主要接入手段,以电磁频谱管理系统为保障的新一代指挥信息系统。其中的栅格化信息基础网络包括基础传输层、网络承载层、信息服务层、安全保障系统和运维支撑系统,简称"三层两系统"。

栅格化信息网的组织运用要求提供包括广域覆盖、随遇接入、全程贯通、按需服务、统一体验和安全可信的能力。这就要求规划建设资源管理网、军事物联网、IPv6 网等新型军用计算机网络,从而打造一张栅格化信息基础网络。

资源管理网的建设目标是建设一张高性能、高可控、具有服务质量保证、能够针对不同业务系统提供透明传输通道的 IP 承载网络。其主要任务包括提供机动作战部队、机动作战阵地、武器平台、预警探测台站侦察台站和训练基地等系统的网络接入点;实现多种通信业务跨网系融合;承载网络管理信息。

军事物联网是将军事设施、战斗装备、武器装备、战斗人员与军用网络相结合,从而实现物与物、人与物、人与人互联的智能化、信息化网络。网络中的每个要素都是网络节点,所有要素通过物联网技术融合在军事信息网中,将军事行动转为由信息辅助决策,再由决策指挥行动。

随着栅格化信息网的不断建设和各通信服务体系的进一步融合,今后所有作战要素、末端节点和对象都需要 IP 地址,IPv6 技术能够为这种多地区、多节点、多要素、常态化的接入提供足够的 IP 地址,能够满足战场即插即用的需求,能够提高端到端的安全性和网络的服务质量,在多种网络的融合与互联互通、战场机动环境下各类传感器和作战单元的移动接入等方面具有明显的优势。可以预见,IPv6 技术将会为我军栅格化信息网络提供强有力的支撑。

第二节　军事信息网系统结构

网络结构是军事信息网的核心元素,也是其他部分赖以存在的基础。军事信息网结构的优劣,从根本上决定着信息网络的质量。随着信息网络技术的发展、通信技术的进步以及对信息化战争理解的深入,军事信息网的网络结构也会随之不断调整、变化和演进。

本节以军事综合信息网为例,介绍军事信息网的系统结构,包括组织结构、体系结构、系统组成等内容。

一、军事综合信息网的组织结构

军事综合信息网按层级可分为主干网、骨干网、地区网和用户网四级,如图1-1所示。

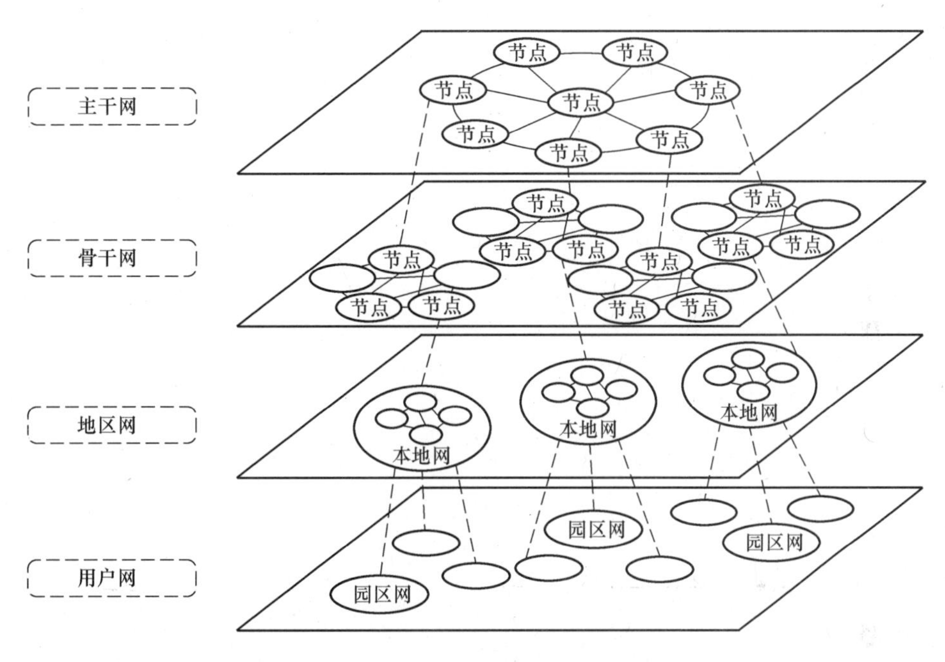

图1-1　军事综合信息网的网络结构

主干网由一级交换节点组成,采用星网结合的拓扑结构。

骨干网由主干网的一级交换节点和骨干网的二级交换节点组成,采用星网结合的拓扑结构。

地区网以骨干网的二级交换节点为核心,连接周围各主要三级交换节点组成,采用星环集合的拓扑结构。城域网是地区网的一个组成部分。

用户网由用户接入节点连接语音、数据、视频和多媒体等各类用户终端系统组成,其具体结构视用户大小和分布情况而定。

二、军事综合信息网的体系结构

军事综合信息网的体系结构则分传输层、网络层和业务层三层,如图1-2所示。

传输层以光纤传输为主,以卫星和微波等多种传输手段为补充。光纤传输系统包括SDH光缆传输系统、WDM/DWDM光缆传输系统等。

网络层初期采用IP+ATM的技术体制,构成集成型网络体系结构。提供IP路由、ATM交换两种业务承载平台和IP尽力而为、IP质量保证、ATM虚电路、仿真电路等多种

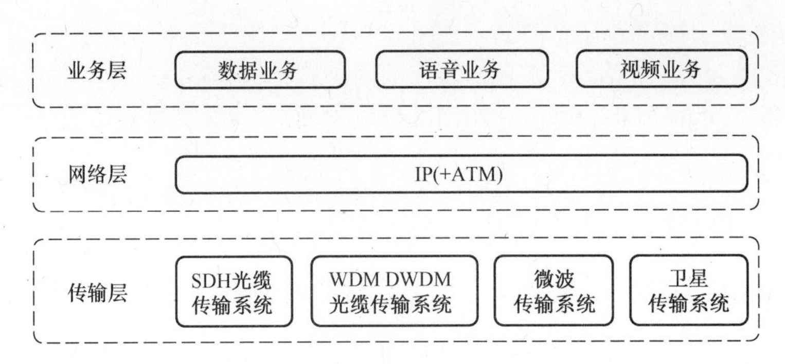

图 1-2　军事综合信息网的体系结构

网络承载业务,满足各种应用所需的业务质量。但随着 IP 技术的日益发展,ATM 体制逐渐被淘汰,当前及今后网络层以 IP 体制为主。

业务层提供数据、语音、图像和多媒体等多种业务。根据不同信息业务的需要,可选用不同的承载方式,并提供不同的服务等级。数据业务由 IP 承载,对于语音、视频和多媒体等实时性要求较高的业务可以采用仿真电路、ATM 虚电路和 IP 质量保证承载。

三、军事综合信息网的系统组成

军事综合信息网由五大功能系统组成,分别为宽带传输系统、路由交换系统、安全保密系统、网络管理系统和应用业务系统,如图 1-3 所示。

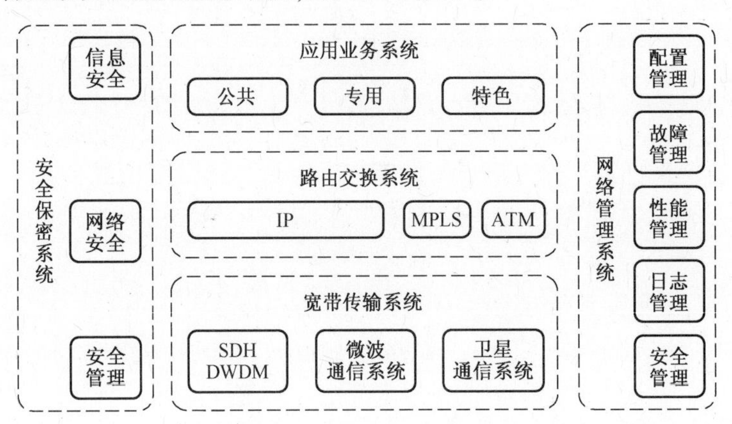

图 1-3　军事综合信息网的系统组成

宽带传输系统是保证军事综合信息网可用性、可靠性和抗毁能力的重要基础。以 SDH/DWDM 光缆为主,以卫星、微波为辅,上联指挥中心,下通基层单位。主要节点和重要方向具有两条以上物理路由,多路迂回、抗毁顽存。根据连接业务节点类型的不同,传输系统分为三个组成部分:骨干传输系统、接入传输系统和用户传输系统。骨干传输系统由连接骨干节点的传输通道组成,以 SDH/WDM/DWDM 为传输手段;接入传输系统由用户节点接入到骨干节点的传输通道组成,以 SDH 和城域光纤网为主;用户传输系统由用户园区网内部用户节点与各类终端设备相连接的传输媒介组成,主要以以太网方式为主。

路由交换系统是信息快速交换的中枢,是军事综合信息网的网络层,以 IP 路由和 MPLS 交换为主用,ATM 技术为备用,具有路由选择、信令控制、分组和信元转发、流量管理、业务接入等功能,为用户提供端到端的信息传送服务。

网络管理系统负责对全网实施控制和管理,是网络可靠运行的重要保障。网络管理系统具有配置管理、故障管理、性能管理、安全管理、计费管理五大功能,并可根据军事通信网的管理特点,提供集中管理、区域管理、分级管理、本地管理和互备管理等多种管理手段。其主要"职能"是监视网路阻塞、进行故障诊断、分配网络资源、疏导信息流量、沟通业务工作。系统采用标准的网管协议体系,对各节点的管理基于 SNMP 协议,管理系统之间基于 SNMP 协议,与综合网管系统的互联则采用基于 CMIP 协议的 Q3 接口标准。

网络管理系统采用主干网管中心、骨干网管中心和地区网管中心三级结构实施管理,如图 1-4 所示。

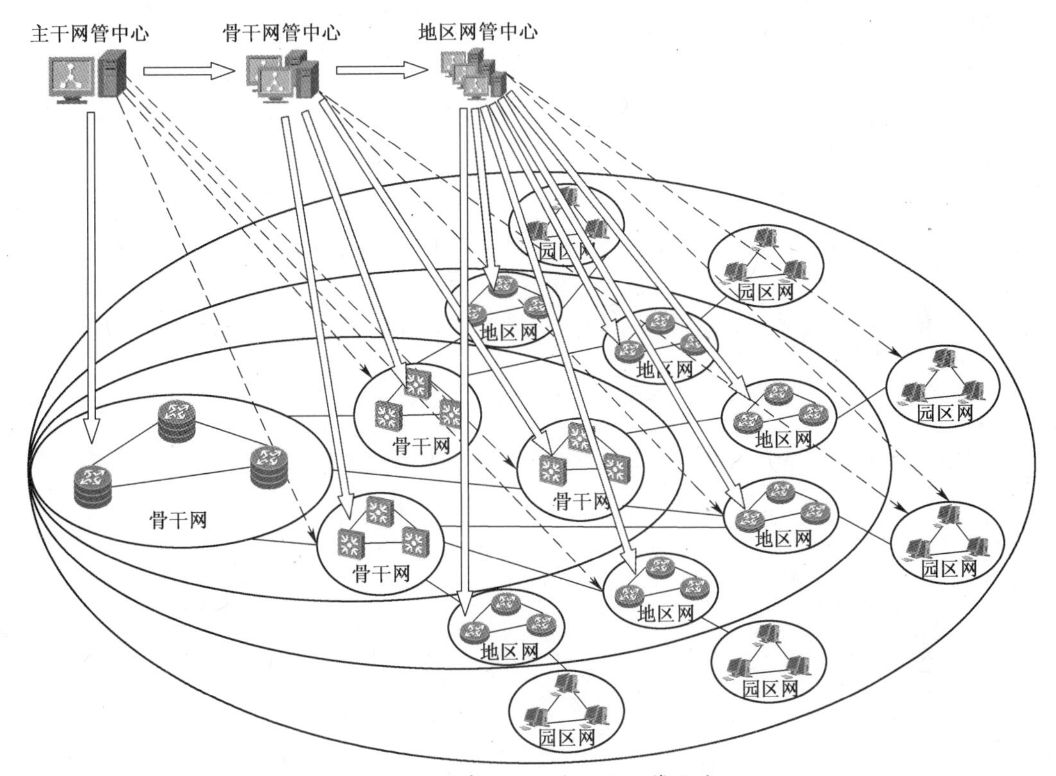

图 1-4 军事综合信息网的网管体系

安全保密系统是军事综合信息网抗信息攻击的安全屏障,是保证网络信息安全保密和网络系统自身安全的必备条件。系统采用信息加密、安全控制、认证授权、入侵检测、安全评估等多种技术手段,保证网络系统、应用系统安全运行及信息的保密传输。安全保密系统建立了主干网、骨干网和地区网三级管理结构。在统一制定的安全策略下,为全网用户提供密钥分发、身份认证、报文加密、数字签名、应用授权、安全审计等服务。

应用业务系统直接为网络用户提供信息服务功能,是军事综合信息网的"服务窗口"。包括专用应用服务系统、公共应用服务系统和特色应用服务系统。

第三节 军事信息网技术基础

计算机网络的主要目标是进行网络通信和资源共享,军事信息网也不例外。无论军事信息网的具体用途如何,互联互通是首要目标。互联互通包括两部分的含义,即信息网络或系统之间物理上的互联以及在互联的基础上实现不同类型系统或用户之间的信息互通。军事信息网采用了与国际互联网相同的技术体制,即 TCP/IP 协议族。

一、计算机网络体系结构

计算机网络是计算机及其应用技术与通信技术逐步发展、日益密切结合的产物。计算机网络发展过程经历了四个阶段,即面向终端的计算机网络阶段,面向通信的计算机网络阶段,标准化的计算机网络阶段与下一代计算机网络阶段。

网络的发展离不开网络体系结构和协议,为了解决不同系统、不同网络的互联问题,网络体系结构和协议必须走国际标准化的道路。

计算机网络体系结构就是计算机网络及其部件所应完成的功能的精确定义。网络的体系结构相当于网络的类型,而具体的网络结构则相当于网络的一个实例。如 DEC 公司的 DNA,IBM 公司的 SNA,Internet 的 TCP/IP,国际标准化组织(International Organization for Standardization,ISO)的 OSI 等。

网络协议是指通信双方在通信时所应遵循的一组规则、标准或约定。协议由语义、语法、定时三部分组成。语义规定通信双方准备"讲什么";语法规定通信双方"如何讲";定时涉及速度匹配和排序等。网络协议是计算机网络不可缺少的组成部分。

(一) OSI/RM 参考模型

计算机网络的标准化,前提就是网络体系结构的标准化。为了建立一个国际范围的、标准的网络体系结构,国际标准化组织(ISO)在 1977 年成立了一个专门分技术委员会 SC16,着手研究开放系统互联的网络体系结构。经过两年多的讨论后,ISO 的数据处理委员会 TC97(SC16 的上级组织)公布了开放式系统互联参考模型(Reference Model of Open System Interconnection,OSI/RM)。

OSI/RM 把整个网络通信功能划分为七层,各层之间既相互独立地实现各自的功能,又彼此联系组成层间通信。七个层次从底层到高层分别为:物理层、数据链路层、网络层、传输层、会话层、表示层和应用层。第 1 层到第 3 层(下 3 层)主要负责通信功能,一般称为通信子网层。第 5 层到第 7 层属于资源子网的功能范畴,称为资源子网层。传输层起着衔接上下三层的作用。OSI 参考模型的示意图如图 1-5 所示。

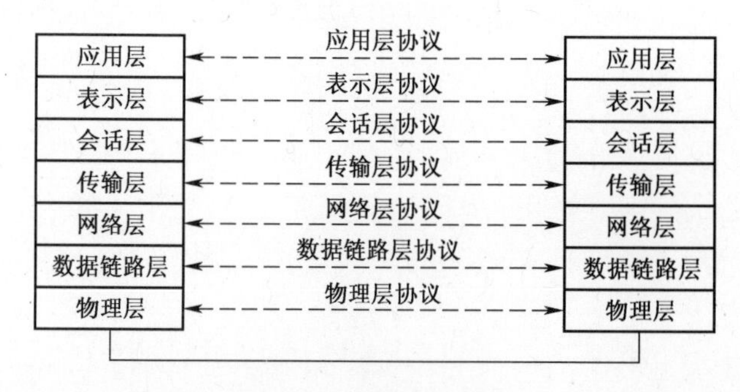

图 1-5 OSI 参考模型

下面介绍各层的主要功能。

1. 物理层(Physical Layer)

物理层是OSI/RM的最底层。物理层为通信提供物理链路,实现比特流(bit)的透明传输。物理层考虑的是怎样才能在连接各种计算机的传输媒体上传输数据的比特流,而不是指连接计算机的具体物理设备或具体传输介质。目前网络中的物理设备和传输介质种类很多,通信手段也有许多,物理层的作用正是要尽可能的屏蔽掉这些差异,使其上面的数据链路层感觉不到这些差异,这样就可以使数据链路层只需考虑如何完成本层的功能,而不必关心具体的传输介质。

物理层定义了四个重要特性:机械特性、电气特性、功能特性和规程特性,以便建立、维护和拆除物理链接。它定义了接口的大小、形状,信号线的种类、功能,信号电压的大小和宽度以及它们之间的关系等。如规定"1"和"0"的电平值,一个比特的时间宽度,连接器的插脚个数,每个插脚所代表的信号意义等。

2. 数据链路层(Data Link Layer)

数据链路层是在物理层提供的比特流服务基础上,建立相邻节点间的数据链路,传输按一定格式组织起来的位组合,即数据帧。

数据链路层最重要的作用是通过一些数据链路层协议,在不太可靠的物理链路上实现可靠的数据传送。具体地说,主要功能有:链路管理、帧的装配与分解、帧同步、流量控制、差错控制、将数据和控制信息区分开、透明传输以及寻址等。

数据链路层提供了网络中相邻节点间透明的、可靠的信息传输。透明表示它对要传送的信息内容和格式不作限制;可靠表示在该层进行的是无差错传输,无差错不是指传输中不出差错,而是指在数据链路层必须提供对数据传输中的差错进行有效的检测和控制。

3. 网络层(Network Layer)

数据链路层只能解决相邻节点间的数据传输问题,不能解决两台主机之间的数据传输问题,因为两台主机之间的通信通常要经过许多段链路,涉及到链路选择、流量控制等问题。当通信的双方经过两个或更多的网络时,还存在网络互联问题。

网络层的功能有:提供源站到目的站的信息传输服务,负责由一个节点到另一个节点的路径选择。网络层在通信子网中传输信息包或报文分组(具有地址标识和网络层协议信息的格式化信息组),它向传输层提供信息包传输服务,使传输实体不必知道任何数据传输技术和用于连接系统的交换技术。

网络层为了向传输层提供整个网络上任意两个节点之间数据传输通路,需要解决包括建立、维护以及结束两个节点之间的联系和由此而引起的路径选择、流量控制、阻塞和死锁等问题。

4. 传输层(Transport Layer)

传输层的作用是为不同系统内的会话实体(用户进程)建立端-端的连接,执行端-端的差错、顺序和流量控制,数据传输的基本单位是报文。

传输层将源主机与目标主机直接以点对点方式连接起来,把源主机接收来的报文正确地传送到目的主机,传输层协议是真正的源端到目的端协议,是计算机网络体系结构中最为关键的一层,是资源子网与通信子网的接口层。

传输层提供在不同系统的进程间数据交换的可靠服务,在网内两实体间建立端到端通信信道,用以传输信息或报文分组。

传输层弥补、加强了网络层所提供的服务，使得对两端的网络用户来说，各通信子网变得透明。传输层为会话层提供与网络类型无关的可靠信息传递机制，对会话层屏蔽了下层网络的细节操作。

传输层的服务可以是提供一条无差错按顺序的端到端连接，也可以是提供不保证顺序的独立报文传输，或多目标报文广播。这些服务由会话实体根据具体情况选用，不同的网络类型，传输层提供不同的服务质量。

5. 会话层(Session Layer)

会话层也称为会晤层或对话层。该层主要功能是在两个表示实体之间建立起通信伙伴关系，向表示层提供对话服务，并对通信的过程进行管理和协调，使其有条不紊地交换数据。

该层虽然不参与具体的数据传输，但它却对数据传输进行管理。在两个互相通信的应用进程之间，建立、组织和协调其交互。比如，确定双方是双工工作还是半双工工作。允许暂时中断会话，并能从断点开始建立新的连接。会话双方的资格审查和验证、会话方向的交替管理、故障点的定位及恢复等服务。

6. 表示层(Presentation Layer)

表示层的功能是在两个通信应用实体之间的传送过程中，负责数据的表示方式(包括语法和语义)，其目的在于解决格式和数据表示问题。表示层执行通用数据交换功能、提供标准应用接口、公共通信服务。比如：字符的转换、各类数据转换、数据的压缩与恢复、数据的加密与解密等。

总之，表示层是将不同系统的不同表示方法转换成标准形式，使采用不同表示方法的各开放系统之间能够互相通信。

7. 应用层(Application Layer)

应用层是 OSI 的最高层，也是用户访问网络的接口层，是直接面向用户的。在 OSI 环境下，应用层为用户提供各种网络服务。例如电子邮件、文件传输、远程登录、网站浏览等。

这一层包含了若干个独立的、用户通用的服务协议模块，其主要目的是为用户提供一个窗口，用户通过这个窗口互相交换信息。应用层的内容完全取决于用户，各用户可以自己决定要完成什么功能和使用什么协议，该层包括的网络应用程序有的由生产网络的公司提供，有的是用户自己开发的。然而，某些应用由于使用非常广泛，为了避免每个公司都去单独研究自己的应用程序，人们为一些常用的功能制定了标准(称为协议)。同时，应用层还为所有应用程序提供了一些基本模块，这一层解决的主要问题有：分布式数据库、分布式计算技术、分布式操作系统、远程文件传输、电子邮件、远程登录以及终端电话等。

在 OSI 的七个层次中，应用层是最复杂的，应用层所包含的协议也是最多的，并且随着计算机网络的进一步发展，网络所能提供的服务也将越来越多。

(二) TCP/IP 参考模型

OSI/RM 对人们研究网络起了重要的理论指导作用。OSI/RM 的分层思想使得复杂的网络系统变得层次分明，结构清晰。但是由于 OSI/RM 对网络体系结构的划分过于精细、层次过多、实现复杂,迄今为止没有一个实用的网络系统是完全按照该模型实现的。反而另一个体系结构——TCP/IP 参考模型,因为顺应了社会的需求,并在实践中得到不断的改进与完善,从而最终发展成为互联网事实上的工业标准,成为计算机网络发展史上真正的王者。

TCP/IP 参考模型起源于 1969 年美国国防部的高级研究计划署(ARPA)投资开发的互联网研究项目。该项目建立了一个分组交换计算机网络,即著名的 ARPANET。ARPANET 对单个计算机怎样通过网络进行通信开发了详尽的协定,正是这个协定后来发展成为 TCP/IP。

TCP/IP 参考模型定义了在互联网上进行信息交换的一个协议集合或一组协议族。这一系列协议中最重要的两个协议是传输控制协议(Transmission Control Protocol,TCP)和互联网协议(Internet Protocol,IP),这也是该模型名称的由来。TCP 规定了一种可靠的数据信息传递服务;IP 提供网络之间连接的完善功能。

TCP/IP 参考模型由四个层次组成,其分层模型如图 1-6 所示。按照从下往上的顺序分别是网络接口层、互联网层(有时也称网络层)、传输层和应用层。

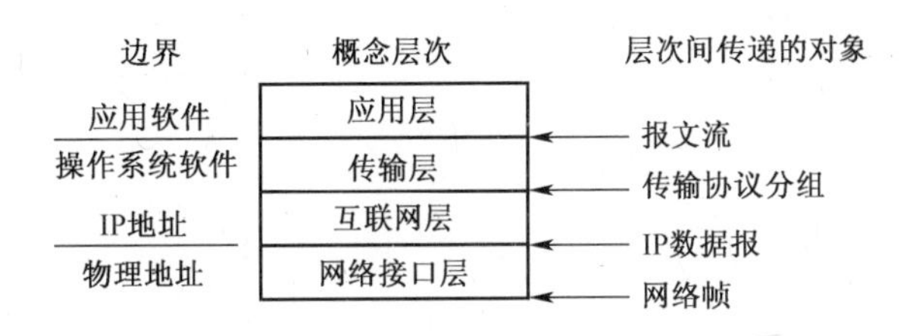

图 1-6　TCP/IP 分层模型

1. 网络接口层

网络接口层,又称为通信层,是 TCP/IP 模型的最底层。负责接收 IP 数据报并通过网络发送。或者从网络上接收物理帧,抽出 IP 数据报,交给互联网层。这些帧格式取决于网络拓扑结构。

2. 互联网层

互联网层负责不同计算机或路由器之间的通信。其功能包括三个方面:(1)处理来自传输层的分组发送请求。收到请求后,将分组装入 IP 数据报,填充报文头,使用路由算法选择去目的主机的路径,然后将数据报发往适当的网络接口;(2)处理输入数据报。首先检查数据报的合法性,然后使用路由算法决定数据报是本地接收还是转发;(3)用 Internet 控制报文协议(ICMP)处理路径、流量控制、拥塞等问题。

3. 传输层

传输层的首要任务是提供应用程序间的通信,即端到端的通信。其功能包括:格式化的信息流;提供可靠的传输,保证数据有序无误地到达。传输层要解决不同应用程序的识别问题,提供面向连接或无连接的可靠传输。

4. 应用层

应用层是 TCP/IP 软件的最高层,向用户提供一组常用的应用程序。这些应用程序可以访问互联网,并获得它提供的服务,如文件传输、电子邮件等。

（三）TCP/IP 协议族

如图 1-7 所示，TCP/IP 协议族按层次从上往下分别包含以下主要协议。

应用层包含有虚拟终端协议（TELNET）、文件传输协议（FTP）、简单邮件传输协议（SMTP）、域名服务协议（DNS）和超文本传输协议（HTTP）等，为用户提供不同的应用服务。

传输层包含传输控制协议（TCP）和用户数据报协议（UDP），分别提供面向连接的可靠传输或无连接的不可靠传输服务。

互联网层包含互联网协议（IP）、互联网控制报文协议（ICMP）和互联网组管理协议（IGMP）等，提供异构网络的互联功能。

网络接口层包含点到点协议（PPP）、高级数据链路控制规程（HDLC）、异步转移模式（ATM）和各种局域网协议等，提供信息在不同通信网中的传输能力。

层次	协议	
应用层	TELNET，FTP，SMTP，DNS，SNMP	
传输层	TCP，UDP	
互联网层	IP，ICMP，ARP，RARP	
网络接口层	LLC/SNAP	PPP
	LAN	WAN

图 1-7 TCP/IP 协议族

（四）OSI/RM 与 TCP/IP 的比较

TCP/IP 与 OSI/RM 的对应关系如图 1-8 所示。TCP/IP 的应用层对应于 OSI/RM 的会话层、表示层、应用层；传输层对应于 OSI/RM 的传输层；互联网层对应于 OSI/RM 的网络层；网络接口层对应于 OSI/RM 的数据链路层和物理层。

TCP/IP模型	OSI模型
应用层	应用层
	表示层
	会话层
传输层	传输层
互联网层	网络层
网络接口层	数据链路层
	物理层

图 1-8 TCP/IP 与 OSI/RM 的对应关系

TCP/IP 与 OSI/RM 不仅在层次结构上不同，其协议标准也不同。因此在一些问题的处理上，TCP/IP 与 OSI/RM 是很不相同的。

比如 TCP/IP 一开始就考虑到多种异构网的互联问题，并将 IP 作为 TCP/IP 的重要组成部分，而 ISO/RM 最初只考虑到使用一种标准的公用数据网络将各种不同的系统互联在一起；另外 TCP/IP 一开始就对面向连接服务和无连接服务并重，而 OSI/RM 在开始时只强调面向连接服务，很晚才开始制定无连接服务的有关标准；此外 TCP/IP 有较好的网络管理功能，而 OSI/RM 到后来才开始考虑这个问题。

TCP/IP 虽然作为一个事实上的工业标准广泛地应用于互联网中，但它也有许多不足之处。一是 TCP/IP 模型没有很清楚地将“服务”、“协议”和“接口”等概念区分开；二是 TCP/IP 模型的通用性较差，很难描述其他种类的协议栈；三是 TCP/IP 模型没有区分物理层和数据链路层，它的网络接口层并不是常规意义上层的概念，仅仅是一个接口。接口和层是有区别的，物理层和数据链路层的协议和功能也是不同的。物理层必须考虑铜线、光纤和无线传输介质的传输特性，而数据链路层的任务则是确定数据帧的起点和终点的位置，并把这些数据帧从一个节点尽可能可靠的发送到相邻的节点。正确的模型应该将这两种功能区分开，作为两个单独的层来考虑。

基于上述原因，为了使读者更好的理解计算机网络，有的教科书将 OSI/RM 和 TCP/IP 模型结合起来，使用一个如图 1-9 所示的五层混合模型来介绍计算机网络。

应用层
传输层
网络层
数据链路层
物理层

图 1-9　混合模型

二、互联网协议 IP

(一) IP 协议概述

在 TCP/IP 体系结构中，IP 协议是整个 TCP/IP 网络的核心协议，它将各个局域网和广域网互联成一个有统一地址、统一分组格式和相同服务特性的 IP 网络。

IP 协议向它的上层提供无连接数据传输服务，它所传输的协议数据单元称为数据报，也称为 IP 分组。IP 协议可对 IP 分组进行分段转发。为了防止 IP 分组因路由错误而在网络中无限循环，IP 协议对 IP 分组进行寿命控制，自动丢弃寿命已到的 IP 分组，防止网络堵塞。IP 协议还能识别组播分组、广播分组，并进行组播和广播式转发。此外，IP 协议可对 IP 分组进行服务质量控制、安全控制、源路由选择控制、时间邮戳和路径记录等控制。

IP 协议发展过程中主要经历了两个版本，IPv4 和 IPv6，前者规定 IP 地址的长度为 32bit，后者为 128bit。如无特殊说明，本书所说的 IP 协议为 IPv4。

(二) IP 数据报结构

IP 层的数据分组称为 IP 数据报。数据报是一个变长的分组，包含报文头和数据区两部分。报文头包含了寻址和传输所必需的信息,长度可以是 20~60 字节。图 1-10 给出了 IP 数据报的格式。

IP 报文头各个域的含义如下。

版本:长为 4 位,定义了 IP 协议版本号,版本号规定了数据报的格式,不同的 IP 协议版本,其数据报格式有所不同。当前的 IP 协议版本号为"4"(IPv4)。对于 IPv6,其值为 6。

头标长:长为 4 位,表明 IP 报文头的长度(单位为 32bit 长)。如果 IP 报文头的可选部分为空,那么 IHL=5。

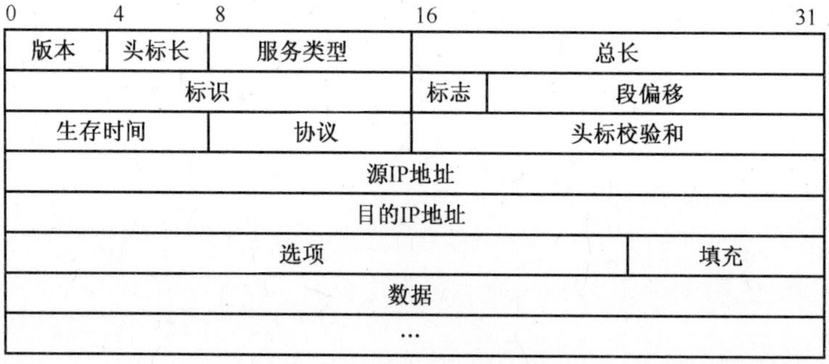

0	4	8	16		31
版本	头标长	服务类型	总长		
标识			标志	段偏移	
生存时间		协议	头标校验和		
源IP地址					
目的IP地址					
选项				填充	
数据					
…					

图 1-10　IP 数据报格式

服务类型:长为 8 位,用于服务质量控制。TOS 的值表明服务质量的控制要求,它包括优先级(Precedence)、延迟(Delay)、吞吐量(Throughput)和可靠性(Reliability)四个参数。路由器根据它的资源利用情况,对 TOS 值不同的 IP 分组进行相应的转发。服务类型字段的结构如图 1-11 所示。

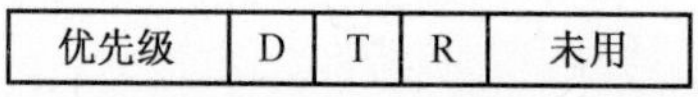

优先级	D	T	R	未用

图 1-11　服务类型字段结构

总长:长为 16 位,表明 IP 分组的总长度,它减去 IHL 值就是数据部分的长度。注意:总长的单位是一个字节 8 位,而 IHL 的单位是四个字节 32 位。

标识:长为 16 位,用于分段转发功能。路由器将一个 IP 分组分割成多段转发时,同一个 IP 分组各段的标识值必须相同。接收者可将标识值相同的段组装起来,恢复 IP 分组。

标志:长为 3 位,一位为 DF(Don't Fragment)位,一位为 MF(More Fragment)位,另一位保留以后使用。MF=1 表示 IP 分组的某一段,MF=0 表示不是分段的 IP 分组,或者是 IP 分组的最后一段。DF=1 表示 IP 分组不能分段转发。

段偏移:长为 13 位,用于分段转发功能,单位为 8 字节。假设定一个 IP 分组总长度为 6000 字节,将它分成三段发送时,设每段的数据长度为 2000 字节,那么第一段的段偏移为"0",第二段的段偏移为 2000,第三段的段偏移为 4000。根据段偏移和标志,接收者就可以判定哪个是第一段,哪个是最后一段。

生存时间:长为 8 位,用于设置该 IP 分组的最大生存时间。当主机发出一个 IP 分组时,它将 TTL 设置为某个值。路由器每转发一次 IP 分组,TTL 减"1",当 TTL=0 时,IP 分组被丢弃。

协议：长为 8 位，指明创建该 IP 分组数据高层协议的类型，即定义数据区数据的格式。

报头校验和：长为 6 位，用于保证报头数据的正确性。

源 IP 地址：长为 32 位，表示 IP 分组发送者的 IP 地址。

目的 IP 地址：长为 32 位，表示 IP 分组接收者的 IP 地址。

选项：为小于 40 字节的任意长度，但必须是 32 位的整数倍。选项作为 IP 分组的组成部分，不是必需的，主要用于网络控制和测试两大目的。一个 IP 分组可包含多个选项，每个选项按 TLV(Type ,Length,Value)格式组织。

填充：其长度取决于 IP 选项，它用于补充选项，保证数据报的报头长是 32 的整数倍，如果不是，则添"0"补齐。

(三) IP 地址

为了在 Internet 中实现计算机间相互通信，Internet 中的每一个主机都有一个唯一的地址，这个地址由 32 位二进制数组成。通常把它称为该主机的 IP 地址。

IP 地址采用分层结构，即由网络地址和主机地址两部分组成，其中网络地址用来标识接入 Internet 的网络。主机地址用来标识接入该网络的主机，这两部分长度是可变的，由 IP 地址的类型决定。分类 IP 地址结构如图 1-12 所示。

网络地址	主机地址

图 1-12 IP 地址结构

(1) IP 地址分类。

为了适应不同的网络规模，TCP/IP 协议将 IP 地址分为五类，如图 1-13 所示。其中：A、B、C 三类是常用地址，D 类为多点广播地址，E 类保留作研究用。

A 类地址，规定第一位以"0"开头，对应的地址范围为：0.0.0.0~127.255.255.255。其中 0 打头的一般不使用，127 打头的一般作为测试地址，因此 A 类含有 126 个网络地址，每个 A 类网络含 16777214($2^{24}-2$)个可用主机地址。

B 类地址，规定前两位以"10"开头，对应的地址范围为：128.0.0.0~191.255.255.255。共有 16384(2^{14})个 B 网地址，每个子网含 65534($2^{16}-2$)个可用主机地址。

A类	0	网络地址(7位)	主机地址(24位)
B类	1 0	网络地址(14位)	主机地址(16位)
C类	1 1 0	网络地址(21位)	主机地址(8位)
D类	1 1 1 0	多点广播地址(28位)	
E类	1 1 1 1	保留	

图 1-13 分类 IP 地址

C 类地址，规定前三位以"110"开头，对应的地址范围为：192.0.0.0~223.255.255.255。共有 2097152(2^{21})个 C 网地址，每个子网含 254($2^{8}-2$)个可用主机地址。

D 类地址,规定前四位以“1110”开头,对应的地址范围为:224.0.0.0~239.255.255.255。用于组播用途。

E 类地址,规定前四位以“1111”开头,对应的地址范围为:240.0.0.0~255.255.255.255。目前暂时保留,用于实验和将来使用。

一般 A、B、C 三类地址可以分配给主机使用。除此之外,还有几种具有特殊意义的 IP 地址,这些地址一般不能分配给某台主机使用。

① 有限广播地址:32bit 全为“1”的地址,用于同时向本地网上所有主机发送报文。

② 定向广播地址:主机地址部分全为“1”的地址,用于同时向指定网络所有主机发送报文。

③ 本地网络地址:32bit 全为“0”的地址,表示本地网络,有时作为默认路由地址。

④ 特定网络地址:主机地址部分全为“0”的地址,表示特定网络。

⑤ 回送地址:A 类网络地址 127,用于网络软件以及本地进程间通信,可以用来测试本主机网卡驱动程序和 TCP/IP 协议栈是否工作正常。

(2) IP 地址表示。

为了便于记忆和书写,通常将 IP 地址的 32 位二进制数分为 4 组,每组 8 位,各组中间用小数点隔开,然后把每一组二进制数翻译成相应的十进制数,称为“点分十进制”表示。

例如:某主机 IP 地址为 00010011 01011010 00000101 00011101 表示为 19.90.5.29。

根据 IP 地址第一个字节的取值,我们可以判断它属于哪类地址,如上例中的 IP 地址属于 A 类地址。

三、划分子网与子网掩码

(一) 划分子网

如前所述,每一个 A 类网络能容纳 16 777 214($2^{24}-2$)台主机,从节约 IP 地址资源的角度,在实际应用中一般不会将一个 A 类网络分配给一个单位。有必要将一个大网划分为多个小的子网。

划分子网的基本思路如下。

(1) 拥有一个大的物理网络的单位,可将所属的物理网络划分为若干个子网。划分子网纯属一个单位内部的事情。本单位以外的网络看不见这个网络是由多少个子网组成,因为这个单位对外仍然表现为一个大网络。

(2) 在划分子网之前,一个 IP 地址表示为两个部分:网络地址+主机地址。划分子网的方法是从网络的主机号地址部分借用若干个比特作为子网地址。因此,划分子网后,一个 IP 地址就变成三个部分:网络地址+子网地址+主机地址。三级的 IP 地址可以用以下记法来表示:

IP 地址={< net-id >,< subnet-id >,< host-id >}

(3) 凡是从其他网络发送给本单位某个主机的 IP 数据报,仍然是根据 IP 报文的目的 net-id 找到连接在本单位网络上的路由器。但此路由器在收到 IP 数据报后,再按目的 net-id 和 subnet-id 找到目的子网,将 IP 数据报交付给目的主机。

下面用例子说明划分子网的概念。图 1-14 表示一个单位拥有一个 B 类 IP 地址，网络地址是 145.13.0.0(net-id 是 145.13)。凡目的地址为 145.13.X.X 的数据报都被送到这个网络。

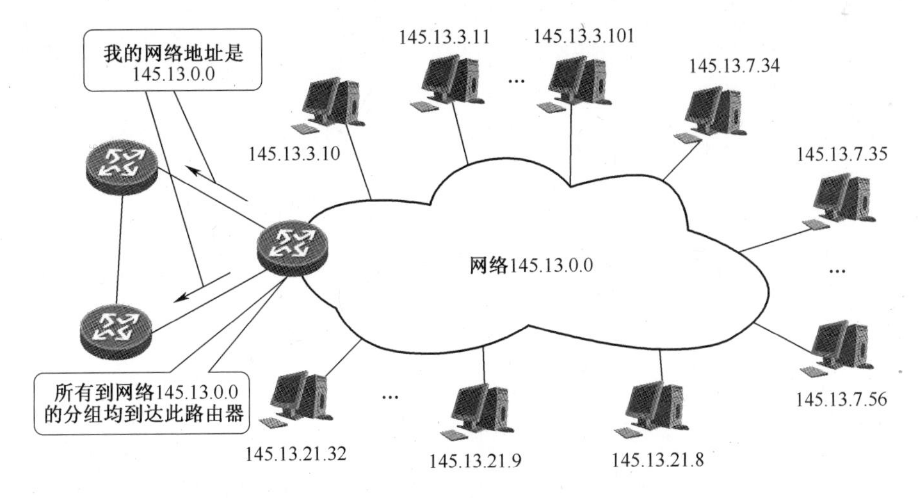

图 1-14 一个 B 类网络 145.13.0.0

现将图 1-14 的网络划分为三个子网，如图 1-15 所示。这里假定 subnet-id 占用 8 位，因此在增加了子网号后，主机号 host-id 就只有 8 位。所划分的子网分别是：145.13.3.0，145.13.7.0 和 145.13.21.0。在划分子网后，整个网络对外部仍表现为一个网络，其网络地址仍为 145.13.0.0。但路由器在收到数据报后，再根据数据报的目的地址通过不同的接口将其转发到相应的子网。

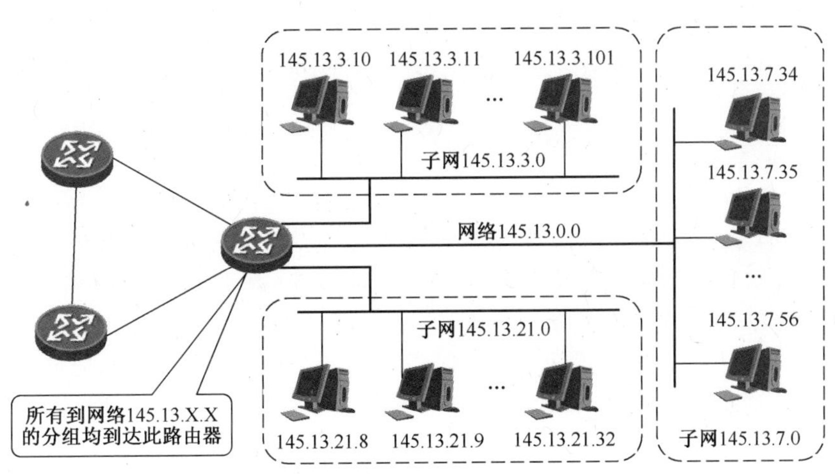

图 1-15 将网络 145.13.0.0 划分为三个子网

(二) 子网掩码

在实际应用中采用掩码来区分子网，故掩码也称为子网掩码(Subnet Mask)。子网掩码同 IP 地址一样，由一串 1 和跟随的一串 0 共 32 位二进制数字构成，子网掩码中的 1 的位数与 IP 地址中网络号和子网号的位数对应，而子网掩码中的 0 的位数与 IP 地址中主机号的位数对应。与 IP 地址一样，子网掩码采用点分十进制表示，各数字之间用“.”分隔，例如：255. 255. 0. 0。每一类的 IP 地址所对应的缺省子网掩码见表 1-1 所列。

表 1-1　缺省子网掩码

类　别	子网掩码
A	255. 0. 0. 0
B	255. 255. 0. 0
C	255. 255. 255. 0

将子网掩码与 IP 地址进行二进制逻辑与运算，与运算用符号“^”表示，运算后的结果中非零的几组数值为实际的网络地址，即

网络地址 = IP 地址 ^ 子网掩码

例如：A，B 两台计算机，IP 地址分别为 209. 191. 64. 3 及 209. 190. 64. 3，子网掩码均为 255. 255. 0 . 0，计算机 A 的网络地址如下：

209. 191. 64. 3 11010001. 10111111. 01000000. 00000011
255. 255. 0. 0 11111111. 11111111. 00000000. 00000000
209. 191. 0. 0 11010001. 10111111. 00000000. 00000000

故计算机 A 的网络地址为 209. 191. 0. 0。同理可得计算机 B 的网络地址为 209. 190. 0. 0。

有了子网掩码，主机可以利用它来判断目的主机是否与自己在一个网络上。方法是主机将分组的目的地址和该主机自己的子网掩码逐比特相“与”。若相“与”结果等于该主机的网络地址，则说明目的主机与自己是连接在同一个子网上，因此，可以直接交付而不需要找网关来转发；若相“与”的结果不等于自己的网络地址，则表明这属于间接交付，即使这两台主机在同一个局域网上，也不能直接通信，必须将该分组交给网关进行转发。

（三）默认网关

默认网关（Default Gateway）是连接不同网络地址的网络设备，一般采用路由器进行连接，也可以由一台服务器充当。当计算机发出一个 IP 数据分组，默认网关会判断这个分组的目的地址是不是发送分组计算机本身所在的网络，如果是则不送出去，如果不是，就将分组送到外面的网络上。

设计算机 A，B，C 的子网掩码均为 255. 255. 0. 0，IP 地址如图 1-16（a）所示。当计算机 A 发送一个目的 IP 地址为 150. 117. 13. 4 的分组给计算机 B 时，默认网关先判断分组的目的网络地址为 150. 117，即为本身内部网络，默认网关不会将分组传给外部网络。当计算机 A 要发送一个目的 IP 地址为 150. 116. 12. 2 的分组时，默认网关判断此分组的目的网络地址为 150. 116，与本身网络地址 150. 117 不同，则默认网关将此分组传到外部网络，计算机 C 会接收到此分组。

如果两台计算机在一个相同的物理网络中，而网络的地址不同，那么两台计算机是否可以直接通信呢？如图 1-16（b）所示，A，B 的子网掩码均为 255. 255. 0. 0。计算机 A 发送一个目的 IP 地址为 150. 116. 12. 3 的分组，默认网关判断此分组的目的网络地址为 150. 116 与本身网络地址 150. 117 不同。结果默认网关将此分组传到外部网络上，所以

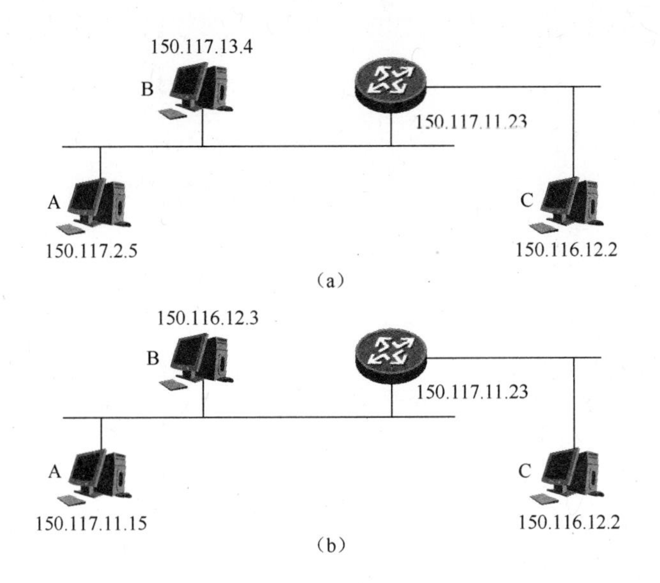

图 1-16　默认网关的作用

计算机 B 永远收不到这个分组。这就是网络地址不同的两台计算机不能直接通信的原因。

(四) 变长子网掩码

划分子网在一定程度上缓解了互联网在发展中遇到的地址短缺的困难,但仍不足于完全解决地址短缺的问题。解决的长远之计就是使用更长的地址长度,也即后来提出的 IPv6。但 IPv6 提出并完善之前,人们还提出了使用变长子网掩码(Variable Length Subnet Mask,VLSM)来提高 IP 地址资源的利用率。

VLSM 的基本思想是,对 IP 地址的主机号进行再划分,把一部分划入网络号,就能够按照主机数的实际需求划分各种类型大小的网络。子网掩码也不再仅局限在 255.0.0.0、255.255.0.0 和 255.255.255.0 这三类缺省值了。

(五) 无类别域间路由

在 VLSM 的基础上又进一步研究出无分类编址方法,它的正式名字是无类别域间路由(Classless Inter-Domain Routing,CIDR)。

CIDR 消除了传统的 A 类、B 类、C 类地址以及划分子网的概念,因而可以更加有效地分配 IPv4 的地址空间。CIDR 使用各种长度的"网络前缀"(Network-prefix)来代替分类地址中的网络号和子网号,而不是像分类地址中只能使用 1 字节、2 字节和 3 字节长的网络号。CIDR 消除了"子网"的概念,使 IP 地址从三级编址(使用子网掩码)又回到了两级编址(使用网络前缀)。它的记法为

IP 地址 ::= {<网络前缀>,<主机号>}

CIDR 使用"斜线记法"或 CIDR 记法,它在 IP 地址后面加上一个斜线"/",然后写上网络前缀所占的比特数(这个数值对应于三级编址中子网掩码中比特 1 的个数)。例如:

128.14.46.34/20,表示在这个32bit的IP地址中,前20bit表示网络前缀,而后面的12bit为主机号。

(六) 最长前缀匹配

在使用CIDR时,由于采用了网络前缀这种记法,IP地址由网络前缀和主机号这两个部分组成,因此在路由表中的项目也要有相应的改变。这时,每个项目由“网络前缀”和“下一跳地址”组成。但是在查找路由表时可能会得到不止一个匹配结果。这样就带来了一个问题,我们应当从这些匹配结果中选择哪一条路由呢?

正确的答案是:应当从匹配结果中选择具有最长网络前缀的路由,称为最长前缀匹配(Longest-prefix Matching)。这是因为网络前缀越长,其地址块就越小,因而路由就越具体。最长前缀匹配又称为最长匹配或最佳匹配。

一般路由器都有一条网络地址和子网掩码均为全“0”的默认路由。显然默认路由可以匹配任何目的IP地址报文,但由于它的前缀长度最短(为0),所以如果没有其他匹配路由,默认路由是最后的选择。

本章小结

本章主要内容介绍军事信息网的概念、系统结构及技术基础知识。要求考生了解军事信息网的概念、发展历史和趋势;理解军事综合信息网的系统结构;熟悉OSI参考模型及TCP/IP参考模型,掌握IP地址的分类与子网划分。

本章重点是军事信息网的系统结构、TCP/IP协议族、IP地址和划分子网;难点是分层网络体系结构、子网掩码与VLSM等相关术语的理解以及划分子网的计算。

作业题

一、单项选择题

1. Internet上采用的协议为(　　)。

A. TCP/IP　　B. IPX/SPX　　C. NetBEUI　　D. X.25

2. OSI/RM共分为(　　)个层次。

A. 7　　B. 5　　C. 4　　D. 3

3. TCP/IP的第二层,对应着OSI/RM的(　　)。

A. 传输层　　B. 网络层　　C. 数据链路层　　D. 物理层

4. 哪个IP地址可用于组播?(　　)

A. 10.0.0.1　　B. 172.16.10.1　　C. 192.168.0.1　　D. 224.0.0.5

二、多项选择题

1. TCP/IP参考模型由哪四个层次组成(　　)。

A. 网络接口层　　B. 互联网层　　C. 传输层　　D. 应用层

2. 栅格化信息基础网络简称“三层两系统”,具体包括(　　)。

A. 基础传输层　B. 网络承载层　C. 信息服务层　D. 安全保障系统
E. 运维支撑系统

三、填空题

1. 军事信息网就是用于保障________,达成信息获取、信息传输、信息利用目的的信息网络。

2. OSI/RM 是________________的英文缩写。

3. 通信子网层由________、________和________层组成,主要负责________功能。

4. 互联网上采用的主要协议为________。

5. 军事综合信息网的组织结构分主干网、________、本地网和用户网四级结构。

四、简答题

1. 画出 TCP/IP 参考模型,并简述各层的主要协议。

2. 有哪些特殊的 IP 地址?各有什么用途?

3. 将某 C 类网络 192.168.118.0 划分成 6 个子网,请计算出子网掩码及每个子网的网络地址、广播地址,以及有效的主机 IP 地址范围。

第二章　军事信息网规划与设计

网络规划和设计是计算机网络组建的基础,也是网络建设过程中的重要环节,后期网络的施工和运维与之息息相关。

本章主要介绍军事信息网的应用场景、建设流程,介绍了如何根据实际需求进行网络的规划和设计以及如何合理有效地配置网络资源。其要点是网络规划理论、网络设计原则和网络实施及测试技术。

第一节　网络规划设计基础

信息网络的组建是极其复杂且系统化的工程,正确的系统分析和设计方法是必要的。组建网络首先要进行网络规划,合理的规划是网络高稳定性、可扩展性、高安全性、可管理性的可靠保证。本节重点介绍了军事信息网应用场景、建设的流程、网络规划设计内容与原则、组网的需求分析。为后续网络逻辑设计和物理设计提供理论基础。

一、军事信息网应用场景

军事信息网有别于一般计算机网络,显著的区别在于其重要的战略战术意义。

(一) 战区通信网

战区是为实行战备计划、执行作战任务而划分的作战区域。战区根据战略意图和军事、政治、经济、地理等条件划分,主要负责辖区内诸军种部队联合(合同)作战的指挥和所属部队的军事训练、后勤保障等工作。美国现有5个战区:太平洋战区、欧洲战区、大西洋战区、中东战区、南方战区。苏联在统帅部与军区、驻外军队集群之间建有战区,主要负责若干军区和军队集群的作战指挥控制。一个战区可以包括一个军区或几个军区。

1. 战区固定式通信网

战区固定式通信网是战区通信系统中最常见的形式,为战区指挥自动化系统提供信息传输的基础结构。这类网络的建立一般要为战区的协同作战提供可靠的互联、互通的网络,并保证与其下属的各战术网可靠、无缝地连接。网络结构的选择为栅格网。设备选择上着重考虑在电磁干扰环境下的可靠工作能力,并能最大限度地满足战区通信在带宽、业务上的要求。由于通信网是固定方式的,因此,它的抗毁性在很大程度上依赖于机房建设的隐蔽性、坚固性以及网络结构的可重组性。在信道的建设上,一方面战区固定式通信网可以充分地利用军用已建的军事干线网和民用的干线通信线路,另一方面通过卫星通信、微波通信和散射通信为主,短波、超短波通信为辅的通信信道的建设,构成战区固定式通信网的传输信道。传输信道与通信节点的集成构成战区通信网。

2. 战区机动式通信网

战场是瞬息万变的,在战争的进程中,战争区域的变化是时常发生的,它要求指挥机关能够随时追踪战争的进展,选择最佳指挥位置,这就要求通信网在灵活性、机动性等方面有更高的性能。

这类通信网的特点是应急与快速,高效与灵活。一般均为车载设备,所以,对设备的小型化、低功耗要求高,在满足车载的条件下,尽可能地完成战区通信的功能要求。战区机动式通信网的结构形式基本上与固定式通信网相同,只是在选择架构信道的方法、设备性能及容量方面有所不同。首先,由于机动性的要求,有线方式不适合作为干线信道。其次,民用通信线路,不能适应战区机动式通信的要求,使之走到哪里,就将线路提供到哪里。这种机动式通信网以自建的为多,自身构成一个系统,开进到什么地域,就能在什么地域构成系统提供服务。一般采用两级网络方式:主干网络采用卫星通信或散射通信线路,分支网络采用微波、超短波通信线路。个别小容量支线采用超短波或短波,在建设的方式上,卫星网络可以几个战区或是与民用卫星系统合建,利用同一组卫星构建网络,以减少投资费用。

(二) 野战综合通信系统

野战综合通信系统是根据现代战役战术特点和作战要求,运用微电子技术、信息处理技术、抗电子干扰技术和软件工程等先进技术,综合多种通信手段、通信网络、通信业务而形成的新型的、多功能战役战术通信系统。它是野战通信系统的一种类型。也是世界各国军队野战通信发展共同的趋势。

自 20 世纪 60 年代初提出地域通信网的理论以来,世界各国都十分重视对以地域通信网力骨干的野战综合通信系统的研制工作。目前,发达国家军队已有或正在研制的野战综合通信系统主要有美军的"移动用户设备系统(MSE)",英军的"松鸡系统(PTARMIGAN)"和"多功能系统(MRS)",法军的"里达系统(RITA)"以及瑞典、挪威联合研制的"增量调制移动通信系统(DELTA MOBILE)"等。我军自 20 世纪 70 年代中期以来,着眼于军事通信现代化建设的总目标,借鉴外军的有益经验,有计划、分阶段地进行了我军野战综合通信系统的研究和建设工作。

二、军事信息网建设流程

军事信息网作为信息网络的一种形式,它的建设流程与一般的网络工程项目建设虽有类似,但也有特点。

根据工程的生命周期,网络工程项目的建设主要有网络规划和设计、工程实施计划、网络设备到货验收、设备安装、系统测试、系统试运行、用户培训、网络优化等步骤。

(一) 网络规划和设计

网络规划是网络工程项目的开始,主要工作是通过分析项目的背景,根据需求和目标,确定其技术方向。在设计阶段,按照已经明确的需求和指导思想,进行具体的设计,确定设备型号、技术路线,明确网络功能、性能指标,将组网的具体需求落地。

在军事信息网中,网络规划和设计的主要内容是依据上级指示要求,着眼部队担负的具体任务、技术可行性和经费情况,明确网络建设的目标、任务与分工、力量组织、保障等;建设单位组织立项论证,提出立项论证报告,经专家评审后,报上级主管部门批准。

(二) 工程实施计划

在网络设备安装前,需要编制工程实施计划,列出需实施的项目、费用和负责人等,以便控制成本,按进度要求完成实施任务。工程计划必须包括在网络实施阶段的设备验收、人员培训、系统测试和网络运行维护等具体事务的处理,必须控制和处理所有可预知的事件,并调动有关人员的积极性。

(三) 网络设备到货验收

系统中要用到的网络设备到货后,在安装调试前,必须先进行严格的功能和性能测试,以保证购买的产品能很好地满足用户需要。在到货验收的过程中,要做好记录,包括对规格、数量和质量进行核实以及检查合格证、出厂证、供应商保证书和各种证明文件是否齐全。在必要时利用测试工具进行评估和测试,评估设备能否满足网络建设的需求。

(四) 设备安装

设备安装一般分为综合布线系统、机房工程、网络设备、服务器、系统软件和应用软件等几个部分,分别由专业人员进行安装和调试。在安装过程中,重点要关注综合布线系统的质量,综合布线有时涉及到隐蔽工程,如果交付后发生故障,其排障的代价比较高。

(五) 系统测试

系统测试是保证网络安全可靠运行的基础。网络测试包括网络设备测试、网络系统测试和网络应用测试等部分。设备测试主要是针对交换机、路由器、安全设备和线缆等传输介质和设备的测试,系统测试主要是针对网络的连通性、链路传输率、吞吐率、传输时延和丢包率、链路利用率、错误率、广播帧和组播帧和冲突率等方面的测试。

(六) 系统试运行

系统试运行阶段是验证系统的功能和性能是否达到预期目标,也是对系统进行不断优化调整的阶段。

(七) 用户培训

网络系统规模庞大、结构复杂,需要专业网络管理员维护。对有关人员的培训是网络建设的重要一环,也是保证系统正常运行的重要因素之一。

(八) 网络优化

用户的业务在不断发展,因此,用户对网络功能的需求也会不断变化。当现有网络不能满足业务需求或网络在运行过程中暴露出了某些隐患时,就需要通过网络优化来解决。

三、军事信息网规划设计原则

(一) 面向应用,资源共享

在军事信息网方案设计的过程中,网络的一般性通用要求、各类军事应用的特殊要求需要同时考虑。网络应能使各应用系统灵活地接入,给予必要的网络带宽和服务质量保障(QoS),使应用系统与网络平台融合为有机整体,充分发挥网络和传输信道的整体效能,以免造成重复建设和资源浪费。

(二) 突出特色,满足需求

军事信息网应用包括各类型的信息管理系统,其中,重要的或密级较高的应用,要求重点保障和安全隔离;公共服务类应用,要求信息开放共享。这些应用的特点要求网络能够按服务对象进行权限划分,对不同应用的业务流进行监控和隔离,通过自主可控的方式提供所必需的网络服务性能。网络应采用高可用相关的技术手段,提高网络的抗毁抗扰和机动接入能力。

(三) 加强保密,注重防御

虽然军事信息网与公共网络进行了物理隔离,但是安全威胁形势依然严峻。军事信息网的用户杂、层次多,网络设备中存在国外产品,用户 PC 上互联网、计算机辐射、内部人员管理等,这些情况都可能存在安全隐患。因此必须采取安防措施,实施多级信息加密,设置多层安全屏障,确保信息和网络安全。

(四) 革新技术,跨越发展

军事信息网是我军重要的信息基础设施,将在未来较长时期内作为军事通信的基础网络发挥重要作用,并且投资具大。因此,在技术选择上要有前瞻性,既要注重当前业务需求,又要适应新业务的快速发展。技术体制要遵循业界先进标准,使网络具有可扩展性和互联性。

四、军事信息网规划设计内容

网络规划设计就是根据技术规范、系统性能要求,制订总体计划和方案。网络设计工作包括如下几点。

(一) 网络拓扑结构设计

园区规模的网络拓扑结构,主要采用以太网交换技术。采用以太网交换机,其拓扑结构主要有星型、扩展星型或树型等。考虑链路传输的可靠性,对于大中型网络可采用冗余结构。确定网络的物理拓扑结构是网络规划设计的基础,物理拓扑结构的选择与地理环境、传输介质、网络传输可靠性等因素相关。

(二) 主干网络(核心层)设计

主干网络的设计,主要根据网络规模大小、业务的种类和资金比例等因素来考虑。主干网一般用来连接建筑群和服务器群,承载 50%~80%的信息流。连接建筑群的主干网一般以光缆做传输介质,典型的主干网技术主要有千兆/万兆以太网和2.5G/10G的POS(Packet over SDH)等。

(三) 汇聚层和接入层设计

当建筑楼内信息接入点较多,通过增加交换机扩充端口时,就需要有汇聚交换机。交换机间采用级联的方式,即将一组固定端口交换机上联到性能较好的汇聚交换机上,再由汇聚交换机上联到主干网的核心交换机。如果交换机采用堆叠方式扩充端口时,其中一台交换机上联核心交换机,网络中只有接入层。

(四) 广域网连接与远程访问设计

对外连接通道的带宽取决于网络规模的大小和用户的数量。此外,还需要考虑主备链路、迂回链路等提高网络可靠性的因素。

(五) 网络通信设备选型

网络通信设备选型包括路由器选型、核心交换机选型、汇聚层/接入层交换机选型、远程接入与访问设备选型、安防设备选型等。

五、组网需求分析

(一) 业务需求

在分析业务需求前,首先充分了解岗位设置和岗位职责。然后从以下方面进行网络需求的分析确定。

(1) 关键时间点:了解项目的时间限制,指定严格的项目实施计划,确定各阶段及关键的时间点。

(2) 网络的投资规模:计算成本时,有关网络设计、实施、维护和支持的每一类成本都应该纳入考虑,表2-1所列的是需要考虑的投资项目清单,可以根据项目实际情况进行调整。

表2-1 投资项目清单

投资项目	投资子项	投资性质
核心网络	核心网络设备	一次性投资
	核心主机设备	一次性投资
	核心存储设备	一次性投资
汇聚网络	汇聚网络设备	一次性投资
接入网络	接入网络设备	一次性投资
综合布线	综合布线	一次性投资
机房建设	机房装修	一次性投资
	UPS	一次性投资
	防雷	一次性投资
	消防	一次性投资
	监控	一次性投资

（续）

投资项目	投资子项	投资性质
平台软件	数据库管理软件	一次性投资
	应用服务器软件	一次性投资
	各类中间件	一次性投资
安全设备	核心安全设备	一次性投资
	边界安全设备	一次性投资
	桌面安全设备	一次性投资
系统管理	网络管理软件	一次性投资
	安全管理软件	一次性投资
	桌面管理软件	一次性投资
	应用管理软件	一次性投资
实施管理	集成	一次性投资
	测试	一次性投资
	评测	一次性投资
	培训	一次性投资
	监理	一次性投资
运营维护费用	通信线路费	周期性投资
	设备维护费	周期性投资
	材料消耗费	周期性投资
	人员消耗费	周期性投资
不可预见费用		一次性投资

(3) 业务活动：主要通过对业务类型的分析，形成各类型业务对网络的需求，主要包括最大用户数、并发用户数、峰值带宽、正常带宽等。

(4) 预测增长率：通过对网络发展趋势的分析，明确网络的伸缩性需求。主要考虑以下方面的网络发展趋势：分支单位的增长率；网络覆盖区域增长率；用户增长率；应用增长率；通信宽带增长率；存储信息量增长率等。

(5) 网络的可靠性和可用性：获取行业的网络可靠性和可用性的标准，并基于该标准与用户进行交流，明确特殊要求。

(6) 网络的安全性：主要包括信息保密等级、信息敏感程度、信息的存储与传输要求、信息的访问控制要求等。

(二) 应用需求

应用的种类较多，常见的分类方式主要有以下四种。

(1) 按功能分类，特定功能类型应用主要用于实现特定功能或面向特定工作。依据不同类型的需求特性，了解网络应用对网络的主体需求。

(2) 按共享分类，随着信息共享程度的提高，会对网络提出更高的要求。

(3) 按响应分类,分为实时响应和非实时响应两种,不同的响应方式具有不同的网络需求。

(4) 按网络分类,分为单机软件、对等网络软件、C/S 软件、BPS 软件、分布式软件,采用不同的网络处理模型,会对网络产生不同的需求。

(三) 计算机平台需求

计算机平台的常用指标见表 2-2 所列。

表 2-2 计算机平台常用指标

指标分类	指标子项	指标要求
CPU	型号	
	时间频率	
	前端总线频率	
	指令位数	
	CPI/IPC	
	CPU 个数	
内存	大小	
	访问延迟	
	容错	
Cache	一级容量	
	二级容量	
硬盘	数量	
	大小	
	转数	
	功能类型	
网络接口	传输速率	
	网卡数量	
	接口类型	
电源功耗	个数	
	功率	
	冗余	
物理指标	长度	
	宽度	
	高度	
	重量	

(四) 网络需求

网络需求的最后工作是考虑网络管理员的需求。

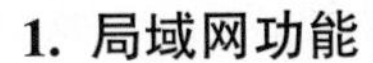

1. 局域网功能

1）局域网网段分布

局域网网段和用户群的分布是一致的，但也允许一个网段内存在多个用户群，也允许一个用户群占据多个网段。

2）评估局域网网段

不同的网络应用和服务，要求网段承载不同的功能。一般的功能包括：文件服务、E-mail 服务、打印服务、数据库服务、应用服务、网络传真服务、P2P 应用服务、视频服务、系统管理服务、网络管理服务、安全管理服务、数据库备份服务以及其他服务。

3）局域网负载

针对各种应用和功能服务，评估服务的平均事务量或文件传输大小，同时评估用户访问频率，经过计算就可以估算网络的负载。

2. 网络拓扑结构

网络拓扑结构主要分为广域网拓扑结构和局域网拓扑结构。

3. 网络性能

网络性能主要包括网络容量、响应时间、有效性、可用性和数据备份等方面。

4. 网络管理

1）建设思路及目的

(1) 明确网络管理的目的。

(2) 掌握网络管理的要素。

(3) 明晰管理的网络资源。

(4) 注重软件资源管理和软件分发。

(5) 应用管理不容忽视。

2）网络管理的功能要求

(1) 性能管理：监控网络运行的参数（吞吐率、响应时间、网络可用性）。

(2) 故障管理：故障的展现形式、记录方式、应急响应机制。

(3) 配置管理：明确配置管理的图形展现要求、设备配置要求、设备状态配置要求等基本需求。

(4) 安全管理：对网络系统的硬件、软件及其系统中的数据进行安全监控。

5. 网络安全

网络安全技术措施的常用需求见表 2-3 所列。

表 2-3 技术措施需求表

技术措施层次	需求项目	需求项目	需求项目	需求项目
机房及物理线路安全需求	机房安全	通信线路安全	骨干线路冗余防护	主要设备防雷措施
网络安全需求	安全区域划分	安全区域级别	区域内部安全策略	区域边界安全策略
	路由设备安全	网闸	防火墙	入侵检测
	抗 DDoS	VPN	流量管理	网络监控与审计
	网络监控与审计	访问控制		

（续）

技术措施层次	需求项目	需求项目	需求项目	需求项目
系统安全需求	身份认证	帐户管理	主机系统配置管理	漏洞发现与补丁管理
	内核加固	病毒防护	桌面安全管理	系统备份与恢复
	系统监控与审计	访问控制		
应用安全需求	数据库安全	邮件服务安全	Web 服务安全	系统应用定制安全

第二节 网络逻辑设计

网络逻辑设计要满足信息网络稳定性、可靠性、可用性和扩展性的要求。本节重点介绍网络逻辑设计，包括逻辑拓扑结构设计、地址分配、广域网设计和相关网络协议选择等基本知识。

一、网络拓扑的选择

网络的性能与网络的拓扑结构密不可分。常见的网络拓扑结构主要有星型结构、网状结构、环型结构、双平面等几种，可以适用于的大多数广域网和局域网的构建。不同的拓扑结构具有不同的特性，网络拓扑要根据实际情况而选择。

（一）星型网络

1. 单星型网络

如图 2-1 所示，可以适合中小型的网络。

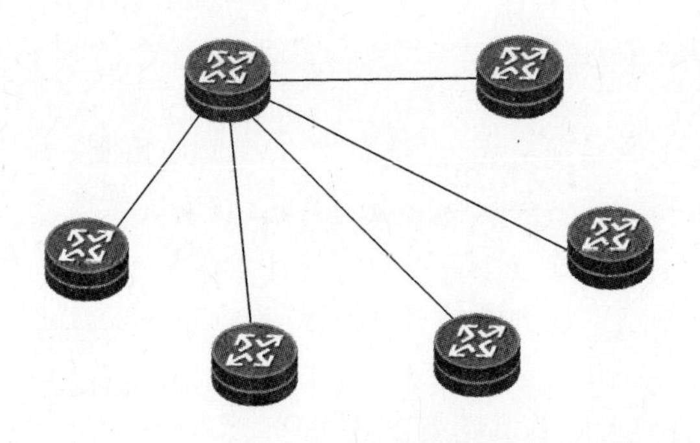

图 2-1 单星型网络

具有以下特点。

（1）结构简单，便于设计。

（2）线路成本相对较低。

（3）网络扩展性好。

（4）对核心设备的处理能力和接口带宽都要求很高。

（5）存在单点故障隐患，核心设备出现故障，节点之间可能无法通信。

2. 双星结构

对于大规模的网络,下属主要的分支节点比较多,可以考虑采用双星结构,如图 2-2 所示。

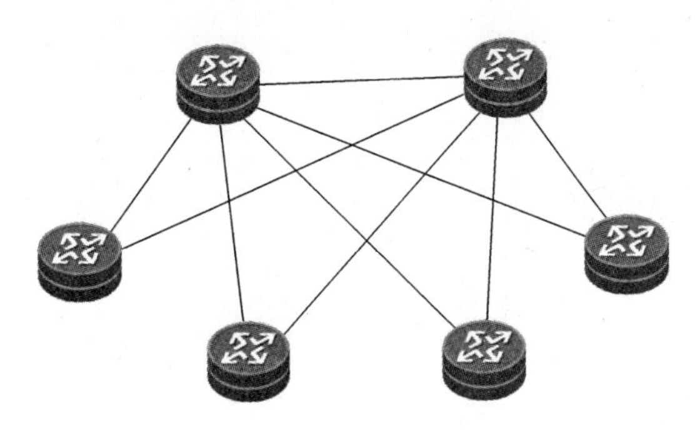

图 2-2　双星网络

具有以下特点。

(1) 可靠性高。采用两个核心节点的双连接星型网络结构,使得网络具有可靠性、可用性及安全性,避免了单点故障的隐患。

(2) 支持流量的负载均衡。业务的发展对网络流量的要求越来越大,采用双连接的网络结构,使得网络的流量能够比较合理的分布在各条链路上。

(3) 支持网络的冗余备份。核心节点采用两台高性能的网络设备,使得核心层具有较好的冗余备份能力,同时,两台核心设备之间要采用高速链路,提供了核心设备之间的高速带宽,消除传输瓶颈。

双星结构是实际网络中采用较多的一种网络结构。

(二) 网状网络

对于规模比较小的网络, 可以考虑采用全网状结构,如图 2-3 所示。

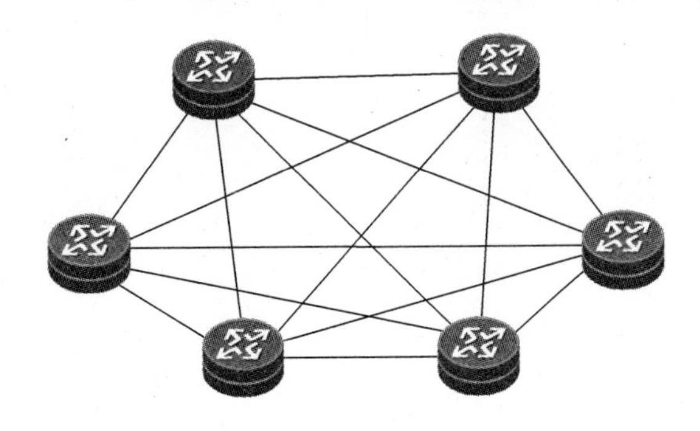

图 2-3　全网状结构

全网状结构具有以下特点。

(1) 骨干路由器之间全连接 ,适用于骨干节点不多的小型网络。

(2) 对于两点之间的通信提供了多重路由,可靠性高,避免了链路瓶颈问题和失效问题。

(3) 核心设备较多时,规划和部署过于繁杂。

为了避免全网状的 N^2 级的链路，根据实际情况，可选择重要节点和其他节点分别建立链路连接，其他节点之间选择性连接，形成部分网状结构，如图 2-4 所示。

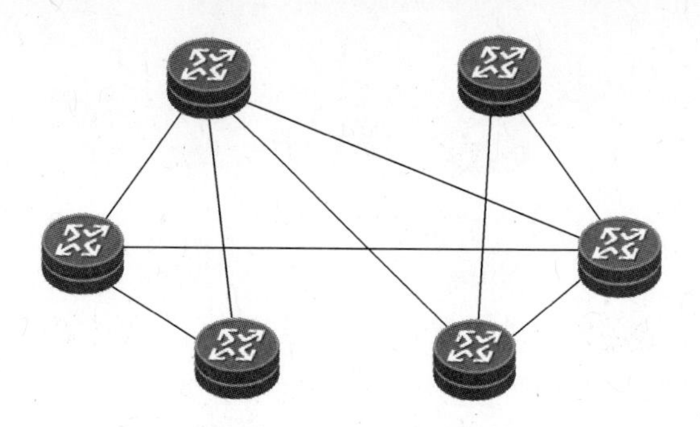

图 2-4　部分网状结构

部分网状结构部分解决了全网状存在的问题（主要是扩展性问题），因此更适用于比较大规模的网络。

（三）环形网络

环形网络是由网络中的节点，通过点到点的链路连接成闭合的环，信息从一个节点传到另一个节点，简化了路径的选择，如图 2-5 所示。

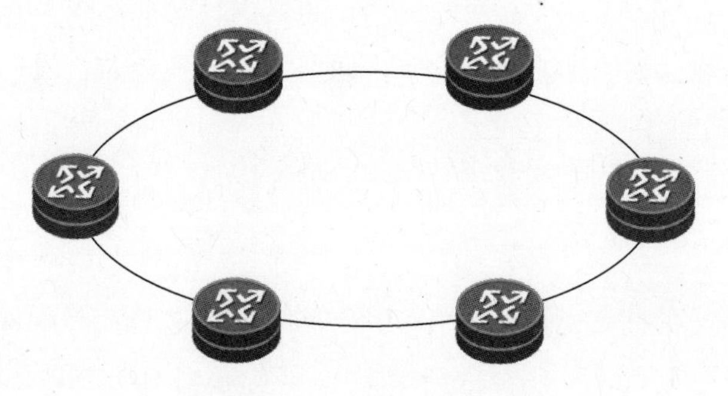

图 2-5　环形网络

具有以下特点。

（1）拓扑简洁。

（2）带宽利用率高。

（3）可靠性高。

对于规模比较大的网络（如城域网、大型企业网），可以考虑采用双平面结构，如图 2-6所示。

双平面网络具有以下特点。

（1）高可靠性。将重要业务分别部署在两张网络上，能有效实现业务分担、业务保护和抗灾能力，大大增强业务的安全性。

（2）多条链路选择，带宽利用率高。

（3）支持流量的负载均衡。

（4）优化网络拓扑。

（5）缺点是网络可能会重复建设。

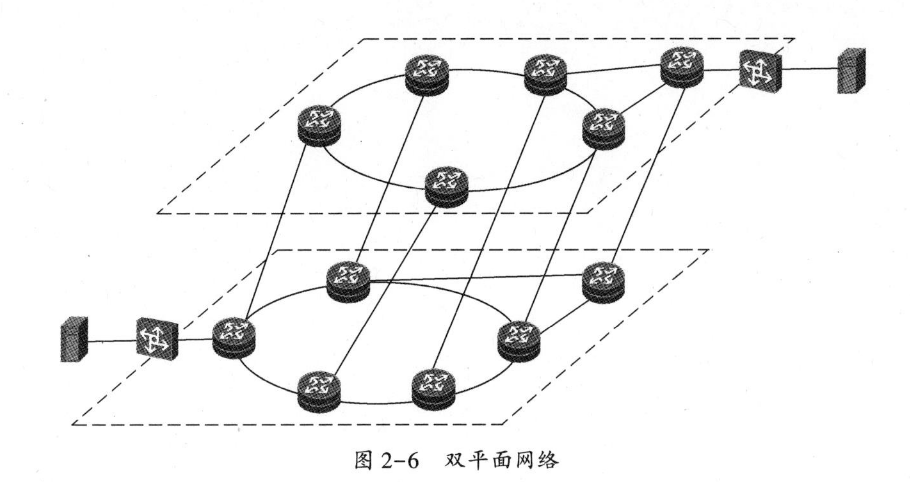

图 2-6　双平面网络

(四) 网络类型对比

上述几种网络拓扑的特点对比见表 2-4 所列。

表 2-4　几种网络拓扑的对比

	星形网络	网状网络	环形网络	双平面网络
对设备的要求	对核心设备的接口带宽,接口密度,要求很高	需要所有的核心设备,都具有很高的接口密度	端口成本高	对设备要求低
冗余、可靠性	标准的冗余性,可靠性都比较低,容易单点故障,造成业务中断;双星冗余性,可靠性比较高	多种路由可选,冗余性,可靠性高	冗余性,可靠性高	业务部署在两张网上,冗余性安全性非常高
负载均衡	双星可以比较好的实现均衡负载	多条链路可供选择,具有较好的负载均衡能力	负载均衡非常好	多条链路可供选择,并有高带宽的支持,具有较好的负载均衡能力
适用范围	标准的适合中小型网络;双星可以使用在大型网络,流量集中的行业骨干	适用节点不多的骨干网络;大区网络	光纤丰富的骨干网核心;城域网骨干核心;对可靠性要求高的全国大型行业骨干	城域网,大型企业网,NGN 网

二、网络分层结构设计

大型骨干网的设计普遍采用三层结构模型,如图 2-7 所示。这个三层结构模型将骨干网的逻辑结构划分为三个层次,即核心层、汇聚层和接入层,每个层次都有其特定的功能。

层次化网络拓扑由不同的层组成,它能让特定的功能和应用于在不同的层面上分别执行。每一层都有各自的用途,并且通过与其他层面协调工作实现最高的网络性能。如今大多数网络都使用层次化网络拓设计。

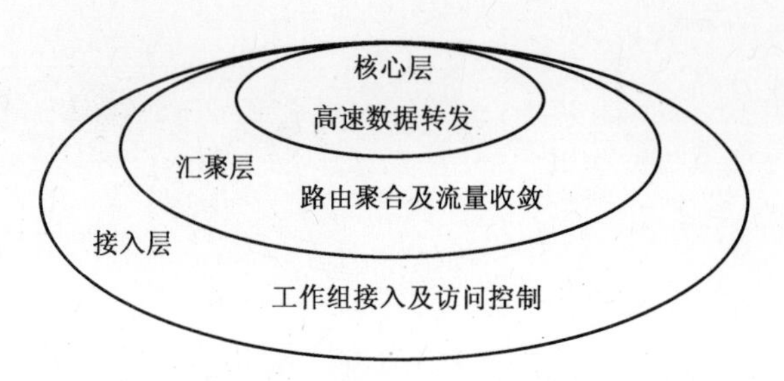

图 2-7 网络的三层结构模型

(一) 层次化网络拓扑设计的描述

层次化网络设计引入了三个关键层的概念,这三个层次分别是:核心层(Core Layer)、汇聚层(Distribution Layer)和接入层(Access Layer),如图 2-8 和图 2-9 所示。核心层为网络提供了骨干组件或高速交换组件。在纯粹的分层设计中,核心层承担数据交换的任务。汇聚层是核心层和终端用户接入层的中间层。汇聚层完成了数据报处理、过滤、寻址、策略增强和其他数据处理的任务,接入层主要负责用户接入网络。

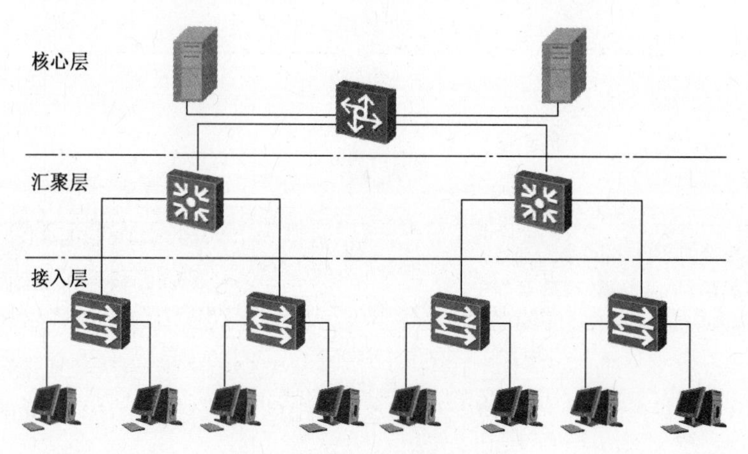

图 2-8 三层网络模型(一)

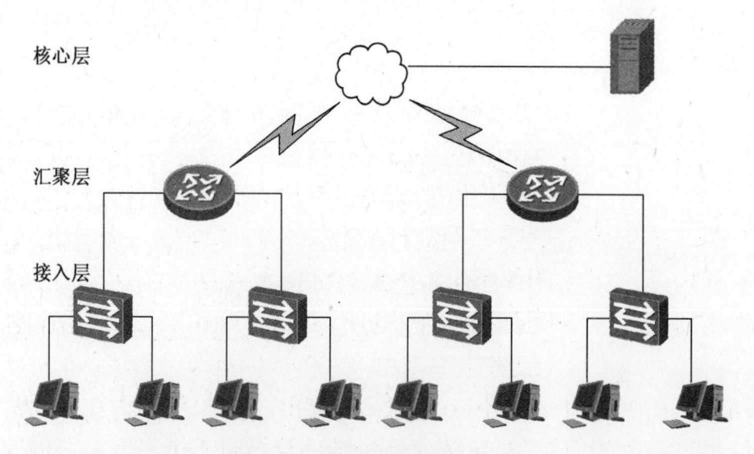

图 2-9 三层网络模型(二)

随着网络结构越来越复杂,只有依靠模块化、分层设计的网络才能减少网络组件临时变化造成的影响。由于网络设计的复杂性和规模,分层网络中使用的路由协议必须能将路由更新报文快速聚合,并且仅需使用较少的计算资源。多数新的路由协议都是为层次化拓扑所设计的,只需要较少的资源来维护当前的网络路由表。

(二) 层次化结构设计中各层的特点

1. 核心层

核心层是网络的高速交换骨干,对协调通信至关重要,核心层具有以下特征。

(1) 提供高可靠性。

(2) 提供冗余链路。

(3) 提供故障隔离。

(4) 迅速适应升级。

(5) 提供较少的滞后和好的可管理性。

(6) 避免由滤波器或其他处理引起的慢包操作。

2. 汇聚层

网络的汇聚层是网络的接入层和核心层之间的中间层,接入层有许多任务,包括以下功能的实现。

(1) 策略。

(2) 安全。

(3) 部门或工作组及访问。

(4) 广播/多播域的定义。

(5) 虚拟 LAN(VLAN)之间的路由选择。

(6) 介质翻译(例如,在 Ethernet 和令牌环之间)。

(7) 在路由选择域之间重分布(redistribution 例如,在两个不同路由协议之间)。

(8) 在静态和动态路由选择协议之间的划分。

3. 接入层

接入层为用户提供对网络中的本地网段的访问,接入层的特点如下。

(1) 对汇聚层的访问控制和策略进行支持。

(2) 建立独立的冲突域。

(3) 建立工作组与汇聚层的连接。

(三) 层次化网络设计模型的优点

层次化网络设计模型具有以下各种优点。

(1) 可扩展性。由于分层设计的网络采用模块化设计,路由器、交换机和其他网络互联设备能在需要时方便地加到网络组件中。

(2) 高可用性。冗余、备用路径、优化、协调、过滤和其他网络处理使得层次化具有整体的高可用性。

(3) 低时性。由于路由器隔离了广播域,同时存在多个交换和路由选择路径,数据流能快速传送,而且只有非常低的时延。

(4) 故障隔离。使用层次化设计易于实现故障隔离,模块设计能通过合理的问题解决和组件分离方法加快故障的排除。

(5) 模块化。分层网络的模块化设计让每个组件都能完成互联网络中的特定功能,因而可以增强系统的性能,使网络管理易于实现并提高网络管理的组织能力。

(6) 高投资回报。通过系统优化及改变数据交换路径和路由路径,可在分层网络中提高带宽利用率。

(7) 网络管理。如果建立的网络高效而完善,则对网络组件的管理更容易实现化程度较高,这将大大地节省人力成本。

图 2-10 所示为一个很典型的园区网的设计拓扑。

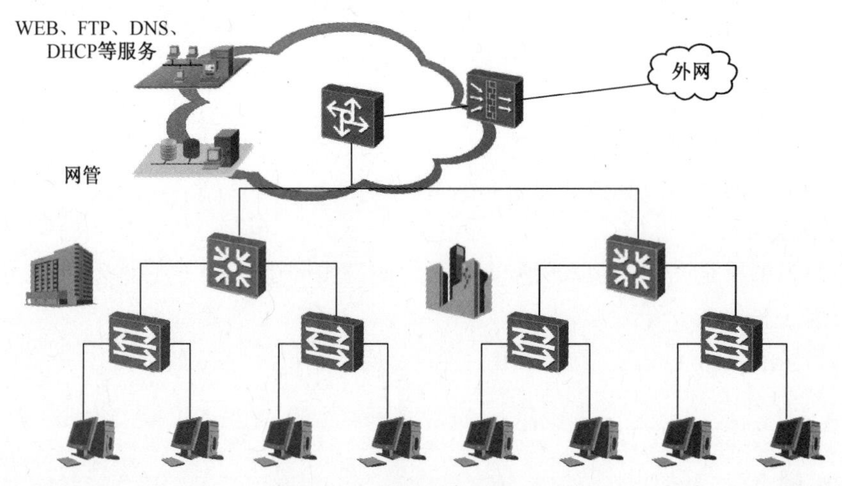

图 2-10 典型的园区网拓扑

三、网络地址规划与分配

(一) IP 地址的规划

IP 地址的规划也是网络设计过程中的重要环节。IP 地址规划的好与坏,将影响到网络路由协议算法的效率、网络的性能、网络的扩展及网络的管理、网络应用的进一步发展。

1. IP 地址的分配原则

IP 地址空间分配要与网络拓扑层次结构相结合,分配方案要充分考虑网络地址空间利用率,要体现可扩展性和灵活性,同时要能满足路由协议的要求,以便实现网络中的路由聚类、缩小路由表的长度、减少对路由器 CPU 和内存的消耗、提高路由算法的效率、加快路由变化的收敛速度。此外,还要考虑网络地址的可管理性,分配时要遵循以下原则。

(1) 唯一性:一个 IP 网络中不能有两个主机采用相同的 IP 地址。

(2) 简单性:简单且易管理,降低网络扩展的复杂性。

(3) 连续性:连续地址在易于进行路由表聚类,提高路由算法的效率。

(4) 可扩展性:地址分配要留有余量,保证地址聚合所需的连续性。

(5) 灵活性:地址分配应具有灵活性,以满足多种路由策略的优化。

2. IP 地址分配方案

1）公有 IP 地址的分配

公有 IP 地址即从总部申请的多个 IP 地址。在对网络公有 IP 地址进行分配时，要本着节约够用的原则。公有 IP 主要用于网络中心的服务器及重点人员用机。

2）私有 IP 地址的分配

进行网络规划时，应首先设计网络的私有部分。其子网的划分要充分考虑到网络的扩展。若子网化有困难，可以 C 类地址为单位，分片划分 IP。为了便于路由的聚合，在地址的分配上应使用连续的 C 类地址。

（二）IP 地址的管理

1. IP 地址管理的任务及常见的问题

IP 地址管理包括对 IP 地址段的分配使用情况进行管理；对已分配 IP 地址的基本信息进行管理；IP 地址分配及变更的历史记录等，还要保证网络的正常运行。

2. 常见 IP 地址管理策略

1）静态地址分配策略

由管理员为上网用户分配 IP 地址，并静态维护 IP 地址分配表。

2）动态地址分配策略

DHCP（动态主机分配协议）技术是目前小型网络中常见的 IP 地址分配方法。动态分配可以节省 IP 地址，简化用户的设置。但由于动态分配 IP 地址的随机性和不确定性，网络的安全管理将变得复杂。

3）IP 和 MAC 地址绑定

IP 与 MAC 地址绑定即在路由器或三层交换机上的 ARP 表中将用户的 IP 地址和网卡的 MAC 地址进行绑定。结合使用交换机端口的单地址工作模式，将交换机的端口和本机 MAC 地址绑定，这样即使冒用 IP 地址与 MAC 地址也无法访问网络。

4）子网与虚拟子网管理

通过合理的子网及虚拟局域网的划分，使得 IP 冲突的故障被局限在一定的范围，便于管理员定位查找故障点。

5）基于用户认证的管理方案

基于用户认证的管理方案要求用户必须有一个合法的用户名和密码，用户上网前需提供合法的用户名及相应的密码，其对 IP 地址的管理是通过 IP 与用户名和密码绑定来实现的，这首先杜绝了非法用户进入网络并使用网络资源，其次当网络出现问题时，可以及时查找到相应的用户，这大大提高了网络管理和维护的水平。

6）防火墙与代理服务器管理

通过防火墙提供的 NAT 技术，使多个内部 IP 地址共享一个外部 IP 地址，可以更有效地利用 IP 地址资源。通过代理服务器访问外部网络，将 IP 防盗放到应用层来解决，变 IP 管理为用户身份和口令的管理，由于没有合法的身份，盗用的 IP 地址只能在子网内使用，IP 盗用便没有意义。

7）集成化的管理方案

集成化的管理方案是将 IP 资源管理与网络管理服务相整合，解决网络管理中遇到的各种问题,提高管理效率。通过该方案开发出适合本单位的网络管理系统,该系统应集管理、服务、计费于一身,可以对IP地址进行全面管理,将静态数据表维护变为动态数据库维护,并对IP地址的使用者实行实名制管理,可以通过IP与用户名的绑定,做到对用户统一管理、统一身份认证。

四、网络出口设计

随着网络技术的不断发展,多出口网络已经成为一种趋势,它可以分流出口负载,优化外网的访问速度。多出口之间还可以互为备份,做到出口冗余,以保证网络的出口不中断,这也是多出口网络的优越性和关键技术所在。但是,多出口网络的配置调试比较复杂,静态路由(访问控制列表)配置的数目很多,策略路由配置会因为语句可选项的不同使策略的含义发生很大的差异,这一方面体现了策略路由的灵活性,另一方面也体现了多出口网络体系结构中策略路由研究的困难性和先进性所在。

网络出口常用的组网方案有三种:防火墙为出口、路由器为出口以及防火墙旁挂。

(一) 防火墙为出口

图2-11所示网络出口设计方案中,防火墙同时承担选路、路由、安全处理功能,有可能成为性能瓶颈,因此常用于出口流量较小的中小规模园区网。

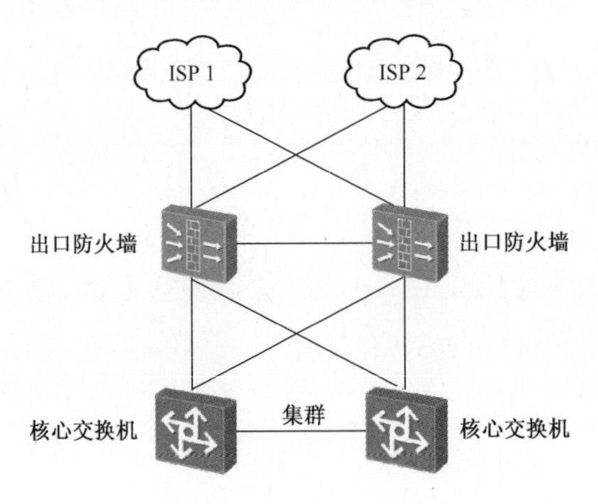

图2-11　防火墙为出口

(二) 路由器为出口、防火墙串接

图2-12所示网络出口设计方案中,防火墙同时承担选路、安全处理功能,路由器承担路由功能,因此常用于出口流量较大或用户规模较大的园区网。

(三) 路由器为出口、防火墙旁挂

图2-13所示网络出口设计方案中,路由器承担路由功能,通过将特定流量引至防火墙进行处理实现安全功能,减轻防火墙负担,因此常用于规模较大的园区网。

实际网络中应根据不同的安全性要求和成本综合考虑采用哪种方案。

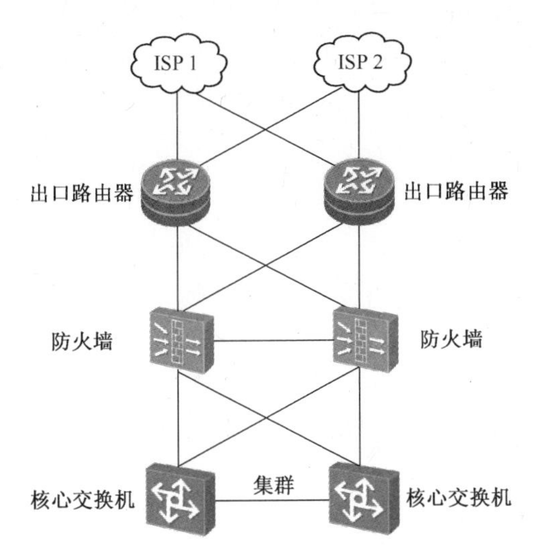

图 2-12 路由器为出口、防火墙串接

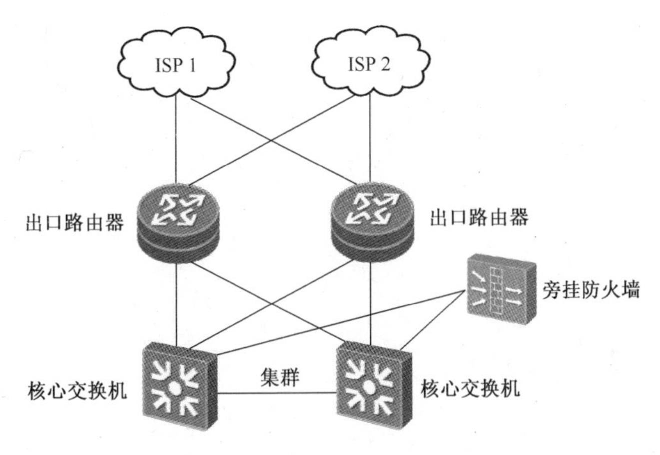

图 2-13 路由器为出口、防火墙旁挂

第三节 网络物理设计

网络逻辑设计之后,下一步就要选择合适的网络介质和设备来实现。本节重点讲解如何选择满足逻辑性能要求的传输介质、设备、部件或模块,搭建符合网络逻辑设计的网络。

一、网络传输介质的选择

网络传输介质是指在网络中传输信息的载体,常用的传输介质分为有线传输介质和无线传输介质两大类。有线传输介质是指在两个通信设备之间实现的物理连接部分,它能将信号从一方传输到另一方,有线传输介质主要有双绞线、同轴电缆和光纤。双绞线和同轴电缆传输电信号,光纤传输光信号。无线传输介质指我们周围的自由空间,利用无线电波在自由空间的传播可以实现多种无线通信。在自由空间传输的电磁波根据频谱可将其分为无线电波、微波、红外线、激光等,信息被加载在电磁波上进行传输。

(一) 常用传输介质

1. 双绞线

双绞线(Twisted Pair,TP)分为屏蔽双绞线(Shielded Twisted Pair,STP)与非屏蔽双绞线(Unshielded Twisted Pair,UTP)。根据线路的传输频率、带宽和串扰比等电气特性,双绞线又以此分类,当前常见的为五类(CAT5)、超五类(CAT5e)、六类(CAT6),其中五类线用于快速以太网,超五类和六类线用于千兆以太网。

2. 同轴电缆

同轴电缆由绕在同一轴线上的两个导体组成。具有抗干扰能力强,连接简单等特点,信息传输速度可达每秒几百兆位。它由一根空心的外圆柱导体和一根位于中心轴线的内导线组成,内导线和圆柱导体及外界之间用绝缘材料隔开。

按直径的不同,可分为粗缆和细缆两种。粗缆传输距离长,性能好但成本高、网络安装、维护困难,一般用于大型局域网的干线,连接时两端需终接器。细缆与 BNC 网卡用 T 型头相连,T 型头之间最小 0.5m,两端装 50Ω 的终端电阻。细缆网络每段干线长度最大为 185m,每段干线最多接入 30 个用户。

根据传输频带的不同,可分为基带同轴电缆和宽带同轴电缆两种类型。基带同轴电缆传输数字信号,信号占整个信道,同一时间内仅能传送一种信号。宽带同轴电缆可传送不同频率的信号。

3. 光纤

光纤又称为光缆或光导纤维,由光导纤维纤芯、玻璃网层和能吸收光线的外壳组成。是由一组光导纤维组成的用来传播光束的、细小而柔韧的传输介质。应用光学原理,由光发送机产生光束,将电信号变为光信号,再把光信号导入光纤,在另一端由光接收机接收光纤上传来的光信号,并把它变为电信号,经解码后再处理。与其他传输介质比较,光纤的电磁绝缘性能好、信号衰小、频带宽、传输速度快、传输距离大。主要用于要求传输距离较长、布线条件特殊的主干网连接。具有不受外界电磁场的影响,无限制的带宽等特点,可以实现每秒几百吉位的数据传送,尺寸小、重量轻,数据可传送几百千米,但价格昂贵。

光纤分为单模光纤和多模光纤。单模光纤由激光作光源,仅有一条光通路,传输距离长,无中继时可达 20~120km。多模光纤由二极管发光,传输距离较短,通常在 2km 以内。

4. 无线电波

无线电波是指在自由空间(包括空气和真空)传播的射频频段的电磁波。无线电技术是通过无线电波传播声音或其他信号的技术。无线电技术的原理在于,导体中电流强弱的改变会产生无线电波。利用这一现象,通过调制可将信息加载于无线电波之上。当电波通过空间传播到达收信端,电波引起的电磁场变化又会在导体中产生电流。通过解调将信息从电流变化中提取出来,就达到了信息传递的目的。根据频率的不同又可分为红外线通信、微波通信、可见光通信、激光通信等类型。

(二) 传输介质选择因素

不同的传输介质,其特性也各不相同,对网络中数据通信质量和通信速度有较大影响。

目前,在固定网络中主要使用两种介质,分别是双绞线、光纤,这两种传输介质各有不同,各有各的优劣。与双绞线相比,光纤优势明显。一般1G及1G以下较多采用双绞线,1G及1G以上较多采用光纤。

如何选择传输介质,使之最能满足用户的需要并适合网络应用,有如下几个需要考虑的因素。

(1) 用户应用的带宽要求。如果用户数量不大,不要求共享较多的系统资源,例如只需要共享打印机或只交换几个电子表格文件,则选择传输相对慢点的通信介质即可。但是,如果用户数量较大,需共享图形文件或编译通用源代码,则必须选择能支持较快数据传输速率的介质,如光缆。

(2) 计算机系统间距。所有传输介质都有一些距离上的限制。大多数大型网络会组合使用各种类型的传输介质。一般情况下,距离较短的采用双绞线即可,而距离长的则需要使用光缆或卫星通信。

(3) 位置也是一个限制因素。易产生EMI(电磁干扰)或RFI(射频干扰)噪声的环境要求采用的介质能抗这类干扰。例如,网络建在机械车间,最好选用抗干扰能力更强的诸如屏蔽同轴线缆或光缆,而不选用双绞线缆。

(4) 成本限制。无论选择何种传输介质都受到支付能力的限制。介质越好,成本越高。但是,在选择介质时,应考虑到由于使用较差介质而引起的网络速度变慢或者停机造成生产效率损失等因素,也应考虑到以后升级的费用。在选择传输介质时,需认真权衡一次到位与逐次升级的利与弊再做决定。

(5) 未来发展。尽管未来发展是一件较难确定的事情,但是应尽可能地考虑到将来的拓展,避免当网络需要更大带宽时由于传输介质跟不上而需要重新布线。例如,CAT5E或CAT6双绞线目前能满足需要。但是,如果未来存在扩容和提速需求,那么一开始就采用光缆布线更为明智。

二、结构化布线与测试

(一) 结构化布线简介

随着计算机和通信技术的飞速发展,网络应用成为人们日益增长的一种需求,结构化布线是网络实现的基础,它能够支持数据、语音及图形图像等的传输要求,成为现今和未来的计算机网络和通信系统的有力支撑环境。

结构化布线系统与智能大厦的发展紧密相关,是智能大厦的实现基础。智能大厦具有舒适性、安全性、方便性、经济性和先进性等特点。

一般包括:中央计算机控制系统、楼宇自动控制系统、办公自动化系统、通信自动化系统、消防自动化系统、保安自动化系统结构化布线系统等,它通过对建筑物的四个基本要素(结构、系统、服务和管理)以及它们内在联系最优化的设计,提供一个投资合理、同时又拥有高效率的优雅舒适、便利快捷、高度安全的环境空间。结构化布线系统正是实现这一目标的基础。

(二) 结构化布线的概念

1. 定义

结构化布线系统是一个能够支持任何用户选择的语音、数据、图形图像应用的电信布线系统。系统应能支持语音、图形、图像、数据多媒体、安全监控、传感等各种信息的传输,支持UTP、光纤、STP、同轴电缆等各种传输载体,支持多用户多类型产品的应用,支持高速网络的应用。

2. 特点

结构化布线系统具有以下特点。

(1) 实用性:能支持多种数据通信、多媒体技术及信息管理系统等,能够适应现代和未来技术的发展。

(2) 灵活性:任意信息点能够连接不同类型的设备,如微机、打印机、终端、服务器、监视器等。

(3) 开放性:能够支持任何厂家的任意网络产品,支持任意网络结构,如总线型、星型、环型等。

(4) 模块化:所有的接插件都是积木式的标准件,方便使用、管理和扩充。

(5) 扩展性:实施后的结构化布线系统是可扩充的,以便将来有更大需求时,很容易将设备安装接入。

(6) 经济性:一次性投资,长期受益,维护费用低,使整体投资达到最少。

3. 布线系统的构成

按照一般划分,结构化布线系统包括六个子系统:工作区子系统、水平支干线子系统、管理子系统、垂直主干子系统、设备间子系统和建筑群主干子系统,如图2-14所示。

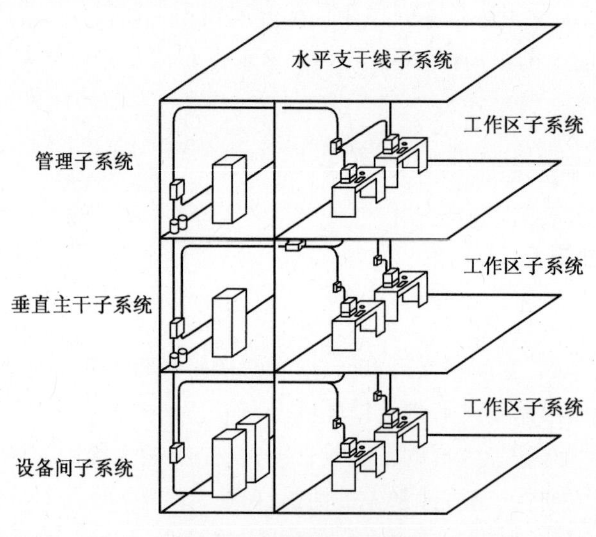

图2-14 结构化布线系统

建筑群主干子系统提供外部建筑物与大楼内布线的连接点。EIA/TIA569标准规定了网络接口的物理规格,实现建筑群之间的连接。

设备间子系统是布线系统最主要的管理区域,所有楼层的资料都由电缆或光纤电缆传送至此。通常,此系统安装在计算机系统、网络系统和程控机系统的主机房内。

垂直主干子系统连接通信室、设备间和入口设备，包括主干电缆、中间交换和主交接、机械终端和用于主干到主干交换的接插线或插头。主干布线要采用星型拓扑结构，接地应符合 EIA/TIA607 规定的要求。

管理子系统放置电信布线系统设备，包括水平和主干布线系统的机械终端和交换机。

水平支干线子系统连接管理子系统至工作区，包括水平布线、信息插座、电缆终端及交换机，常用的拓扑结构为星型拓扑。

工作区子系统由信息插座延伸至站设备。工作区布线要求相对简单，这样就容易移动、添加和变更设备。

4. 介质及连接硬件的性能规格

在结构化布线系统中，布线硬件主要包括：配线架、传输介质、通信插座、插座板、线槽和管道等。

介质主要有双绞线和光纤，在我国主要采用无屏蔽双绞线与光缆混合使用的方法。在水平连接上主要使用多模光纤，在垂直主干上主要使用单模光纤。

（三）布线测试

局域网的安装从电缆开始，电缆是整个网络系统的基础。对结构化布线系统的测试，实质上就是对线缆的测试。据统计，约有一半以上的网络故障与电缆有关，电缆本身的质量及电缆安装的质量都直接影响到网络能否健康地运行，而且，线缆一旦施工完毕，想要维护很困难。

现在，普遍采用超五类或六类无屏蔽双绞线完成结构化布线。用户当前的应用环境大多体现在百兆/千兆网络基础上，因此，有必要对结构化布线系统的性能运行测试，以保证将来应用。

三、网络设备选型

（一）网络关键设备选型的基本原则

1. 产品系列与厂商的选择

网络设备最好选择同一厂商的成熟主流产品，方便后期的安装、调试和维护。

2. 网络的可拓展性

网络的主干设备一定要留有余量，提高系统的可拓展性，适合业务发展。

3. 网络技术的先进性

网络技术和设备更新速度快，符合“摩尔定律”（每 18~24 个月，集成电路上可容纳的元器件数目增加一倍，数目也增加一倍），因此设备选型需要一定的远瞻性。

（二）路由器选型的依据

1. 路由器的分类

以路由器性能的角度来区分为：高端核心路由器、企业级中端路由器、低端路由器。路由器的性能常常以背板能力作为区分，背板交换能力大于 40Gb/s 的称为高端路由器，低于 40Gb/s 的称为中低端路由器。

以网络位置区分，可将路由器分为核心层路由器、汇聚层路由器和接入层路由器。

2. 路由器的关键技术指标

路由器的关键技术指标主要有以下几个。

(1) 吞吐量/包转发能力：考量端口吞吐量和整机吞吐量两个指标。路由器的包转发能力取决于端口数量、端口速率、包长度和包类型等。

(2) 背板能力：背板是路由器输入端和输出端之间的物理通道，决定了路由器的吞吐量。传统的路由器采用的是共享背板结构，高性能路由器采用的是交换式背板结构。

(3) 丢包率：丢包率是指稳定的持续负荷情况下，由于包转发能力的限制而造成包丢失的概率。丢包率通常是衡量路由器超负荷工作的重要指标之一。

(4) 延时和延时抖动：延时与包长度、链路传输速率有关，是指数据报的第一个比特进入路由器，到该帧的最后一个比特离开路由器所需要的时间，该时间间隔就是路由器转发包的处理时间，称为延时。延时抖动(Jitter)是指延时的变化量，即最大延时和最小延时的时间差。因为语音和视频业务的出现，才把延时抖动作为网络稳定性的重要标识之一。

(5) 突发处理能力：突发处理能力是以最小帧间隔发送数据报而不引起丢失的最大发送速率来衡量。

(6) 路由表容量：路由表容量是指该路由器可以存储的最多路由表项的数量。一个高速路由器应该最小支持至少25万条路由。

(三) 交换机选型的依据

1. 制式

当前的交换机主要分为盒式和框式，盒式交换机一般是固定配置，固定端口数量，较难扩展；框式交换机基于机框，其他配置如电源，引擎和接口板卡等都可以按照需求独立配置，框式交换机的扩展性一般基于槽位数量。盒式交换机为了提高扩展性，发展了堆叠技术，可以将多台盒式交换机通过特制的板卡互联，结合成为一台整体的交换机。

2. 功能

二层交换机和三层交换机是最大的功能区别，其他还有一些特别的功能，譬如链路捆绑、堆叠、POE、虚拟功能、IPv6等。

3. 端口密度

一台交换机可以提供的端口数量，对于盒式交换机每一种型号基本是固定的，一般提供24个或48个接入口，2~4个上连接口。框式交换机则跟配置的模块有关，一般指配置最高密度的接口板的时候每个机框能够支持的最大端口数量。

4. 端口速率

当前交换机提供的端口速率一般有100Mb/s、1Gb/s、10Gb/s这三种。

5. 交换容量

交换容量的定义跟交换机的制式有关，对于总线式交换机来说，交换容量指的是背板总线的带宽，对于交换矩阵式交换机来说，交换容量是指交换矩阵的接口总带宽。这个交换容量是一个理论计算值，但是它代表了交换机可能达到的最大交换能力。当前交换机的设计保证了该参数不会成为整台交换机的瓶颈。

6. 包转发率

包转发率是指一秒内交换机能够转发的数据报数量。交换机的包转发率一般是实测的结果,代表交换机实际的转发性能。以太帧的长度是可变的,但是交换机处理每一个以太帧所用的处理能力跟以太帧的长度无关。所以,在交换机的接口带宽一定的情况下,以太帧长度越短,交换机需要处理的帧数量就越多,需要耗费的处理能力也越多。

四、网络标识

(一) 设备标识

网络中的一台设备上线之后,需要有一定的标识。这种标识包括逻辑设备名和设备上的物理标签。逻辑设备名是在设备的配置上设置的,当管理人员登录设备的时候就可以知道该设备的一系列信息;物理标签一般直接贴在设备上,标明设备的一系列信息。

设备的标识方式并没有一个统一的标准,一般本着实用的原则进行定义,在一个企业内部,尽量做到统一规则。设备的逻辑名一般会包含以下信息。

(1) 设备安装位置。

(2) 设备角色。

(3) 设备型号。

(4) 设备编号。

设备的物理标签一样并没有统一的标准,各家企业按照各自的要求进行标识,常常包含以下信息。

(1) 设备型号。

(2) 设备编号。

(3) 责任人/联系方式。

(二) 线路标识

当前的网络中,设备间的连接复杂,网线的数量巨大,为了日常管理和排障的方便,需要对设备接口和网络线路进行标识。

设备端口下可以配置描述信息,这个描述信息一般用来描述线路的对端设备和接口,当然也可以根据需要添加更多的信息。

网络线路上一般采用标签的方式描述线路的走向,与设备端口描述不同,当前的网络线路一般会有分段,通过网络配线架进行跳接。

本章小结

本章主要介绍网络规划和设计的基础知识,包括网络规划的内容、在网络规划中需要考虑的因素,并介绍了网络拓扑、网络协议、子网划分等网络设计中的基本问题。并对网络工程的实施作了讲解,最后还介绍了如何对网络性能进行测试和评价。

作 业 题

一、单项选择题

1. 下列不属于网络规划设计内容的是( )。

A. 网络拓扑结构设计　B. 汇聚层和接入层设计

C. 楼宇设计　D. 广域网连接与远程访问设计

2. 双绞线一般用于( )的布线连接。

A. 环型网　B. 网状网　C. 双环型网　D. 星型网

3. 网络中用双绞线进行传输具有明显的优势,下列( )不属于它的优势。

A. 布线方便、线缆利用率高　B. 不受电磁干扰

C. 可靠性高、使用方便　D. 价格便宜,取材方便

4. 布线测试不包括( )。

A. 抗拉强度　B. NEXT　C. 接线图　D. 衰减

5. NAT应用有三种方式:静态NAT(static NAT)、动态NAT(dynamic NAT)和( )。

A. 端口复用NAT(PAT)　B. 自适应NAT

C. 默认NAT　D. 超级NAT

6. ( )网络组件完成了数据报处理、过滤、寻址、策略增强和其他数据处理的任务。

A. 应用层　B. 汇聚层　C. 核心层　D. 业务层

二、多项选择题

1. 大型骨干网的设计普遍采用三层结构模型,这个三层结构模型将骨干网的逻辑结构划分为三个层次,即( )。

A. 核心层　B. 汇聚层　C. 接入层　D. 应用层

2. 光缆是数据传输中最有效的一种传输介质,它有以下几个优点( )。

A. 频带较宽　B. 不受电磁干扰　C. 衰减较小　D. 中继器的间隔较长

3. 从应用的角度区分,网络服务器可分为( )。

A. 文件服务器　B. 数据库服务器　C. 通用服务器　D. 应用服务器

4. 在结构化布线系统中,布线硬件主要包括:配线架、传输介质、( )、线槽和管道等。

A. KVM　B. 服务器　C. 通信插座　D. 插座板

5. 有线传输介质主要有( )。

A. 双绞线　B. 同轴电缆　C. 微波　D. 光纤

三、填空题

1. 网络规划设计内容包括网络拓扑结构设计、主干网络________设计、汇聚层和接入层设计、广域网连接与远程访问设计、网络通信设备选型。

2. 组网需求主要由业务需求、用户需求、________、计算机平台需求

和＿＿＿＿＿＿＿＿组成。

3. 战区通信网分为＿＿＿＿＿＿＿＿和战区机动式通信网。

4. 采用以太网交换机组网，网络拓扑结构可以是＿＿＿＿＿＿＿＿、扩展星型或＿＿＿＿＿＿＿＿等结构。

5. 按照一般划分，结构化布线系统包括六个子系统：＿＿＿＿＿＿＿＿、水平支干线子系统、管理子系统、＿＿＿＿＿＿＿＿、设备子系统和＿＿＿＿＿＿＿＿。

6. ＿＿＿＿＿＿＿＿是指交换机每秒能转发的帧的最大数量，也是考量一个交换机的重要指标之一。

四、简答题

1. 网络工程实施主要包括哪几个步骤？
2. 军事信息网的网络工程设计原则是什么？
3. 简述层次化网络设计模型的优点。
4. 简述 IP 地址的分配原则。
5. 结构化布线系统的特点是什么？

第三章　军事信息网互联设备

计算机之间组建信息网络时，除了使用光纤、双绞线等介质外，还需要必要的中间设备。这些中间设备的作用及部署位置等是人们在网络设计及实施建设所必须要考虑的问题。

本章内容主要讲述了网络互联的概念、目的以及网络互联的解决方案和常用的网络互联设备，使学员能够了解网络互联设备原理，熟悉常见的军事信息网互联设备。

第一节　网络互联相关概念

本节主要介绍了网络互联的基本概念以及网络互联的目的和意义，分别从 ISO/OSI 和 TCP/IP 两种网络体系结构探讨了网络互联的解决方案。

一、网络互联的基本概念

网络互联是指将不同的通信网络通过网际协议，借助于各种网络通信设备相互联接起来，以构成规模更大的信息网络系统。

从逻辑角度看，网络互联指为实现同/异构网络的互联互通而使用的网际间协议。

从物理角度看，为了实现许多同异构网络网络互联，形成计算机数量更多、规模更大的互联网络，必须要借助于各种网络互联设备。

网络互联的目的是实现不同通信网络的资源共享，使网络用户可以进行数据通信，以便于共享软件或信息等。

网络互联的类型主要包括：局域网与局域网、局域网与广域网以及广域网与广域网。

网络可以通过不同的设备相互联接起来。

在物理层，网络互联可以使用中继器（Repeater）或者集线器（Hub），这些设备的作用通常只是简单地将数据在不同网络间实现搬移。

在数据链路层，网络互联可以使用网桥和交换机进行连接。这些设备负责接收数据帧及检查数据报中的 MAC 地址部分，然后将数据帧转发到另外一个网络。

在网络层，网络互联可以使用路由器将两个网络连接起来，该设备负责接收 IP 包及检查数据报中的网络地址部分，然后将 IP 包转发到另外一个网络。

在传输层，网络互联使用传输网关，该设备负责两个传输层之间的连接。

网络互联示例如图 3-1 所示。

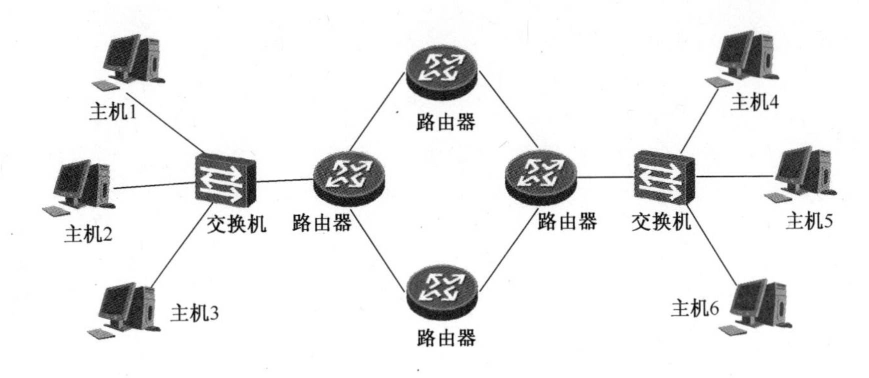

图 3-1　网络互联示例

二、网络互联的意义

(一) 网络孤岛

物理网络上存在许多不能相互通信的节点,称为网络互联"网络孤岛"。网络互联必须要解决这些"网络孤岛"问题,方法就是通过网络互联设备是这些节点所在的物理网络连接在一起,从而实现信息资源共享。

为什么要实现资源共享? 建立信息网络是有现实需要的,例如在一个网络用户有另一个网络用户需要的信息资源,那么这两个用户之间必须要先实现相互通信。网络互联实现资源共享的原因主要如下。

(1) 能够将物理位置不同的多个计算机互联集中数据处理能力。

(2) 共享计算机的硬件资源。

(3) 共享计算机的资源。

(4) 共享网络用户的数据资源。

一个网络用户有另一个网络用户需要的信息资源,但此时由于两者之间没有直接相连,因此网络用户无法直接通信,如图 3-2 所示。

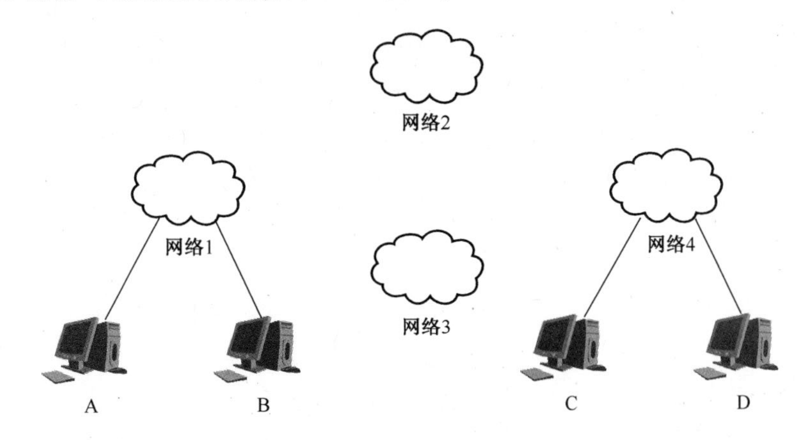

图 3-2　网络孤岛模式

(二) 互联网络

互联网是一种把许多网络都连接在一起的国际性网络,是最高层次的骨干网络。在它下面连接地区性网络,地区性网络与广域网 WAN 相连接,广域网连接局域网 LAN,局域网里连接着许多计算机。这样,把许多计算机连接在一起,实现资源共享。

连接在互联网络上的网络,都采用互联网络的标准通信协议,主要是名为 TCP/IP 的协议。各国的计算机则通过各自国家的骨干网络经由专用的线路,连接到设在美国的 GIE(全球互联网络交换)上,通过 GIE 连接与互联网络。各国连接于互联网络上的计算机可以相互沟通。

利用路由器等互联设备将两个或多个物理网络相互联接而形成的单一大网就称为互联网络,简称为互联网,如图 3-3 所示。在互联网上的所有用户只要遵循相同协议,就能相互通信,共享互联网上的全部资源。国际互联网就是由几千万个计算机网络通过路由器互联起来的、全世界最大的、覆盖面积最广的计算机互联网。

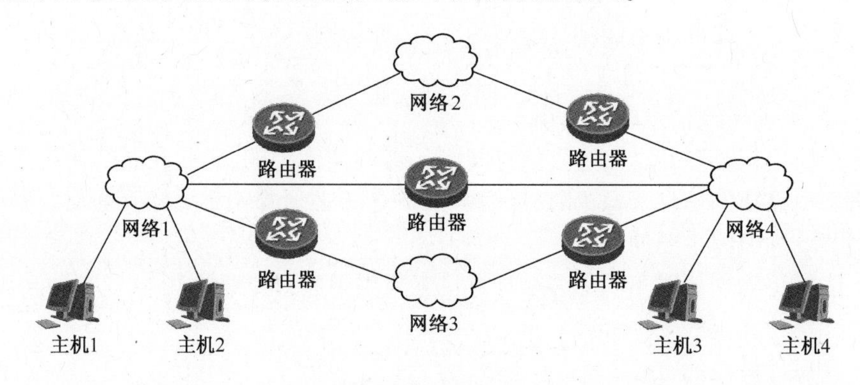

图 3-3　互联网络

三、互联网的功能

互联网上使用 TCP/IP 协议,把不同国家部门、不同机构的内部网络相互联接起来的数据通信网。

互联网可以看作是一个信息资源网,它整合了不同部门、不同领域内的各种信息数据。物理网路对用户是透明的,用户在通过网络获取信息时,并不需要首先了解网络的物理结构, 这种特性使用户使用网络非常方便。

互联网经常也被用户看作一个虚拟网络系统,主要在于互联网屏蔽了各个物理网络的差异,比如在网络地址寻址机制、数据帧最大长度等,隐藏了各个物理网络实现细节,为用户提供了无差别服务,如图 3-4 所示,图中所示的虚拟网络系统,抽象的显示了互联网结构,它对用户提供无差别的通信服务,能够将不同的用户主机互联起来,实现信息资源的全面共享。

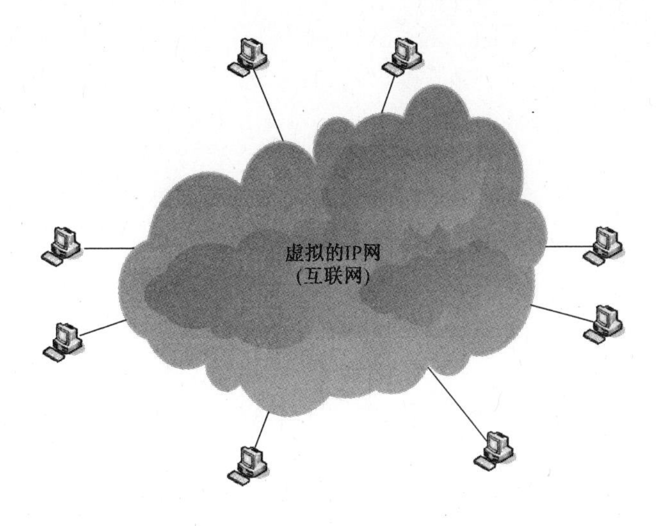

图 3-4　虚拟网络系统

第二节　网络互联的解决方案

互联网使用的协议是 TCP/IP 协议，本节通过介绍该协议说明网络互联的解决方案。

TCP/IP 参考模型的作用是使网络主机可以把分组发往任何网络，并使分组独立地传向目标主机。这些分组发送时顺序可能不同，中间所经过的网络路径也可以不同，最后到达目标主机的顺序也可能不同。对于目标主机的高层，如果需要按顺序接收这些分组，就必须要自己处理分组排序。

一、面向连接和面向无连接

面向连接方式是指双方通信前，必须首先建立一个可以相互协商的连接。通信时，双方的连接要能够实时监控管理。

无连接方式相对面向连接方式，通信前不需要建立相互协商的连接。通信时，发送方直接往网络上发送信息，让信息通过网络自主传送，对于传输过程不在监控，信息被通信网络尽可能的发送往目的节点。

从可靠性来说，采用面向连接方式的协议比无连接方式协议更具优势，缺点在于通信双方建立协商连接需要经过发送建立连接、等待响应、传输信息确认等过程，这些直接加大了面向连接协议的开销。

具体到协议，TCP 协议采用面向连接方式，UDP 协议采用无连接方式。TCP 协议为了协商连接建立，TCP 协议字段包括了序号、确认信号、控制标志、窗口、校验和、紧急指针、选项等信息。而 UDP 协议字段仅包含长度和校验和信息，这就意味着 UDP 协议数据比 TCP 小了很多，同时意味 UDP 协议数据占用的网络带宽更小。两种协议的特点决定了其在网络上的应用场景，例如常见的许多即时聊天软件采用了 UDP 协议，而对可靠性要求高的一些应用，比如 HTTP 协议、FTP 协议采用了 TCP 协议。

互联网可以看作一个巨型的无连接数据分组网络,网络中的数据分组都是通过 IP 协议传递。但是,为了确保数据传输的可靠性,TCP 协议在顶层添加面向连接服务。TCP 协议的会话功能提供了高级的面向连接功能。

二、网络互联解决方案

(一) 面向连接的解决方案

面向连接服务就是双方通信时,需要事先在逻辑上建立一条通信线路,所有信息数据按建好的通道发送。因此面向连接服务可分为三个过程:连接建立、连接监控、断开连接,如图 3-5 所示。

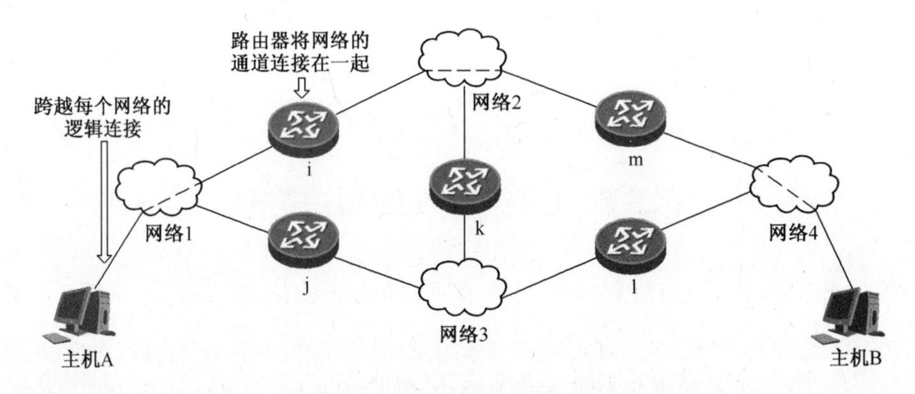

图 3-5　面向连接的解决方案

面向连接服务的特点是其在进行数据传输前必须经过连接建立、连接监控、断开连接三个过程,同时在数据传输过程中,各分组数据中不需要包含目的节点的地址。面向连接服务好像一个通信管道,发送方从管道一边发送数据,接收在管道另一边接收数据。数据传输的发送接收顺序通过面向连接协议保证。因此面向连接服务的传输可靠性高,但需要负担通信开始前的链接开销,协议复杂,通信效率不高。

(二) 面向无连接的解决方案

与面向连接相对,面向无连接是指双方通信前不需要建立相互协商的连接,而是在报文分组里加上目的地址,然后发送到网络上,根据路由协议自主选择传输路径。

面向无连接方法中,发送端把分组发送到网络后就不再关心。对于接收端,如果接收数据不完整,即分组丢掉了,要能够检测出并向发送端发重发请求;同时因为各个分组到达接收方的顺序是乱序,所以接收端要能够将各个分组重新排序。

连接维护过程增加了面向连接网络的开销,是其瓶颈所在,而面向无连接去掉了建立虚拟连接通道的过程,因此,面向无连接的服务相比面向连接服务更高效和实时,但可靠性方面比面向连接服务要低。

面向无连接通信前不需要建立逻辑通道,网络中的信息单元被独立对待,简单而实用,最流行的解决方案(IP、IPX),如图 3-6 所示。

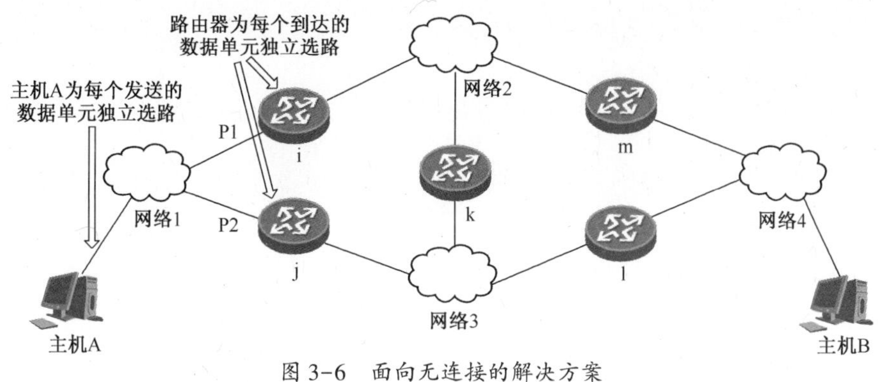

图 3-6 面向无连接的解决方案

三、IP 协议

IP(Internet Protocol)互联网是当前最通用的互联网络,它是使用 IP 协议构建的。

IP 协议为了隔离底层的物理网络的差异,采用 IP 地址逻辑上抽象管理互联网络,在 IP 层只能看到 IP 协议数据单元(IP 数据报),对于底层硬件是看不到的,例如局域网中网卡 MAC 地址,其已被封装在 IP 数据报的 MAC 帧中。

如果把互联网络看作车辆交通网络,那么 IP 数据报就是行驶的汽车,IP 协议就是网络中的交通法规,接入网络的计算机终端和十字路由的路由器必须遵守交通法规。发送主机按 IP 协议格式封装数据,路由器按照 IP 协议标识指挥交通,接收端主机按照 IP 协议格式卸载数据。数据从发送端出发,经过路由器指挥选择路径,就能够到达目的端。

IP 数据报格式包括数据报寻址方式及路由、数据报长度、分片大小和重组、差错控制等具体规定。

IP 协议的主要特点如下。

(1) IP 协议是一种面向无连接的协议,采用了不可靠的分组传送服务。

(2) IP 协议属于点到点线路的网络协议:IP 协议通信经过了发送主机-路由器、路由器之间、路由器-接收主机之间的数据传输过程。

(3) IP 协议屏蔽了物理层、数据链路层底层网络技术实现差异,使得异构网络的互联变得可行:传输层通过 IP 协议获得网络层提供的是统一的 IP 分组,其不需要考虑互联网在底层网络差异。

(一) IP 互联网的工作原理

如图 3-7 所示,主机 A 经过网络与主机 B 通信过程如下。

(1) 首先主机 A 的数据经协议栈从上到下传递,应用层将该数据传给传输层,然后再送到 IP 层。

(2) 数据在主机 A 的 IP 层被封装为 IP 数据报,根据目的地址选择路由,最后选定发送到下一站地址路由器 X。

(3) 主机 A 的数据经过 IP 层后交给以太网层,数据报由以太网控制程序封装为以太帧,然后发送到路由 X。

(4) 路由器 X 的以太网层接收到主机 A 发送的数据帧,数据帧被拆封成 IP 数据报,然后向上发送到 IP 层处理。

(5) 路由器 X 的 IP 层对该 IP 数据报进行拆封和处理，经过路由选择得知该数据报必须穿越广域网才能到达目的地。

(6) 路由器 X 将 IP 层传来的 IP 数据报封装成广域网帧，然后由广域网控制程序发送到广域网。

(7) 路由器 X 发送的广域网帧经过广域网络最终传递到路由器 Y。

(8) 路由器 Y 将收到数据报再次封装为以太网帧，最后将数据报发送给主机 B。

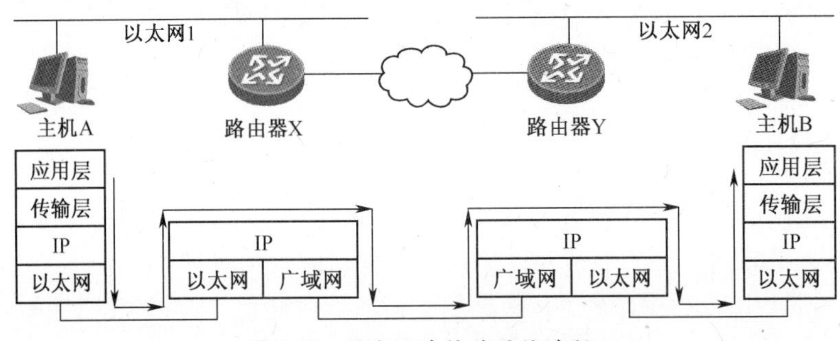

图 3-7 面向无连接的通信过程

(二) IP 层服务

互联网应该屏蔽底层网络的差异，为用户提供通用的服务。具体地讲，运行 IP 协议的互联层可以为其高层用户提供的服务有如下三个特点。

(1) 不可靠的数据投递服务。IP 协议本身没有能力证实发送的报文是否被正确接受。IP 数据报在传输过程中可能丢失、重复、损坏或错序。但 IP 不检测这些错误。在错误发生时，IP 也没有可靠的机制来通知发送方或接受方。

(2) 面向非连接的传输服务。无连接表示每个 IP 数据报都是独立发送的，而且从源节点到目的节点的一系列数据报可能经过不同的传输路径，有的在传输过程还可能丢失。

(3) 尽最大努力投递服务。IP 并不随意地丢弃数据报。只有当系统的资源用尽或底层网络出现故障时，IP 才被迫丢弃报文。

实际上，IP 协议仅仅是负责把数据报分割成分组，然后发送到网络上，可靠性上的确不能确保，但是利用 ICMP 协议所提供的错误消息或错误状况，再配合结合传输层的 TCP 协议，则可以实现对数据的可靠性传输控制。

对于一些较不重要或非即时的数据传输，如电子邮件则可利用不可靠性的传输方式，而对于重要和即时性的数据则必须利用可靠性传输。

上层的通信协议负责解决传输的可靠性问题，而将下层的通信协议简单化，这种方式有利于整个网络通信效率的提高。

(三) IP 互联网的特点

IP 互联网是一种面向非连接的互联网络，它对各个物理网络进行高度的抽象，形成一个大的虚拟网络。总的来说，IP 互联网具有如下特点。

(1) IP 互联网隐藏了低层物理网络细节，向上为用户提供通用的、一致的网络服务。

因此,尽管从网络设计者角度看 IP 互联网是由不同的网络借助 IP 路由器互联而成的,但从用户的观点看,IP 互联网是一个单一的虚拟网络。

(2) IP 互联网隐藏了低层物理网络细节,向上为用户提供通用的、一致的网络服务。因此,尽管从网络设计者角度看 IP 互联网是由不同的网络借助 IP 路由器互联而成的,但从用户的观点看,IP 互联网是一个单一的虚拟网络。

(3) IP 互联网不指定网络互联的拓扑结构,也不要求网络之间全互联。因此,IP 数据报从源主机至目的主机可能要经过若干中间网络。一个网络只要通过路由器与 IP 互联网中的任意一个网络相连,就具有访问整个互联网的。

(4) IP 互联网能在物理网络之间转发数据,信息以跨网传输。

(5) IP 互联网中的所有计算机使用全局统一的地址描述方法(IP 地址)。

(6) IP 互联网平等地对待互联网中的每一个网络,不管这个网络规模是大还是小,也不管这个网络的速度是快还是慢。

第三节　常用网络互联设备

为了实现同异构网络网络互联,必须要借助于各种网络互联设备,这里介绍三种常用的军事信息网互联设备,分别是路由器、交换机和防火墙。

一、路由器

互联网已经逐渐成为人们生活中不可或缺的一部分,而路由器则是互联网这条信息高速公路的核心设备。除了具有互联功能,路由器还具有类似邮局的功能,从而保证了信息高速公路上的“信件”(数据)得以正确传递。

(一) 路由器概述

路由器(Router)是工作在 OSI 参考模型第三层(网络层)的数据报转发设备。路由器的主要功能是检查数据报中与网络层相关的信息,然后根据某些选路规则对存储的数据报进行转发,这种转发称为路由选择(Routing)。

路由器可以连接多个网络或网段。路由器根据收到的数据报中的网络层地址以及路由器内部维护的路由表,来决定输出接口以及下一跳路由器地址或主机地址,并重写链路层数据报头。路由器可以支持多种协议(如 TCP/IP、IPX/SPX、AppleTalk 等),由于 TCP/IP 协议已成为事实上的工业标准,因此,绝大多数路由器都支持 TCP/IP 协议。

(二) 路由器的分类

1. 按结构分类

从结构上分,路由器可分为模块化结构和固定配置结构。模块化结构可以按需更换路由器模块,以适应企业业务需求。固定配置的路由器只能提供固定接口。

2. 按应用环境分类

按不同的应用环境,可将路由器分为骨干级路由器、企业级路由器和接入级路由器。

路由器的分类标准还有很多,如按照背板交换能力和包交换能力可分为高端路由器、中端路由器和低端路由器;按转发性能可分为线速路由器以及非线速路由器;按市场划分可分为针对电信级市场的路由器、针对企业级市场的路由器、针对家庭或小型企业的SOHO级宽带路由器;按是否可安装到机柜可分为机架型路由器和桌面型路由器等。

(三)路由器的组成

路由器由硬件和软件两部分组成。硬件部分主要包括中央处理器、存储器和各种接口,软件部分主要包括自引导程序、路由器操作系统、启动配置文件和路由器管理程序等。

1. 路由器的硬件

路由器的种类很多,不同类型的路由器在处理能力和所支持的接口数量有所不同,但它们的基本结构原理都是一致的。

1)CPU

路由器的CPU负责路由器的配置管理和数据报的转发工作,如维护路由器所需的各种表格以及路由运算等。

2)存储器

路由器采用以下几种不同类型的存储器,每种存储器以不同方式协助路由器工作。

(1)只读内存(ROM):主要用于系统初始化等功能,主要包含系统加电自检代码,用于检测路由器中各硬件部分是否完好;系统引导区代码,用于启动路由器并载入路由器操作系统。

(2)闪存(Flash Memory):闪存负责保存路由器操作系统和路由器管理程序等。

(3)非易失性随机存储器(Nonvolatile RAM,NVRAM):常用于保存启动配置文件。

(4)随机存取存储器(Random-access Memory,RAM):RAM在运行期间暂时存放操作系统,存储运行过程中产生的中间数据,如路由表、地址解析协议(Address Resolution Protocol,ARP)缓冲区等。同时还存储正在运行的配置或活动配置文件以及进行报文缓存等。

3)管理接口

控制台接口和辅助接口都是管理接口,它们被用来对路由器进行初始化配置和故障排除,而不是用来连接网络。

(1)控制台接口:主要用于对本地路由器进行配置(首次配置必须通过控制台接口进行)。

(2)辅助接口:与控制台接口用于本地管理不同,辅助接口通常用于连接调制解调器,以使管理员在无法通过网络接口远程配置路由器时,可以通过公用电话网拨号来实现对路由器的远程管理。

2. 路由器的软件

路由器软件主要包括自举程序、路由器操作系统、配置文件和实用管理程序。

(1)自举程序:是固化在ROM当中的软件,又被称作固件,其功能是在路由器加电后完成有关初始化工作,并负责向内存中装入操作系统代码。

(2)路由器操作系统:思科(Cisco)的IOS、华三(H3C)的Comware和华为(HuaWei)的VRP。

(3)配置文件:是由网络管理人员创建的文本文件。在每次路由器启动过程的最后阶段，路由器操作系统都将尝试加载配置文件。如果配置文件存在，路由器操作系统将逐条执行配置文件中的每行命令。配置文件中的语句以文本形式存储，其内容可以在路由器的控制台终端或远程虚拟终端上显示、修改或删除，也可通过 TFTP 协议上传或下载配置文件。

有以下两种类型的配置文件。

启动配置文件：保存在 NVRAM 中，并且在路由器每次初始化时加载到内存中变成运行配置文件；

运行配置文件：新添加的配置命令不会被自动保存到 NVRAM 中。因此，通常对路由器进行重新配置或修改后，应该将当前的运行配置保存到 NVRAM 中变成启动配置文件。

（4）实用管理程序：一些图形化的路由器配置和管理程序，例如：可以通过浏览器登录华为路由器对其进行配置。

（四）路由器的工作原理

1. 可被路由协议与路由协议

协议是定义计算机或网络设备之间通过网络互相通信的规则和标准的集合。在讨论协议与路由问题时，通常讨论两类协议：一类是可被路由协议（Routed Protocol）；另一类是路由协议（Routing Protocol）。

1）可被路由协议

可被路由协议属于网络层协议，是定义数据报内各个字段的格式和用途的网络层封装协议，该网络层协议提供了足够的信息，以允许中间转发设备将数据报在终端系统之间传送。常见的可被路由协议如下。

（1）IP（internet Protocol，网际协议）协议。

（2）Novell 公司的 IPX（Internetwork Protocol eXchange，网间协议交换）协议。

（3）Apple 公司的 AppleTalk 协议。

2）不可被路由协议

如果协议对网络层不支持就是不可被路由协议。例如 Microsoft 公司的 NetBEUI（NetBIOS 扩展用户接口）协议，这个协议只能限制在一个网段内运行。

2. 路由协议

路由协议也被称为路由选择协议，属于应用层协议。它与可被路由协议协同工作，用来执行路由选择和数据报转发功能。它通过在设备之间共享路由信息机制，为可被路由协议提供支持。路由协议的消息在路由器之间移动，路由协议使路由器之间可以传达路由更新并进行路由表的维护。常用的 TCP/IP 协议栈的路由协议如下。

（1）路由信息协议（Routing Information Protocol，RIP）。

（2）内部网关路由协议（Interior Gateway Routing Protocol，IGRP）。

（3）增强型内部网关路由协议（Enhanced Interior Gateway Routing Protocol，EIGRP）。

（4）开放式最短路径优先（Open Shortest Path First，OSPF）。

（5）边界网关协议（Border Gateway Protocol，BGP）。

3. 基本工作原理

在广域网范围内的路由器按其转发报文的性能可以分为两种类型，即中间节点路由器和边界路由器。中间节点路由器在网络中传输时,提供报文的存储和转发。同时根据当前的路由表所保持的路由信息情况,选择最好的路径传送报文。由多个互联的LAN组成的某单位网络与外界广域网相连接的路由器,就是这个单位网络的边界路由器。它从外部广域网收集向本单位网络寻址的信息,转发到单位网络中有关的网络段;另一方面集中单位网络中各个LAN段向外部广域网发送的报文,对相关的报文确定最好的传输路径。

下面通过一个例子来说明路由器的工作原理。

例:PC1需要向PC2发送信息(假设PC2的IP地址为120.0.5.1),它们之间需要通过多个路由器的接力传递,如图3-8所示。

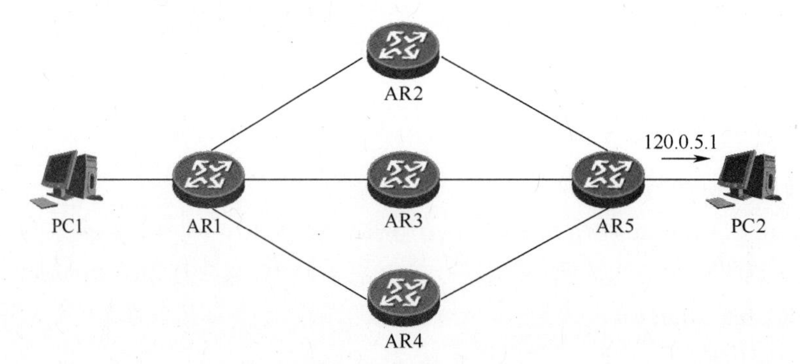

图3-8 路由器工作原理

其工作原理如下。

PC1将PC2的地址120.0.5.1连同数据信息以数据帧的形式发送给路由器AR1。

路由器AR1接收到PC1的数据帧后,先从报头中取出地址120.0.5.1,并根据路由表计算出发往PC2的最佳路径:AR1→AR2;并将数据帧发往路由器AR2。

路由器AR2重复路由器AR1的工作,根据路由表计算出发往PC2的最佳路径:AR2→AR5;并将数据帧发给路由器AR5。

路由器AR5同样取出目的地址,发现120.0.5.1就在该路由器所连接的网段上,于是将该数据帧直接交给PC2。

PC2收到PC1的数据帧,一次通信过程宣告结束。

二、交换机

随着交换机逐步取代集线器以及诸如快速以太网、千兆以太网和万兆以太网等以太网络的普及应用,网络技术领域发生了巨大变化。局域网经历了从单工到双工、从共享到交换、从低速到高速的发展历程。

(一)交换机概述

交换机也叫交换式集线器,是一种工作在数据链路层的网络互联设备。它通过对信息进行重新生成,并经过内部处理后转发至指定端口,具备自动寻址能力和交换作用。由于交换机根据所传递数据报的目的地址,将每一数据报独立地从源端口送至目的端口,从而避免了和其他端口发生碰撞。

交换机拥有一条很高带宽的背部总线和内部交换矩阵。交换机的所有端口都挂接在这条背部总线上,源端口收到数据报以后,先查找内存中的 MAC 地址对照表以确定目的 MAC 地址(网卡的硬件地址)的网卡挂接在哪个端口上,通过内部交换矩阵迅速将数据报传送到目的端口。如果地址对照表中暂没有目的 MAC 与交换机端口的映射关系,则广播到除本端口以外的所有其余端口,接收端口回应后交换机会“学习”新的地址,并把它添加入内部 MAC 地址表中。

交换机缩小了网络的冲突域,它的一个端口就是一个单独的冲突域。在以太网中,当交换机的一个端口连接一台计算机时,虽然还是采用 CSMA/CD 介质访问控制方式,但在一个端口是一个冲突域的情况下,实际上只有一台计算机竞争线路。在数据传输时,只有源端口与目的端口间通信,不会影响其他端口,减少了冲突的发生。只要网络上的用户不同时访问同一端口而且是全双工交换的情况,就不会发生冲突。

(二) 交换机的分类

由于交换机具有许多优越性,所以它的应用和发展速度远远高于集线器。出现了各种类型的交换机,主要是为了满足各种不同用环境需求。当前交换机的一些主流分类如下。

1. 根据传输协议标准划分

1) 以太网交换机

这里所指的“以太网交换机”是指带宽在 100Mb/s 以下的以太网所用的交换机。

2) 快速以太网交换机

这种交换机是用于 100Mb/s 快速以太网。快速以太网是一种在普通双绞线或光纤上实现 100Mb/s 传输带宽的网络技术。

3) 千兆以太网和万兆以太网交换机

千兆以太网交换机用于带宽 1000Mb/s 的以太网中,一般适用于大型网络的骨干网段,所采用的传输介质有光纤、双绞线两种,对应的接口有光纤接口和 RJ-45 接口两种。

万兆以太网交换机主要是为了适应当今 10kMb/s 以太网络的接入,它采用的传输介质为光纤,其接口方式也就相应为光纤接口。

4) ATM 交换机

ATM 交换机是用于 ATM 网络的交换机产品,在普通局域网中很少见到。ATM 网络的传输介质一般采用光纤,接口类型同样一般有以太网 RJ-45 接口和光纤接口两种。

5) FDDI 交换机

FDDI 技术是在快速以太网技术还没有开发出来之前开发的,主要是为了解决当时 10Mb/s 以太网和 16Mb/s 令牌网速度的局限,但随着快速以太网技术的成功开发,FDDI 技术也就失去了它应有的市场。

2. 根据交换机的端口结构划分

1) 固定端口交换机

固定端口交换机所具有的端口数量是固定的,如果是 8 口的,就只能有 8 个端口,不能再扩展。目前这种固定端口的交换机比较常见,一般标准的端口数有 8 口、16 口、24 口和 48 口等。

2）模块化交换机

模块化交换机在价格上要比固定端口交换机贵很多，但它拥有更大的灵活性和可扩展性，用户可任意选择不同数量、不同速率和不同接口类型的模块，以适应千变万化的网络需求。

3. 根据交换机工作的协议层划分

网络设备都工作在OSI/RM模型的一定层次上。交换机根据工作的协议层可分第二层交换机、第三层交换机和第四层交换机。

4. 根据是否支持网管功能划分

按照是否支持网络管理功能，可以将交换机分为“网管型”和“非网管型”两大类。

此外，根据交换机的应用层次划分，可以分为企业级交换机、部门级交换机和工作组交换机等。

（三）交换机的基本功能

交换机具有如下基本功能。

（1）地址学习（Address Learning）：以太网交换机能够学习到所有连接到其端口的设备的MAC地址。地址学习的过程是通过监听所有流入的数据帧，对其源MAC地址进行检验，形成一个MAC地址到其相应端口的映射，并将此映射存放在交换机缓存中的MAC地址表中。

（2）帧的转发和过滤（Forword/Filter-Decision）：当一个数据帧到达交换机后，交换机首先通过查找MAC地址表来决定如何转发该数据帧。如果目的地址在MAC地址表中有映射时，它就被转发到连接目的节点的端口，否则将数据帧向除源端口以外的所有端口转发。

（3）环路避免（Loop Avoidance）：当交换机包括一个冗余回路时，以太网交换机通过生成树协议（Spanning Tree Protocol）避免回路的产生，防止数据帧在网络中不断循环的现象发生，同时允许存在后备路径。

交换机除了能够连接同种类型的网络之外，还可以在不同类型的网络（如10兆以太网和快速以太网）之间起到互联作用。目前许多交换机都能够提供支持快速以太网或FDDI等高速连接端口，用于连接网络中的其他交换机或者为带宽占用量大的关键服务器提供附加带宽。

（四）交换机的转发方式

转发方式分为直通式转发、存储式转发和无碎片直通式（更高级的直通式转发）。

1. 直通式

直通式（Cut Through）方式在输入端口检测到一个数据报后，只检查包头，取出目的地址，通过每部的地址表确定相应的输出端口，然后把数据报转发到输出端口，这样就完成了交换。因为它只检查数据报（通常只检查14个字节），所以，这种方式具有延迟时间短，交换速度快的优点。

直通方式的缺点如下。

（1）不具备错误检测和处理能力，就不能简单地将输入、输出端口“接通”，因为输入、输出端口的速度有差异。

（2）当交换机的端口增加时，交换矩阵将变得越来越复杂，实现起来比较困难，如图 3-9 所示。

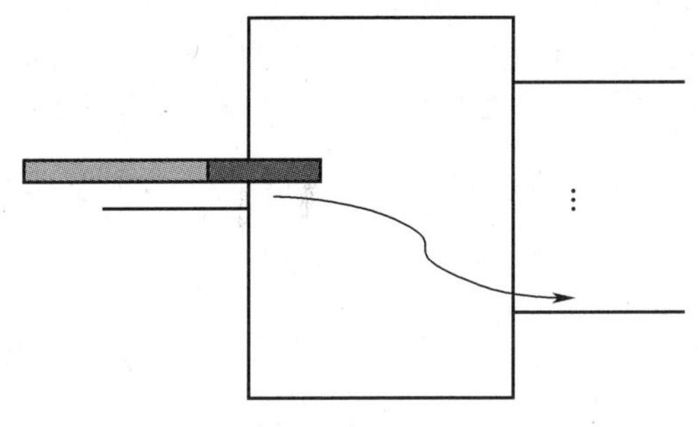

图 3-9　直通转发式

2. 存储转发式

存储转发（Store and Forward）是计算机网络领域使用的最为广泛的技术之一，在这种工作方式下，交换机的控制器先缓存输入到端口的数据报，然后进行 CRC 校验，滤掉不正确的帧，确认包正确后，取出目的地址，通过内部的地址表确定相应的输出端口，然后把数据报转发到输出端口。

存储转发方式在处理数据报时延迟时间比较长，但它可对进入交换机的数据报进行错误检测，并且能支持不同速度的输入、输出端口间的数据交换。

支持不同速度端口的交换机必须使用存储式转发方式，否则就不能保证高速端口和低速端口间的正确通信：例如当需要把数据从 10M 端口传送到 100M 端口时，就必须缓存来自低速端口的数据报，然后再以 100M 的速度进行发送，如图 3-10 所示。

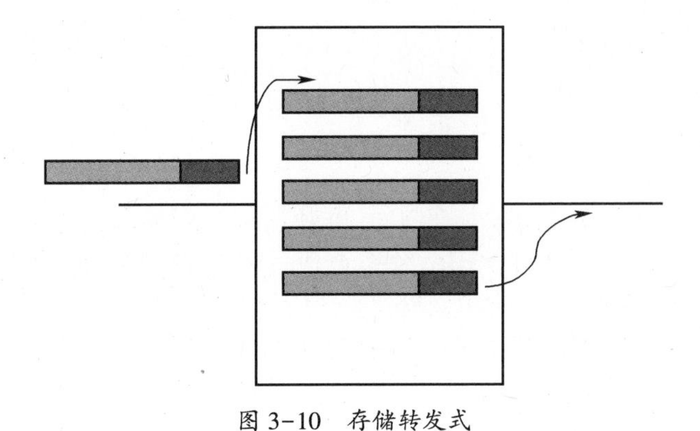

图 3-10　存储转发式

3. 无碎片直通式

碎片是指在信息发送过程中由于冲突而产生的残缺不全的帧（残帧），是无用的信息。

无碎片直通（Frament Free Cut Through）是介于直通式和存储转发式之间的一种解决方案，它检查数据报的长度是否够 64B（512bit）。如果大于 64B，则发送该包。该方式的数据处理速度比存储转发方式快，但比直通式慢。由于能够避免残帧的转发，所以，此方式被广泛应用于低档交换机中。

该方式使用了一种特殊的缓存。这种缓存采用先进先出(First In First Out,FIFO)的方式工作,即帧从一端进入,然后再以同样的顺序从另一端离开。当帧被接收时,它被保存在FIFO缓存中。如果帧长度小于64B,那么FIFO缓存中的内容(残帧)就会被丢弃。因此,不存在直通转发交换机存在的残帧转发问题,是一个比较好的解决方案,能够在较大程度上提高网络工作效率。

通常情况下,如果网络对数据的传输速率要求不是太高,可选择存储转发式;网络对数据的传输速率要求较高,可选择直通式转发,如图3-11所示。

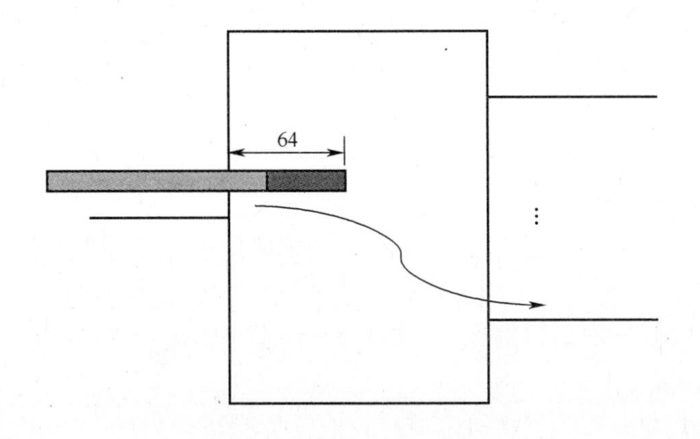

图3-11 无碎片直通式转发

由于不同的转发方式适用于不同的网络环境,因此,应根据实际需要进行选择。低端交换机通常只有一种转发模式,或是存储转发模式,或是直通模式,通常只有中高端产品才兼具两种转发模式,并具有智能转换功能,即交换机加电后,按直通转发方式工作,若链路可靠性太差或帧碎片太多,交换机就会自动切换为存储转发工作方式,以获得较高的工作效率。

三、防火墙

随着计算机的应用由单机发展到网络,网络面临着大量的安全威胁,网络安全问题日趋严重。计算机单机防护的方式已经不适应计算机网络快速发展的需要。计算机系统的安全防护也随着由单机防护向网络防护的方向发展。在计算机网络中,防火墙可以将单位内部网络与外部网络分开,能够最大限度地阻止外部网络中的攻击者访问内部网络。

(一)防火墙概述

"防火墙"一词的出现可以追溯到古代,为防止使用木质结构的房屋的火灾发生和蔓延,人们将坚固的石块堆砌在房屋周围作为屏障,这种防护构筑物就被称为"防火墙"(Firewall)。随着计算机网络的发展,各种攻击入侵手段也相继出现,为了保护计算机内部网络的安全,人们开发出一种能阻止计算机网络之间直接通信的技术,这种技术的功能类似于古代的"防火墙",所以"防火墙"的名称一直沿用至今。

在计算机网络中,防火墙是保护内部网络免受来自外部网络非授权访问的安全系统或设备,它在受保护的内部网和不信任的外部网络之间建立一个安全屏障,通过检测、限制、更改跨越防火墙的数据流,尽可能地对外部网络屏蔽内部网络的信息和结构,防止外部网络的未授权访问,实现内部网与外部网的可控性隔离,保护内部网络的安全。

(二) 防火墙的分类

1. 按软硬件形式划分

从软硬件形式来划分,防火墙可以分为软件防火墙、硬件防火墙和芯片级防火墙。

1) 软件防火墙

软件防火墙一般运行在安装好操作系统(如 Windows 和 Linux)的计算机上。与其他应用软件类似,软件防火墙也需要先在计算机上安装并进行配置后才可以使用。目前,常用的软件防火墙有天网防火墙、瑞星防火墙等。

2) 硬件防火墙

硬件防火墙是具有多个端口的硬件设备,这种设备中采用了专用的操作系统(如 Unix、Linux 和 FreeBSD 等),而且预装有安全软件。传统硬件防火墙一般至少应具有三个接口,分别接内部网络、外部网络和 DMZ 区域。现在新型的硬件防火墙往往扩展了接口的类型和数量,并且具有配置口或管理口。典型的硬件防火墙有联想网御 PowerV、方正 Founder、天融信 TOPSEC、华为 USG 等系列。

3) 芯片级防火墙

芯片级防火墙基于专门的硬件平台。专有的专用集成电路(Application Specific Integrated Circuit,ASIC)芯片级防火墙比其他种类的防火墙速度更快,处理能力更强,性能更高。这类防火墙的典型产品有 NetScreen、FortiNet、中华卫士等。由于这类防火墙采用的是专用操作系统,因此本身的漏洞比较少,不过价格也比较昂贵。

2. 按采用的技术划分

从防火墙所采用的技术手段来划分,防火墙又可以分为包过滤型防火墙和应用代理型防火墙。

1) 包过滤型防火墙

包过滤防火墙一般工作在 OSI 网络参考模型的网络层和传输层,它根据数据报头源地址、目的地址、端口号和协议类型等标志确定是否允许数据报通过。只有满足过滤条件的数据报才被转发到相应的目的地,其余数据报则被防火墙丢弃。包过滤防火墙分为静态包过滤和动态包过滤两类。

静态包过滤防火墙几乎与路由器同时产生,它根据定义好的过滤规则审查每个数据报,以便确定其是否与某一条包过滤规则匹配。过滤规则基于数据报的包头信息进行制定。包头信息中包括 IP 源地址、IP 目的地址、封装协议(TCP、UDP、ICMP 或 IPTunnel)、TCP/UDP 目的端口、ICMP 消息类型、TCP 包头中的 ACK 位等。由于过滤规则是预先设定好的,因此当规则有更新时就需要重新对防火墙进行配置,操作较为麻烦。

动态包过滤防火墙则采用动态设置包过滤规则的方法,避免了静态包过滤技术存在的问题。这种技术随后发展成为了状态检测技术。采用这种技术的防火墙对通过其建立的每一个连接进行跟踪,并根据需要动态地在过滤规则中增加或更新条目。

2）应用代理型防火墙

应用代理型防火墙工作在 OSI 的最高层即应用层。它的特点是完全“阻隔”了网络通信流，通过对每种应用服务编制专门的代理程序，实现监视和控制应用层通信流的作用。应用代理型防火墙分为应用网关型代理防火墙和自适应代理防火墙两类。

应用网关型代理防火墙通过代理技术参与到一个 TCP 连接的全过程。从内部发出的数据报经过防火墙处理后，就好像是源于防火墙外部网卡一样，从而达到隐藏内部网络结构的目的。这种类型防火墙的核心技术是代理服务器技术。

自适应代理防火墙则结合了代理类型防火墙的安全性和包过滤防火墙高速度的特点。用户配置防火墙时，只需在代理管理界面中设置所需要的服务类型、安全级别等信息就可以了。然后，自适应代理就可以根据用户的配置信息，决定是使用代理服务从应用层代理请求还是从网络层转发包。如果是后者，它将动态地通知包过滤器增减过滤规则，满足用户对速度和安全性的双重要求。

代理型防火墙最突出的优点就是安全。由于它工作在最高层，所以可以对网络中任何一层数据报进行筛选保护，而不是像包过滤那样，只是对网络层的数据进行过滤。另外，代理型防火墙采取的是一种代理机制，它可以为每一种应用服务建立一个专门的代理，所以内外部网络之间的通信不是直接的，而都需先经过代理服务器审核，通过后再由代理服务器代为连接，根本没有给内、外部网络计算机任何直接通信的机会，从而避免了入侵者使用数据驱动类型的攻击方式入侵内部网。

3. 按应用部署位置划分

按应用部署位置划分，防火墙可以分为边界防火墙、个人防火墙和混合式防火墙三大类。

1）边界防火墙

边界防火墙位于内、外部网络的边界，对内、外部网络实施隔离，保护内部网络。这类防火墙一般都是硬件类型的，价格较贵，性能较好。

2）个人防火墙

个人防火墙安装于单台主机中，防护的也只是单台主机。这类防火墙应用于个人用户，通常为软件防火墙，价格最便宜，性能也最差。

3）混合式防火墙

混合式防火墙由若干个软、硬件组件组成，分布于内、外部网络边界和内部各主机之间，既对内、外部网络之间通信进行过滤，又对网络内部各主机间的通信进行过滤。它的性能最好，价格也最贵。

4. 按性能划分

按照防火墙的性能，目前主流的防火墙可以分为百兆级防火墙和千兆级防火墙两类。这里的性能主要是指防火墙的通道带宽，或者说吞吐率。通道带宽越大，性能越高，这样防火墙因包过滤或应用代理所产生的延时也越小，对整个网络通信性能的影响也就越小。

（三）防火墙的部署方式

作为内部网络与外部网络之间实现访问控制的一种机制，防火墙一般部署在内部网络与外部网络的交界处。这样做有利于防火墙对全网（内部网络）信息流的监控，进而实现全面的安全防护。

设置了防火墙的网络结构如图 3-12 所示,可以分为以下几个区域。

(1) 内部网络:默认为信任区域(Trust),即被保护的网络,不对外开放,也不对外提供任何服务,所以外部用户不能直接访问内部网络,并且检测不到内部网络的 IP 地址段。防火墙的主要目的就是屏蔽外部网络攻击,保护内部网络的安全。

(2) DMZ 区:非军事化区(Demilitarized Zone,DMZ)位于内部网络和外部网络之间的小型网络区域内,在这个网络区域内可以放置一些公开的服务器设施,如 Web 服务器、FTP 服务器等,同时对内部网络和外部网络提供服务,属于开放性区域。通过设置 DMZ 区域,可以将安全级别要求高的设备与提供公开服务的设备分开存放,更加有效地保护了内部网络的安全。

(3) 外部网络:防火墙之外的网络,默认为非信任区域(Untrust)或风险区域。

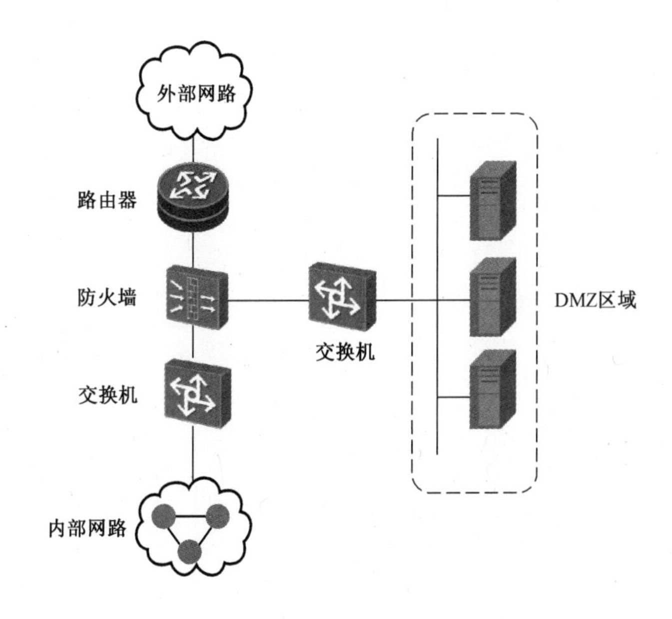

图 3-12　安装防火墙时的网络结构图

(四) 防火墙的工作模式

防火墙的工作模式主要有三种:路由模式、透明模式和混合模式。

1. 路由模式

工作在路由模式下的防火墙,它的每个网络接口具有不同的 IP 地址,不同网络中的主机通过防火墙进行通信,防火墙本身构成多个网络间的路由器。防火墙两侧的主机或网络设备把防火墙作为网关,可以与其他设备进行数据报的路由转发。路由模式典型网络拓扑如图 3-13 所示。

2. 透明模式

透明模式是指防火墙多个端口构成一个以太网桥,防火墙网络接口本身可以没有 IP 地址。当防火墙工作在这种模式时,网络间的访问是透明的,不需要改变原有的网络拓扑

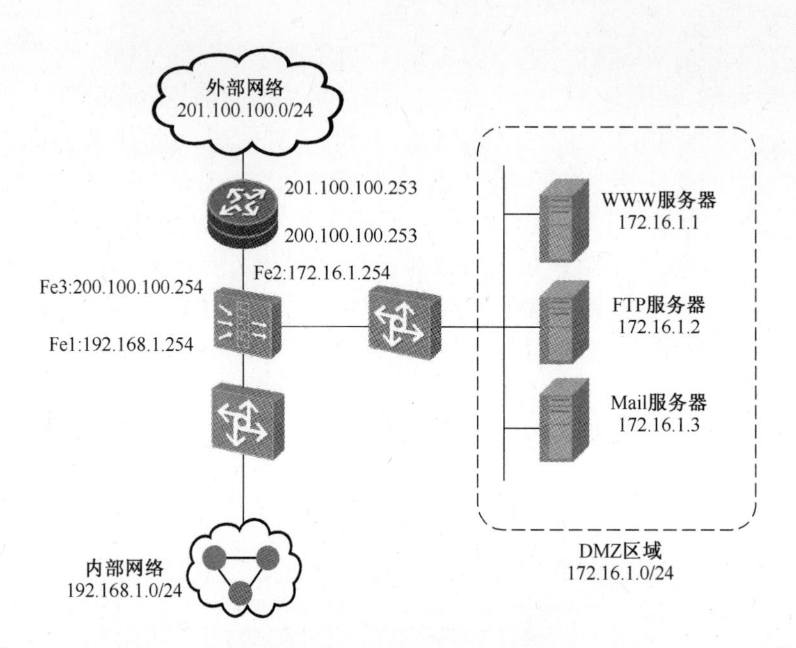

图 3-13 路由模式网络拓扑

结构和各主机的网络位置。透明模式的典型网络拓扑如图 3-14 所示。

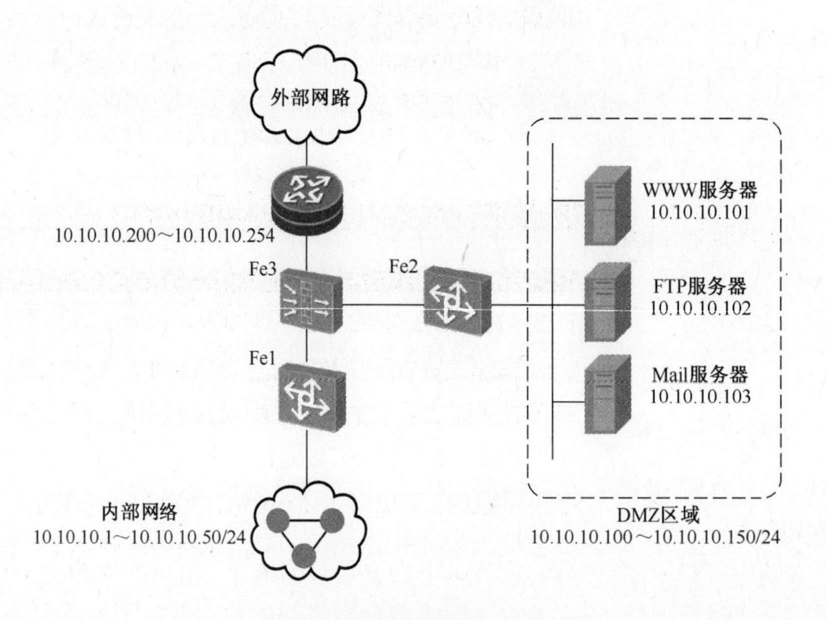

图 3-14 透明模式网络拓扑

3. 混合模式

混合模式既支持路由模式,又有透明模式的特性。实质上,这是路由模式的复杂应用。例如:某内部网络逻辑上是一个子网,物理上被划分为两个部分,它们彼此访问需要透明处理,但它们访问外部网络时,可能需要防火墙的外网转发(路由),这样,防火墙既是路由器,又是以太网桥,称为混合模式。

本章小结

本章主要介绍了网络互联的基本概念、目的和意义，阐述了面向连接和面向无连接两种网络互联解决方案，重点介绍了三种常见的军事信息网互联设备。学完本章后应重点掌握面向无连接的网络互联解决方案的特点、IP 协议工作原理、路由交换设备功能。

作业题

一、单项选择题

1. 局域网的简称为(　　)。

A. LAN　　B. WAN　　C. CAN　　D. MAN

2. 完成路径选择功能是在 TCP/IP 参考模型的(　　)。

A. 物理层　　B. 数据链路层　　C. 网络层　　D. 传输层

3. OSI 参考模型将整个网络的功能划分(　　)个层次。

A. 1　　B. 3　　C. 5　　D. 7

4. TCP/IP 体系结构中的 TCP 和 IP 所提供的服务分别为(　　)。

A. 链路层服务和网络层服务　　B. 网络层服务和传输层服务

C. 传输层服务和应用层服务　　D. 传输层服务和网络层服务

5. 用于网络互联的设备一般采用(　　)。

A. 中继器　　B. 交换机　　C. 路由器　　D. 网关

6. IP 协议提供的服务是(　　)。

A. 可靠服务　　B. 有确认的服务

C. 不可靠无连接数据报服务　　D. 以上都不对

7. Internet 的核心协议是(　　)。

A. X.25　　B. TCP/IP　　C. ICMP　　D. UDP

8. 在 OSI 参考模型中能实现路由选择，拥塞控制与互联功能的层是(　　)。

A. 传输层　　B. 应用层　　C. 网络层　　D. 物理层

9. 集线器和路由器分别运行于 OSI 参考模型的(　　)。

A. 数据链路层和物理层　　B. 网络层和传输层

C. 传输层和数据链路层　　D. 物理层和网络层

10. OSI 参考模型将整个网络的功能分成七个层次来实现(　　)。

A. 层与层之间的联系通过接口进行

B. 层与层之间的联系通过协议进行

C. 各对等层之间通过协议进行通信

D. 除物理层以外，各对等层之间均存在直接的通信关系

11. OSI 环境下，下层能向上层提供两种不同形式的服务是(　　)。

A. 面对连接的服务与面向对象的服务　　B. 面向对象的服务与无连接的服务

C. 面向对象的服务与面向客户的服务　　D. 面对连接的服务与无连接的服务

12. 在路由器互联的多个局域网中,通常要求每个局域网的(　　)。

A. 数据链路层协议和物理层协议必须相同

B. 数据链路层协议必须相同,而物理层协议可以不同

C. 数据链路层协议可以不同,而物理层协议必须相同

D. 数据链路层协议和物理层协议都可以不相同

13. TCP/IP 协议的 IP 层是指(　　)。

A. 应用层　　B. 传输层　　C. 网络层　　D. 网络接口层

14. OSI/RM 参考模型的七层协议中低三层是(　　)。

A. 会话层、总线层、网络层　　B. 表示层、传输层、物理层

C. 物理层、数据链路层、网络层　　D. 逻辑层、发送层、接收层

15. 在网络体系结构中,OSI 表示(　　)。

A. Open System Interconnection　　B. Open System Information

C. Operating System Interconnection　　D. Operating System Information

16. 计算机网络的体系结构是指(　　)。

A. 计算机网络的分层结构和协议的集合　　B. 计算机网络的连接形式

C. 计算机网络的协议集合　　D. 由通信线路连接起来的网络系统

二、多项选择题

1. 下面说法正确的是(　　)。

A. 外部全局地址,是指外部网络使用 IP 地址,地址是全局可路由公有 IP 地址

B. 外部本地地址,是指外部网络主机使用的 IP 地址,地址一定是公有 IP 地址

C. 外部网路是指除了内部网络之外的所有网络,常为 Internet 网络

D. 内部网络,是指那些由机构或企业所拥有的网络

2. 关于路由器,下列说法中正确的是(　　)。

A. 路由器可以隔离子网,抑制广播风暴

B. 路由器可以实现网络地址转换

C. 路由器可以提供可靠性不同的多条路由选择

D. 路由器只能实现点对点的传输

3. 下面关于 IP 地址与硬件地址的叙述正确的是(　　)。

A. 在局域网中,硬件地址又称为物理地址或 MAC 地址

B. 硬件地址是数据链路层和物理层使用的地址,IP 地址是网络层和以上各层使用的

C. RARP 是解决同一个局域网上的主机或路由器的 IP 地址和硬件地址的映射问题

D. IP 地址不能直接用来进行通信,实际网络链路上传送数据帧必须使用硬件地址

4. 关于互联网中路由器和广域网中结点交换机叙述错误的是(　　)。

A. 路由器用来互联不同的网络,结点交换机只是在一个特定的网络中工作

B. 路由器专门用来转发分组,结点交换机还可以连接上许多主机

C. 路由器和结点交换机都使用统一的 IP 协议

D. 路由器根据目的网络地址找出下一跳(即下一个路由器),而结点交换机则根据

目的站所接入的交换机号找出下一跳(即下一个结点交换机)

5. TCP/IP 模型包含的层次有(　　)。

A. 应用层　　B. 传输层　　C. 网络层

D. 数据链路接口层

三、填空题

1. IP 协议提供的是服务类型是________。

2. 路由器工作于________,用于连接多个逻辑上分开的网络。

3. 防火墙一般部署在________与________的交界处。

4. 防火墙的网络结构分为________、________、________区域。

5. 防火墙的工作模式主要有三种:________、________和________。

6. 入侵检测通过在计算机网络中的关键节点收集信息并进行分析,一般分为________、________、________三个步骤。

7. 入侵检测系统在发现入侵后会及时做出响应,主动响应的方式有:________、________。

四、简答题

1. 简述网络互联的基本概念。

2. 简述网络互联的两个解决方案。

3. 简述交换机原理及转发方式。

4. 防火墙主要功能是什么?

5. 入侵检测系统的作用?

第四章　军事信息网用户接入

用户为了安全有效的访问军事信息网上的资源,必须通过接入网连接到网络。

本章主要讲述用户接入网络的常用技术及组建,主要培养学员局域网组建的能力。根据局域网组建的能力需求,由浅入深地安排了典型用户接入网络、交换机基本技术与配置以及提高网络健壮性等方面的内容。

第一节　典型用户接入网络

用户接入军事综合信息网主要采用局域网的方式接入,可以有线接入也可无线接入。对于有线局域网来说现在主要采用以太网。本节主要介绍以太网的基本原理、访问控制接入技术、高速以太网,另外对无线局域网也进行了简单的讲解。

一、以太网技术概述

施乐以太网是美国施乐(Xerox)公司的 Palo Alto 研究中心于 1975 年研制成功的,是以太网的雏形。最初的 2. 94Mb/s 以太网仅在施乐公司里内部使用。在 1982 年,Xerox 与 DEC 及 Intel 组成 DIX 联盟,共同发表了 Ethernet Version 2(EV2)的规格,并将它投入市场,被普遍使用。

(一) 以太网的物理层

1. 以太网的物理层功能

以太网的物理层完成如下功能:发送功能、接收功能、碰撞检测功能、监控功能和中断功能。

2. 以太网的物理层标准

IEEE 802. 3 委员会对基于 10Mb/s 速率的以太网陆续定义和颁布了五种不同传输介质实现的规范标准。即粗缆以太网(10BASE-5)、细缆以太网(10BASE-2)、双绞线以太网(10BASE-T)、光纤以太网(10BASE-F)和宽带以太网(10Broad36)。目前广泛使用的是双绞线以太网。

表 4-1 归纳出了这五种以太网的技术特性。

表 4-1　IEEE 802. 3 定义的 5 种 10Mb/s 以太网的主要技术特性

	10BASE-5	10BASE-2	10BASE-T	10BRoad36	10BASE-F
传输介质	50 Ω粗缆	50 Ω细缆	非屏蔽双绞线	75 ΩCATV 电缆	光纤
信号技术	基带	基带	基带	宽带(DPSK)	光

（续）

	10BASE-5	10BASE-2	10BASE-T	10BRoad36	10BASE-F
拓扑形式	总线型	总线型	星型	总线/树型	星型
最大段长度/m	500	185	100	1800	500
每段最多节点数	100	30	—	—	33
缆线直径/mm	10	5	0.4~0.6	0.4~1.0	62.5μm/125μm

（二）以太网的MAC子层

以太网的MAC子层主要有两类功能：MAC帧的封装（发送与接收）功能、介质访问管理功能。

以太网的MAC帧格式如图4-1所示。

前导码	帧始定界符	目的地址	源地址	长度/类型	数据	FCS

图4-1　IEEE 802.3标准的MAC帧格式

其中：

（1）前导码（PA）：7字节，用于位同步的前导序列，值为101010…。

（2）帧开始定界符（SD）：1字节，帧的起始定界符，值为10101011。

（3）目的地址（DA）：6字节，目的MAC地址。

（4）源地址（SA）：6字节，源MAC地址。

（5）长度/类型（L）：2字节，表示数据域长度的值或上一层使用协议的类型。

（6）数据：46~1500字节。

（7）FCS：4字节，帧校验，采用CRC-32校验码。

（三）以太网介质访问控制技术

以太网采用带冲突检测的载波侦听多路访问（CSMA/CD）技术访问共享介质。

CSMA的基本原理是：任一个网络节点在它有帧欲发送之前，先监测一下广播信道中是否存在别的节点正在发送帧的载波信号。如果监测到这种信号，说明信道正忙，否则信道是空闲的。

二、高速局域网

（一）快速以太网

快速以太网主要是速率为100Mb/s的以太网，通常所说的快速以太网主要是指100BASE-T。100BASE-T快速以太网保留了802.3基于CSMA/CD的全部技术特性，仅仅是将比特宽度由100mμs减少到10mμs，并且它可以在原来的10BASE-T网上一起运行。

100BASE-T规定只使用双绞线（UTP或STP）或光纤传输介质，并通过集线器HUB连接成星型结构。使用双绞线的最大长度为100m，使用光缆时距离可增加到200m。

按照使用介质种类的不同分为100BASE-TX、100BASE-T4和100BASE-FX。

100BASE-TX。使用两对UTP-5类线或STP,其中一对用于发送另一对用于接收。

100BASE-T4。使用四对UTP-3类线或5类线。

100BASE-FX。使用两对光纤,其中一对用于发送,另一对用于接收。

(二) 吉比特以太网

千兆以太网也称为吉比特以太网。IEEE 1997年通过了吉比特以太网的标准802.3z,1998年成为正式标准。

吉比特以太网的标准802.3z具有以下几个特点。

(1) 允许在1Gb/s下全双工和半双工两种方式工作。

(2) 使用802.3协议规定的帧格式。

(3) 在半双工方式下使用CSMA/CD协议(全双工方式不需要使用CSMA/CD协议)。

(4) 与10BASE-T和100BASE-T技术向后兼容。

吉比特以太网的物理层共有两个标准。一种为1000BASE-X标准,它基于光纤通道。另一种为1000BASE-T,1000BASE-T是使用四对5类线UTP,传送距离为100m。

(三) 10Gb/s以太网

1999年3月,IEEE 802.3ae委员会开始制定10Gb/s以太网的标准。10Gb/s以太网就是万兆以太网。10Gb/s以太网的主要特点。

10Gb/s以太网的帧格式与10Mb/s,100Mb/s和1Gb/s以太网的帧格式完全相同。10Gb/s以太网还保留了802.3标准规定的以太网最小和最大帧长。这就使用户在将其已有的以太网进行升级时,仍能和较低速率的以太网很方便地通信。

由于数据率很高,10Gb/s以太网只使用光纤作为传输介质。

10Gb/s以太网只工作在全双工方式,因此不存在争用问题,也不使用CSMA/CD协议。这就使得其传输距离不再受进行碰撞检测的限制而大大提高了。

三、无线局域网

无线局域网(WLAN)技术是21世纪无线通信领域最有发展前景的技术之一。目前,WLAN技术已经日渐成熟,应用日趋广泛。

(一) 无线局域网的基本概念

无线局域网(Wireless Local Area Networks,WLAN)是利用射频(Radio Frequency,RF)技术取代双绞铜线所构成的局域网络。WLAN利用电磁波在空气中发送和接收数据,而无须线缆介质。WLAN的最高速率可达300Mb/s以上,传输距离可远至20km以上。它是对有线连网方式的一种补充和扩展。它具有以下特点:安装便捷、使用灵活、经济节约、易于扩展。由于WLAN具有多方面的优点,其发展十分迅速。

无线局域网主要使用以下通信技术:红外线通信、扩展频谱通信和窄带微波通信。

无线局域网主要应用在以下领域:接入网络信息系统、难以布线的环境、频繁变化的环境、使用便携式计算机等可移动设备进行快速网络连接、用于远距离信息的传输、流动工作者可得到信息的区域以及办公室和家庭办公用户以及需要方便快捷地安装小型网络的用户。

无线网络的硬件设备主要包括四种:无线网卡、无线 AP、无线路由器和无线天线。

(二) 无线局域网的标准

主要有 IEEE(美国电子电气工程师协会)的 802.11 系列,包括 802.11a、802.11b、802.11g 和 802.11n 等;ETSI(欧洲电信标准化组织)提出的 HiperLan 和 HiperLan2,HomeRF 工作组的 HomeRF 和 HomeRF2。中国 WLAN 规范,将规范 WLAN 产品在我国的应用,包括:《公众无线局域网总体技术要求》和《公众无线局域网设备测试规范》。

(三) 无线局域网的物理层

802.11 无线局域网物理层采用了红外线、跳频扩频(FHSS)、直接序列扩频(DSSS)、正交频分多路复用(OFDM)和高速率的直接序列扩频(HR-DSSS)五种传输技术。

(四) 无线局域网的 MAC 子层

802.11MAC 子层协议与以太网的 MAC 子层不同,首先,在无线 LAN 中存在隐藏站的问题,如图 4-2 所示。站 C 正在给站 B 发送数据。如果 A 站首先监听信道,则它什么也不会听到,从而错误地得出结论:现在可以向站 B 传送数据了。其次,在无线 LAN 中还存在暴露站的问题,如图 4-3 所示。这里站 B 希望发送数据给站 C,所以它监听信道。当它听到了一次传输的时候,它错误地得出结论:现在不能向 C 发送数据,而实际上,A 可能在向别的站传输数据。

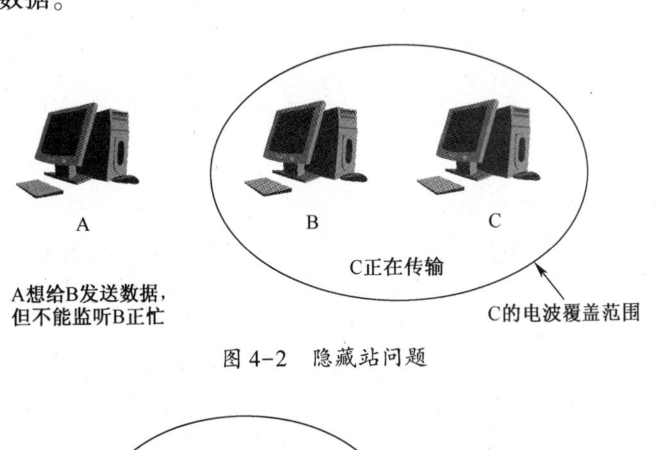

图 4-2 隐藏站问题

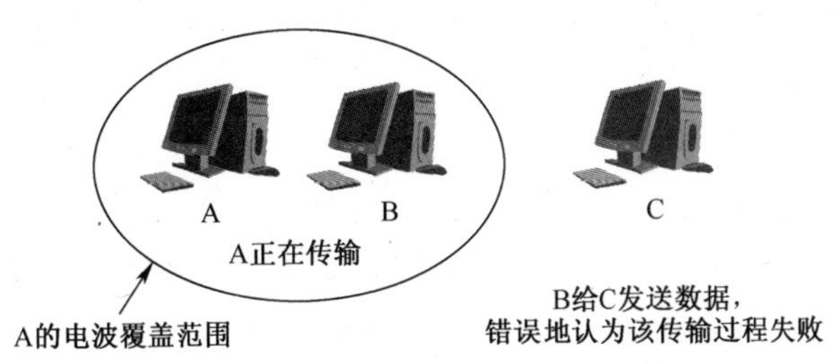

图 4-3 暴露站问题

802.11 通过分布式协调功能(DCF)和点协调功能(PCF)来解决以上问题。DCF 是没有任何中心控制的完全分布的操作模式,PCF 是使用基站控制单元内所有活动的操作模式。所有的 802.11 实现必须都支持 DCF 操作模式,而 PCF 操作模式是可选的。

第二节 交换机网络技术与应用

共享式以太网采用 CSMA/CD 技术来解决共享信道的问题,但当局域网的用户数量较多、通信量较大时,则用户数据产生碰撞的可能性较大,交换式以太网的出现解决了冲突域的问题。但在交换式以太网中如果局域网内的主机很多,将导致网络上到处充斥着广播流,从而造成网络带宽资源的极大浪费。如何降低广播域的范围,提升局域网的性能,保证局域网的安全是本节主要讲述的内容。

一、虚拟局域网技术

(一) 虚拟局域网技术(VLAN)概述

IEEE 协会专门设计了一种 802.1Q 的协议标准,这就是虚拟局域网(VLAN)技术。VLAN 技术可以把一个 LAN 划分多个逻辑的 LAN——VLAN,每个 VLAN 是一个广播域,不同 VLAN 间的设备不能直接互通,只能通过路由器等三层设备互通。这样,广播数据帧被限制在一个 VLAN 内。

VLAN 技术的优点如下:有效控制广播域范围;增强局域网的安全性;灵活构建虚拟工作组;增强网络的健壮性。

目前,绝大多数以太网交换机都能够支持 VLAN。使用 VLAN 来构建局域网,组网方案灵活,配置管理简单,降低了管理维护的成本。同时,VLAN 可以减小广播域的范围,减少 LAN 内的广播流量,是高效率、低成本的方案。

(二) VLAN 的分类

VLAN 的划分主要有以下五种。

基于端口的 VLAN:它按照设备端口来划分 VLAN 成员。这种划分方法具有实现简单、易于管理的优点,适用于连接位置比较固定的用户。缺点是一旦 VLAN 用户离开原来的接入端口,就必须重新配置所属的 VLAN。

基于 MAC 地址的 VLAN:是根据每个主机的 MAC 地址来划分 VLAN 的。这种划分方法的最大优点就是当用户位置移动时,VLAN 不用重新配置。缺点是如果用户很多,配置的工作量比较大。

基于协议的 VLAN:根据端口接收到的报文所属的协议(簇)类型来划分 VLAN。可用来划分 VLAN 的协议簇有 IPv4、IPv6、IPX、AppleTalk 等。

基于 IP 子网的 VLAN:是根据报文源 IP 地址及子网掩码作为依据来进行划分的。优点是管理配置灵活,缺点是对广播的抑制效率有所下降。

基于策略的 VLAN:是根据策略进行 VLAN 划分的,对于华为设备策略主要包括“基于 MAC 地址+IP 地址”策略和“基于 MAC 地址+IP 地址+端口”策略两种。

从上述几种 VLAN 划分方法的优缺点综合来看,基于端口的 VLAN 划分是最普遍使用的方法之一,它也是目前所有交换机都支持的一种 VLAN 划分方法。

如果一台交换机上同时配置了多种方式的 VLAN,将按以下从高到低的优先顺序决定采用哪种划分方式:基于策略划分、基于 MAC 地址划分、基于子网划分、基于协议划分和基于端口划分。

(三) VLAN 原理

1. VLAN 的识别

1) VLAN 标签

在进行 VLAN 管理的网络中,交换机怎样判别某个帧属于哪一个 VLAN? 在二层的数据帧中会打上所属 VLAN 的标签,即 IEEE 802.1q 标签,也就是通常所说的 VLAN 标签。

如图 4-4 所示,IEEE 802.1Q 帧对传统的 Ethernet 帧格式进行了修改,在“源 MAC 地址”和“长度/类型”字段之间插入了一个 4 字节的“802.1Q Tag”。该 Tag 包括 2Bytes 的 TPID(Tag Protocol Identifier)与 2Bytes 的 TCI(Tag Control Information)。TPID 是固定的数值 0x8100,标识该数据帧承载 802.1Q 的 Tag 信息。TCI 包含:3bits 用户优先级;1bit CFI(Canonical Format Indicator),默认值为 0;12bits 的 VID(VLAN Identifier)即 VLAN 标识符。最多支持 4094 个 VLAN(VLAN ID 1-4094),其中 VLAN1 是不可创建和删除的默认 VLAN。

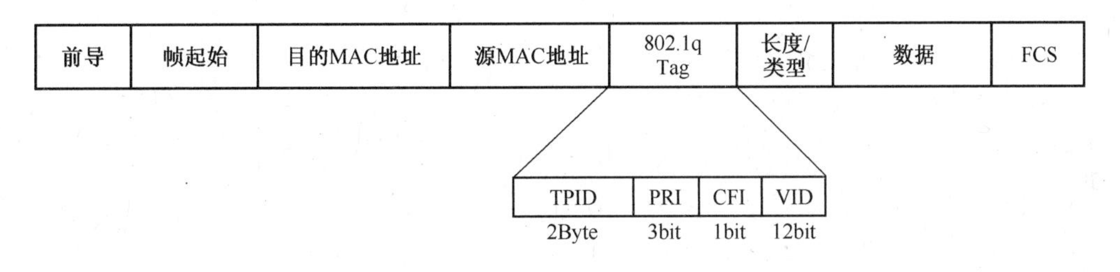

图 4-4　802.1Q 帧格式

2) 二层以太网端口

在交换式网络中,不同类型的接口对标签的操作是不一样的。华为交换机主要包括 Access(访问)、Trunk(干道)、Hybrid(混合)和 QinQ 四种类型。QinQ 端口专用于 QinQ 协议。

各种端口类型对数据帧的处理规则见表 4-2 所列。

表 4-2　二层以太网端口数据帧处理规则

端口类型	收到不带 VLAN 标签帧的处理规则	收到带 VLAN 标签帧的处理规则	发送时的处理规则	用　途
Access	接收并打上该接口的 PVID 标签	当帧中的 VLAN ID 与该接口的 PVID 相同时接收,否则丢弃	当帧中的 VLAN ID 与该端口的 PVID 相同时去掉标签发送,否则丢弃	端口仅属于一个 VLAN,用于连接用户终端设备

（续）

<table>
<tr><th>端口类型</th><th>收到不带 VLAN 标签帧的处理规则</th><th>收到带 VLAN 标签帧的处理规则</th><th>发送时的处理规则</th><th>用　途</th></tr>
<tr><td>Trunk</td><td rowspan="2">打上该端口的 PVID 标签，若该 VLAN ID 在该端口允许通过的 VLAN ID 列表里，则接收，否则丢弃</td><td rowspan="2">当帧中的 VLAN 标签在该端口允许通过的 VLAN ID 列表里，则接收，否则丢弃</td><td>当帧中的 VLAN ID 与该端口的 PVID 相同，则去掉标签发送，当帧中的 VLAN ID 与该端口的 PVID 不同时，且在该端口允许的 VLIAN ID 中，则带标签发送，否则丢弃</td><td>允许多个 VLAN 通过，可接收和发送多个 VLAN 的帧，一般用于连接网络设备</td></tr>
<tr><td>Hybrid</td><td>当帧中的 VLAN ID 是该端口允许通过的 VLAN 时，则发送该帧（可带标签也可不带标签），否则丢弃该帧</td><td>允许多个 VLAN 通过，可接收和发送多个 VLAN 的帧，既可连接网络设备，亦可连接用户终端</td></tr>
</table>

2. VLAN 基本通信原理

进行 VLAN 划分后，为了提高处理效率，交换机内部的数据帧一律都带有 VLAN Tag，以统一的方式处理。主机之间的通信也发生了变化，下面分析划分 VLAN 后的数据传输过程。

1）同一交换机上同一 VLAN 内的通信

如图 4-5 所示，计算机 PC1 与计算机 PC2 同属 VLAN 10，现在计算机 PC1 与计算机 PC2 要进行通信，计算机 PC1 发送数据帧至 SWA 的 G0/0/1 端口，G0/0/1 端口收到数据帧后重新封装 MAC 帧，添加 VLAN 10 的标签。检索 MAC 地址列表中与收信端口同属一个 VLAN 的表项。如果有则按转发表转发，由于计算机 PC2 连接在端口 G0/0/2 上，于是交换机将数据帧转发给端口 G0/0/2，最终计算机 PC2 收到该帧。如果没有相应的转发表项，则 SWA 把该数据帧转发到除 G0/0/1 端口外所有属于 VLAN 10 的端口上，从而计算机 PC2 也能收到数据帧。

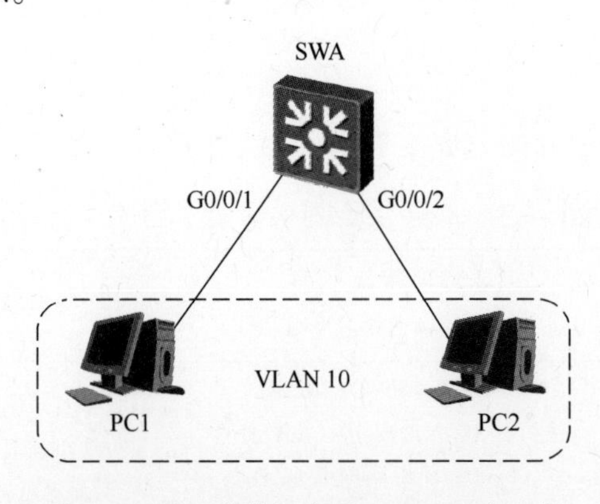

图 4-5　同一交换机上同一 VLAN 的通信

2）同一 VLAN 内跨交换机通信

有时属于同一 VLAN 的用户主机被连接在不同的交换机上。当 VLAN 跨越交换机时，就需要交换机之间的接口能够同时识别和发送跨越交换机的 VLAN 报文，这时要用到 Trunk 端口。

如图 4-6 所示，计算机 PC1 与计算机 PC2 同属于 VLAN 10，但二者分别连接在不同的交换机上，二者的通信过程如下。计算机 PC1 发送数据帧到达 SWA 的 G0/0/1 端口，交换机 SWA 为该数据帧打上所属的 VLAN 10 标签，查找自己的 MAC 地址表中是否存在目的地址为计算机 PC2 的转发表项，如果存在 SWA 按表项转发，将数据帧转发到 G0/0/24 端口。如果不存在 MAC 转发表项，SWA 则将数据帧发送到除 G0/0/1 外所有属于 VLAN 10 的端口上。SWA 的 G0/0/24 端口为 Trunk 类型，收到数据帧后，查看该 VLAN 是否在自己允许的 VLAN ID 内，如果是则带标签转发，如果不是则丢弃。数据帧通过 Trunk 链路到达 SWB 的 G0/0/24 端口，该端口同样为 Trunk 类型，查看该 VLAN 是否在自己允许的 VLAN ID 内，如果是则接收，否则丢弃该帧。SWB 收到数据帧后查找自己的 MAC 地址表中是否存在目的地址为计算机 PC2 的转发表项，如果存在按表项转发，将数据帧转发到 G0/0/1 端口。如果不存在 MAC 转发表项，SWB 则将数据帧发送到除 G0/0/24 外所有属于 VLAN 10 的端口上。SWB 的 G0/0/1 端口收到数据帧后，发现该数据帧的 VLAN ID 与自己所属 VLAN 相同，则去掉标签从该接口转发，从而计算机 PC2 收到数据帧，实现了计算机 PC1 与计算机 PC2 之间的通信。

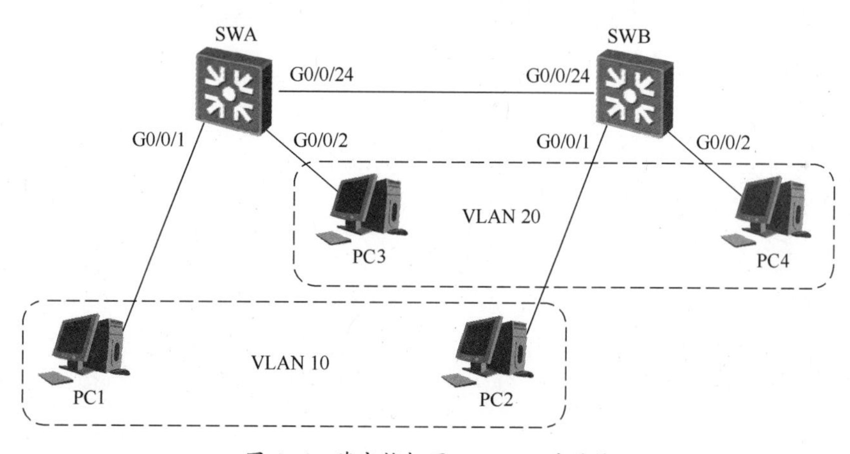

图 4-6　跨交换机同一 VLAN 的通信

（四）VLAN 间路由

引入 VLAN 之后，每个交换机被划分成多个 VLAN，每个 VLAN 对应一个 IP 网段。VLAN 隔离广播域，不同 VLAN 的用户无法实现直接互通。为了实现 VLAN 间的通信，常用的方法由两种，一种是利用路由器来实现，另一种是利用三层交换机实现。

1. 单臂路由

为避免物理端口的浪费，可以使用 802.1Q 封装和子接口通过一条物理链路实现 VLAN 间路由。这种方式也被形象地称为“单臂路由”。

如图 4-7 所示，PC1、PC2 和 PC3 分别属于 VLAN 10、VLAN 20 和 VLAN 30。交换机

通过 802.1Q 封装的 Trunk 链路连接到路由器的以太网口 G0/0/0 上。在路由器上则为 G0/0/0 配置了子接口,每个子接口配置了属于相应 VLAN 网段的 IP 地址,并且配置了相应的标签值,以允许相应的 VLAN 数据帧通过。

当 PC2 向 PC3 发送 IP 包时,该 IP 包首先被封装成带有 VLAN 标签的以太帧,帧中的标签值为 20,然后通过 trunk 链路发送给路由器。路由器收到此帧后,因为子接口 G0/0/0.20 所配置的 VLAN 标签值为 20,所以把相关数据帧交给子接口 G0/0/0.20 处理。路由器查找路由表,发现 PC3 处于子接口 G0/0/0.30 所在网段,因而将此数据报封装成以太帧从子接口 G0/0/0.30 发出,帧中携带的 VLAN 标签值为 30,表示此为 VLAN 30 数据。此帧到达交换机后,交换机即可将其转发给 PC3。

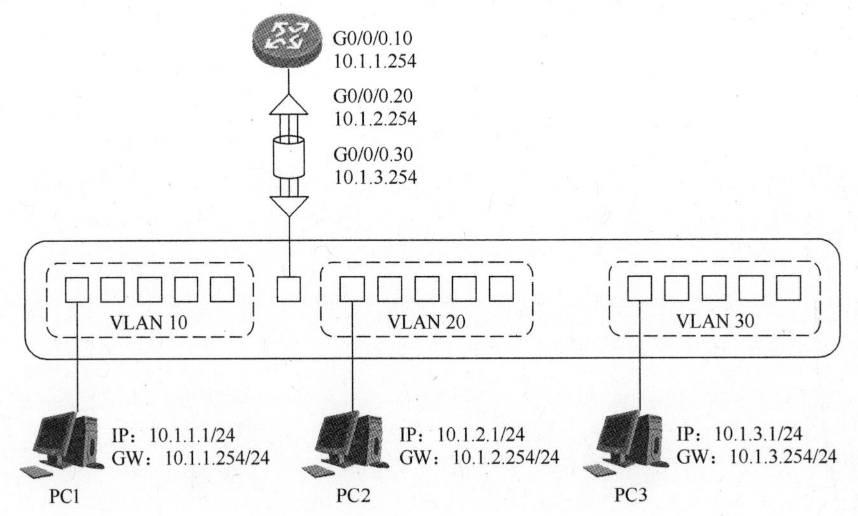

图 4-7　子接口实现 VLAN 间路由

2. 用三层交换机实现 VLAN 间路由

路由器是软件转发 IP 报文的,如果 VLAN 间路由数据量较大,会消耗路由器大量的 CPU 和内存资源,造成转发性能的瓶颈。

三层交换机通过内置的三层路由转发引擎在 VLAN 间进行路由转发,从而解决上述问题。图 4-8 所示为三层交换机的内部示意图。三层交换机的系统为每一个 VLAN 创

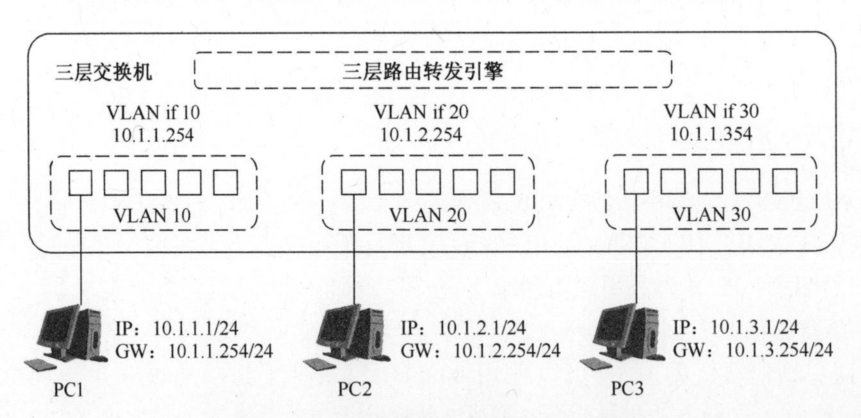

图 4-8　三层交换机实现 VLAN 间路由

建一个虚拟的三层 VLAN 接口,这个接口像路由器接口一样工作,接收和转发 IP 报文。三层 VLAN 接口连接到三层路由转发引擎上,通过转发引擎在三层 VLAN 接口间转发数据。

对于管理员来说,只需要为三层 VLAN 接口配置相应的 IP 地址,即可实现 VLAN 间路由功能。由于硬件实现的三层路由转发引擎速率高,吞吐量大,而且避免了外部物理连接带来的延迟和不稳定性,因此,三层交换机的路由转发性能高于路由器实现的 VLAN 间路由,也是现在最常使用的方式。

二、VLAN 的配置

(一) VLAN 的创建及描述配置

1) VLAN 的创建

```
[Huawei]vlan vlan-id
[Huawei]vlan batch vlan-id1 to vlan-id2
```

(1) batch:用于批量创建 VLAN。

(2) vlan-id:指定需要创建或删除的 VLAN 编号,取值范围为 1~4094。

2) 将接口加入指定的 VLAN(两种方法)

```
[Huawei-vlan10]port GigabitEthernet0/0/1                //方法 1
[Huawei-GigabitEthernet0/0/1]port default vlan vlan-id          //方法 2
```

只有接口类型为 access 才能加入指定的 VLAN。

说明:VLAN1 是系统为实现特定功能预留的 VLAN,不能手动创建和删除。

(二) 二层接口的配置

1) access 接口的配置

华为交换机接口类型默认为 Hybrid。

将接口的类型设置为 access。

```
[Huawei-GigabitEthernet0/0/1]port link-type access
```

2) trunk 接口的配置

将接口的类型设置为 trunk。

```
[Huawei-GigabitEthernet0/0/1]port link-type trunk}
```

设置允许哪些 VLAN 通过该接口。

```
[Huawei-GigabitEthernet0/0/1]port trunk allow-pass vlan {vlan-id |all}
```

修改该接口的 PVID,默认为 1(可选)。

```
[Huawei-GigabitEthernet0/0/1]port trunk pvid vlan vlan-id
```

3）hybrid 接口的配置

设置允许哪些 VLAN 带标签通过该接口。

```
[Huawei-GigabitEthernet0/0/1]port trunk hybrid tagged vlan {vlan-id |all}
```

设置允许哪些 VLAN 不带标签通过该接口。

```
[Huawei-GigabitEthernet0/0/1]port trunk hybrid untagged vlan {vlan-id |
all}
```

修改该接口的 PVID,默认为 1(可选)。

```
[Huawei-GigabitEthernet0/0/1]port trunk pvid vlan vlan-id
```

（三）单臂路由配置

配置步骤如下。

1）创建子接口

```
[Huawei-GigabitEthernet0/0/0] interface gigabitethernet0/0/0.1
```

2）指定子接口承载哪个 VLAN 的数据流量

```
[Huawei-GigabitEthernet0/0/0.1]dot1q termination vid vlan-id
```

3）配置 VLAN 网关

```
[Huawei-GigabitEthernet0/0/0.1]ip address gateway-address {mask |mask-
length}
```

4）子接口上开启 ARP 广播功能

默认子接口没有开启 ARP 广播功能。

```
[Huawei-GigabitEthernet0/0/0.1]arp broadcast enable
```

（四）三层交换配置

首要步骤是创建 VLANIF 接口。VLANIF 是逻辑接口、是三层接口,配置 IP 地址后可实现网络层互通。通过 VLANIF 接口实现 VLAN 间通信需要为每个 VLAN 创建对应的逻辑接口 VLANIF 接口,并为每个 VLANIF 接口配置 IP 地址实现三层互通。

```
[Huawei]interface vlanif vlan-id
[Huawei-Vlanif10]ip address ip-address {mask |mask-length} [sub]
```

三、局域网的安全管理

所谓网络安全具有两个方面含义:一方面保证内网的安全以及保证内网与外网数据交换的安全。对于局域网来说需要保护的资源包括以下方面:网络设备、运行信息、带宽资源、网络终端、网络数据和用户信息。

（一）局域网常见安全威胁

局域网中常见的安全威胁主要有非法接入网络、MAC 地址欺骗和泛洪、远程连接攻击等。

非法接入网络:以非法手段接入网络是非法访问网络资源的前提。

非法访问网络资源:指非法用户在没有授权的情况下访问局域网资源,对网络设备的配置参数和运行状态进行修改,或从事其他非法的操作。

MAC 地址欺骗和泛洪:通过发送大量源 MAC 地址不同的数据报文,使得交换机端口 MAC 地址表学习达到上限,无法学习新的 MAC 地址,从而导致二层数据泛洪。

远程连接攻击:对 Telnet 等连接进行攻击,包括截取用户名、密码等用户信息或数据信息,篡改数据并重新投放到网络上等。

(二) 局域网安全整体架构

局域网安全整体架构主要采用 AAA 结构。AAA 包括 Authentication(认证)、Authorization(授权)、Accounting(计费)三种安全功能。其中"认证"是用来验证用户是否具有访问网络权限;"授权"是授权通过认证的用户可以使用哪些服务;"计费"是记录通过认证的用户使用网络资源的情况。

图 4-9 所示为 AAA 安全架构。

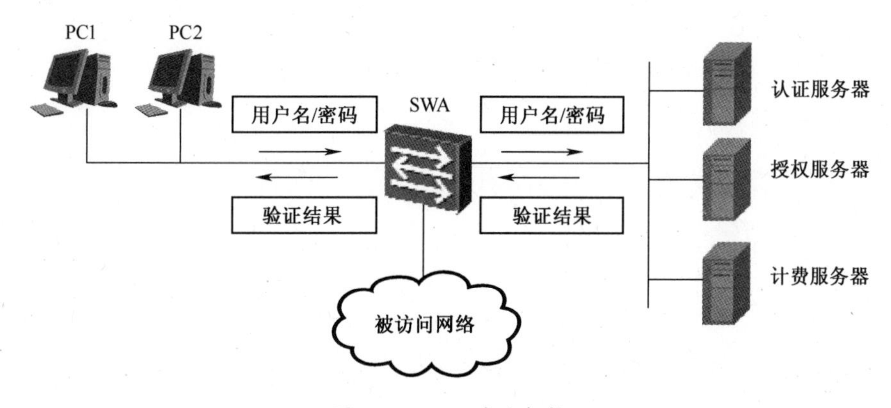

图 4-9　AAA 安全架构

AAA 采用"客户端/服务器"(C/S)结构,其中,AAA 客户端就是使能了 AAA 功能的网络设备(可以是网络中任意一台设备),AAA 服务器就是专门用来认证、授权和计费的服务器。

在设备上使能了 AAA 功能后,当用户需要通过 AAA 客户端访问某个网络前,需要先从 AAA 服务器中获得访问该网络的权限。

(三) 局域网常见安全方法措施

1. 端口接入控制

针对非法接入网络,可采用端口接入控制技术来防范。端口接入技术包括 IEEE 802. 1x 技术、MAC 地址认证和端口安全。

1) IEEE 802. 1x

IEEE 802. 1x 是由 IEEE 制定的关于用户接入网络的认证标准,是一种基于端口的网络接入控制协议。连接在端口上的用户如果能够通过认证,就可以访问局域网的资源;如果认证失败,则无法访问局域网资源。IEEE 802. 1x 为典型的"客户端/服务器"模式,它包括三个部分:客户端(Client)、设备端(Device)和认证服务器(Server),如图 4-10 所示。

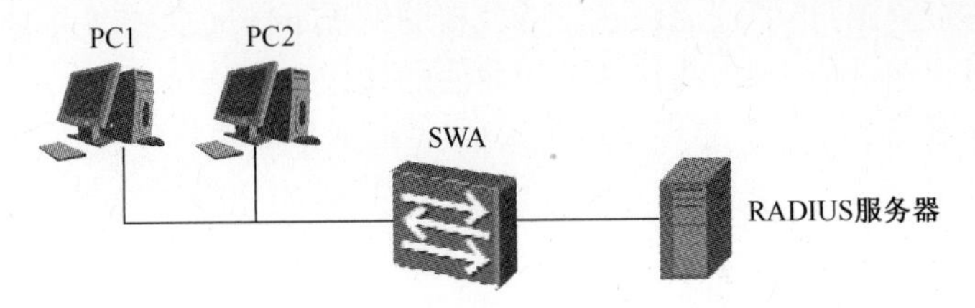

图 4-10 端口接入控制

客户端:局域网用户终端设备,可通过启动客户端设备上安装的 802.1x 客户端软件发起 802.1x 认证。

设备端:支持 802.1x 协议的网络设备(如交换机),对所连接的客户端进行认证。它为客户端提供接入局域网的端口,可以是物理端口,也可以是逻辑端口(如 Eth-Trunk)。

认证服务器:为设备端 802.1x 协议提供认证服务的设备,是真正进行认证的设备,实现对用户进行认证、授权和计费,通常为 RADIUS 服务器。

802.1x 认证系统使用 EAP 来实现认证客户端、认证设备和认证服务器之间的信息交换。

配置 IEEE 802.1x 的基本步骤如下。

(1) 全局开启 IEEE 802.1x 特性。

```
[Huawei]dot1x enable
```

(2) 使能多个接口的 IEEE 802.1x 特性。

```
[Huawei]dot1x enable interface {interface-type interface-number1[ to in-
terface-number2]}
```

或者进入接口视图,开启单个接口的 IEEE802.1x 特性

```
[Huawei-GigabitEthernet0/0/3]dot1x enable
```

只用同时使能全局和接口上的 IEEE802.1x 认证功能,IEEE802.1x 的其他配置才能在接口上生效。

(3) 设置 IEEE 802.1x 用户认证方法。

```
[Huawei]dot1x authentication-method {chap |eap |pap}
```

默认情况下,IEEE 802.1x 用户认证方法为 CHAP 认证。

设置端口的接入控制方式

```
[Huawei-GigabitEthernet0/0/1]dot1x port-method {port |mac}
```

默认情况下,接入控制方式为 mac。

2) MAC 地址认证

MAC 地址认证是一种利用 MAC 地址对用户的网络访问权限进行控制的认证方法,它不需要用户安装任何客户端软件。设备在首次检测到用户的 MAC 地址后,即启动认证操作。MAC 认证主要用于对那些不支持 802.1x 客户端的设备进行接入认证,如打印机。

MAC 地址认证用户名分为两种类型:MAC 地址用户名和固定用户名。

(1) MAC 地址用户名 :使用用户的 MAC 地址作为认证时的用户名和密码。

(2) 固定用户名:所有用户均使用在设备上预先配置的用户名和密码进行认证。由于所有用户使用相同的用户名和密码,安全性较低不推荐使用。

MAC 地址认证的配置步骤如下。

(1) 启动全局 MAC 地址认证。

```
[Huawei]mac-authen
```

(2) 启动多个端口的 MAC 地址认证。

```
[Huawei]mac-authen interface {interface-type interface-number1[ to inter-
face-number2]}
```

或者进入接口视图,开启单个接口的 MAC 地址认证。

```
[Huawei-GigabitEthernet0/0/3]mac-authen
```

只用同时使能全局 MAC 地址认证功能,接口上配置的 MAC 地址认证才能生效。

(3) 配置 MAC 地址认证的用户名格式或固定用户名和密码。

```
[Huawei]mac-authen username{fixed username[password cipher password] |
macaddress[format{with-hyphen |without-hyphen}]}
```

fixed username:二选一参数,指定 MAC 地址认证时使用的固定用户名。

cipher password:可选参数,指定以密文形式显示的 MAC 认证密码。

macaddress:二选一选项,指定以 MAC 地址作为 MAC 认证时使用的用户名。

with-hyphen:二选一选项,指定 MAC 地址作为用户名输入用户名时使用带有分隔符"-"的 MAC 地址,例如"0005-e001-c023"。

without-hyphen:二选一选项,指定 MAC 地址作为用户名输入用户名时使用不带有分隔符"-"的 MAC 地址,例如"0005e001c023"。

默认情况下,MAC 认证的用户名和密码为不带有分隔符"-"的 MAC 地址。

3) 端口安全

端口安全(Port Security)是一种基于 MAC 地址对网络接入进行控制的安全机制,是将设备端口学习到的 MAC 地址变为安全 MAC 地址(包括动态 MAC 地址和 Sticky MAC 地址,是设备信任的 MAC 地址),以阻止除安全 MAC 和静态 MAC 之外的主机通过本接口和交换机通信,从而增强设备安全性。

(1) 配置安全动态 MAC 功能。

在对接入用户的安全性要求较高的网络中,可以配置端口安全功能,将接口学习到的 MAC 地址转换为安全动态 MAC 地址或 Sticky MAC 地址,且当接口上学习的最大 MAC 地址数量达到上限后不再学习新的 MAC 地址,只允许这些 MAC 地址和设备通信。这样可在一定程度上阻止其他非信任的 MAC 主机通过本接口和交换机通信,以提高设备与网络的安全性。

默认情况下,安全动态 MAC 表项不会被老化,但可以通过在接口上配置安全动态 MAC 老化时间使其变为可以老化,且设备重启后安全动态 MAC 地址会丢失,需要重新学习。配置步骤如下。

① 使能端口安全功能。

```
[Huawei-GigabitEthernet0/0/1]port-security enable
```

② 配置接口的安全动态 MAC 学习限制数量(可选)。

```
[Huawei-GigabitEthernet0/0/1]port-security max-mac-num max-number
```

③ 配置接口的端口安全保护动作(可选)。

```
[Huawei-GigabitEthernet0/0/1]port-security protect-action{ protect |re-
strict |shutdown }
```

默认情况下,端口安全保护动作为 restrict。

④ 配置接口学习到的安全动态 MAC 地址的老化时间(可选)。

```
[Huawei-GigabitEthernet0/0/1]port-security aging-time time [type{abso-
lute |inactivity }]
```

默认情况下,接口学习到的安全动态 MAC 地址不老化。

(2) 配置 Sticky MAC 功能。

“Sticky (黏性)MAC 地址”与“安全动态 MAC 地址”类似,它们之间主要有以下几个方面不同。

安全动态 MAC 地址可以通过在接口上配置老化时间来进行老化,但 Sticky MAC 地址将永远不会被老化。

安全动态 MAC 地址对应的 MAC 表项在设备重启后丢失,需重新学习,但 Sticky MAC 地址对应的 MAC 表项在设备重启后也不会丢失,无需重新学习。

安全动态 MAC 地址表项只能通过动态学习得到,而 Sticky MAC 地址表项既可以通过安全动态 MAC 地址转换得到,又可以手工静态配置。

Sticky MAC 功能特别适合为那些关键服务器或上行设备的 MAC 地址配置。配置步骤如下所示。

① 使能端口安全功能。

```
[Huawei-GigabitEthernet0/0/1]port-security enable
```

② 使能接口的 Sticky MAC 功能。

```
[Huawei-GigabitEthernet0/0/1]port-securitymac-address sticky
```

③ 配置接口的安全动态 MAC 学习限制数量(可选)。

```
[Huawei-GigabitEthernet0/0/1]port-security max-mac-num max-number
```

④ 配置接口的端口安全保护动作(可选)。

```
[Huawei-GigabitEthernet0/0/1]port-security protect-action{ protect |re-
strict |shutdown }
```

⑤ 手工配置 Sticky-mac 地址表项(可选)。

```
[Huawei-GigabitEthernet0/0/1]port-security mac-address sticky mac-ad-
dress vlan vlan-id
```

2. 访问控制和安全连接

可采用网络访问控制技术对越权访问网络资源的用户进行防范，常用的有访问控制列表、终端准入防御 EAD 和 Portal。

对于 Telnet 远程登录连接的风险防范，可采用更为安全的登录连接服务安全外壳（Secure Shell，SSH）。SSH 采用了加密技术来加密传送的每一个报文，确保攻击者窃听的信息无效，可以很好地提高网络设备的安全性。

3. 端口绑定

配置基于静态绑定表的 IP 源防攻击 IPSG（IP Source Guard），可以实现对非信任接口上接收的 IP 报文进行过滤控制，防止恶意主机盗用合法主机的 IP 地址来仿冒合法主机获取网络资源的使用权限，配置命令如下。

```
[Huaweiuser-bind static {{ip-address ip-address &<1-10> |ipv6-address ipv6-address &<1-10>} |mac-address mac-address} *[interface interface-type interface-number] [vlan vlan-id]
```

以上各参数中，ip-address 和 ipv6-address 不能同时指定，但各自可以和其他参数组合。

绑定表创建后，只有在指定接口或 VLAN 上使能 IPSG 后才生效，使能方法如下。

在接口视图或 VLAN 视图下配置命令：

```
ip source check user-bind enable//使能接口或者 VLAN 的 IP 报文检查功能。
```

4. 端口隔离

端口隔离可以实现同一 VLAN 内端口之间的隔离。用户只需将端口加入不同的隔离组中，就可以实现隔离组内端口之间二层数据的隔离，配置命令如下。

（1）配置端口隔离模式（可选）。

```
[Huawei]port-isolate mode { l2 | all }
```

缺省情况下，端口隔离模式为二层隔离三层互通。

（2）使能端口隔离功能。

```
[Huawei-GigabitEthernet0/0/1]port-isolate enable [group group-id]
```

同一端口隔离组的端口之间互相隔离，不同端口隔离组的端口之间不隔离。如果不指定 group-id 参数时，默认加入的端口隔离组为 1。

第三节　提高交换机网络健壮性

随着局域网规模的不断扩大，局域网上的应用也越来越多，为了能保证为用户提供不间断的服务，这就要求网络及网络设备具有较高的可靠性，不存在单点故障影响网络通信的情况。本节主要讲述能提高交换机网络健壮性的常用技术。

一、生成树协议

（一）生成树协议(STP)

在以太网交换网络中,为了保证网络的可靠性,经常要进行链路备份,还会在一些关键设备间使用冗余链路,这样会在交换网络中产生物理环路。

1. 冗余链和产生的问题

1) Mac 地址表不稳定

图 4-11 是一个由于冗余链路造成交换机 MAC 地址表不稳定的例子。假设 PC1 首次发送单播报文到 PC2,由于是首次发送数据,网桥 X 和 Y 的地址表中都没有 A 和 B 的地址的记录。当 PC1 发送的数据帧到达网桥 X、Y 时,网桥都接受了这个数据帧,并记录主机 A 的 MAC 地址对应端口 PORT 1 放在各自 MAC 地址表上。由于 X、Y 上均没有 B 的地址转发表项,该单播报文将会泛洪到其他接口,如 PORT 2 接口,同时网桥记录 A 的 MAC 地址对应 PORT 2,认为之前的 MAC 条目已经老化并更换新的 MAC 条目,于是可以明显看出在网桥 X 和 Y 的 MAC 地址表上都将会出现错误的 MAC 地址条目。

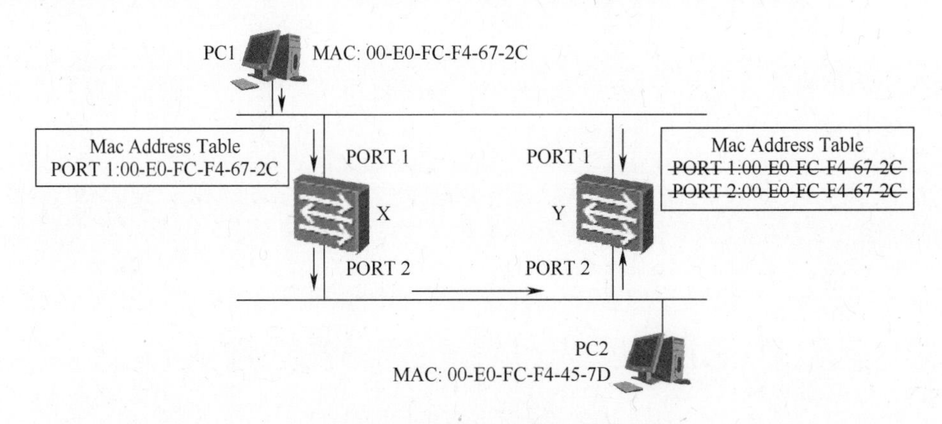

图 4-11　MAC 地址表不稳定

2) 广播风暴

另外冗余链路产生的另外一个问题就是广播风暴。如图 4-12 所示,假设在这已经收敛的网络里,主机 PC1 首先发出普通的二层广播数据帧,两个网桥 X 和 Y 都会从 PORT 1 收到由主机 PC1 发出的广播数据帧,网桥收到广播数据帧会从其他所有端口泛洪出去(不包括 PORT 1),即网桥 X 和 Y 都会从 PORT 2 转发该广播帧,同样的两个网桥收到了复制的广播帧但却来自不同的端口,接下网桥 X 和 Y 再次做相同的工作,复制并转发广播帧,如此下去,数据帧就在环路中不断循环,导致广播帧大量占用链路带宽,主机与主机间无法正常通信。

既要保证网络的可靠性又要保证用户之间的正常通信,IEEE 提供了一个很好的解决方案,它通过阻断网络中的冗余链路将一个有环路的网络修剪成一个无环路的树型拓扑结构,这样既解决了环路问题,又能在某条活动的链路断开时,通过激活被阻断的冗余链路以恢复网络的连通,该方案即为生成树协议(STP)。

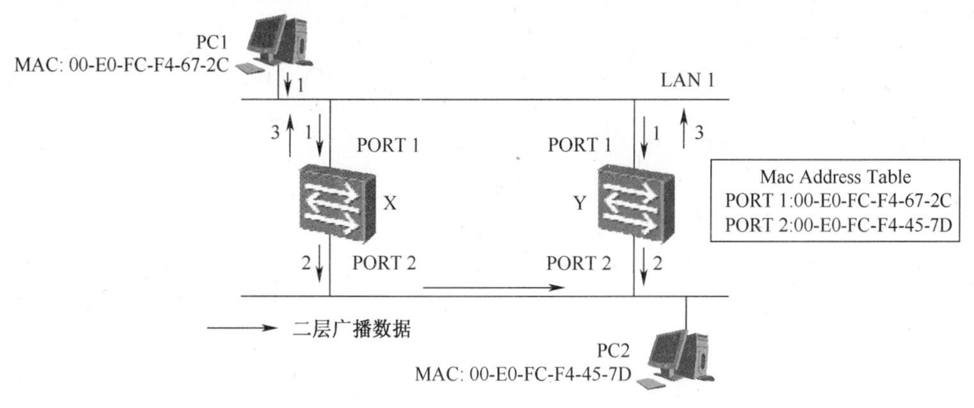

图 4-12　广播风暴

2. STP 计算过程

1) 桥协议数据单元(BPDU)

STP 协议通过在网桥之间交换 BPDU 来完成生成树的计算及维护,BPDU 分为如下两类。

(1) 配置 BPDU(Configuration BPDU):用来进行生成树的计算和维护的报文。

(2) TCN BPDU(Toplolgy Change Notification BPDU):当拓扑结构发生变化时,用来向其他网桥通知拓扑变化的报文。

配置 BPDU,它主要包括以下内容:即桥接网络中的根桥 ID,从指定网桥到根桥的最小路径开销,指定网桥 ID 和指定端口 ID 等内容。网桥之间通过传递这些内容就足够完成生成树的计算。

桥接网络中,每个网桥都有一个用来标识自己的桥 ID。桥 ID 一共 64 位,高 16 位为桥优先级(Bridge Priority)值,低 48 位为桥背板 MAC 地址。桥 ID 值越小,优先级越高。

配置 BPDU 消息格式如图 4-13 所示。

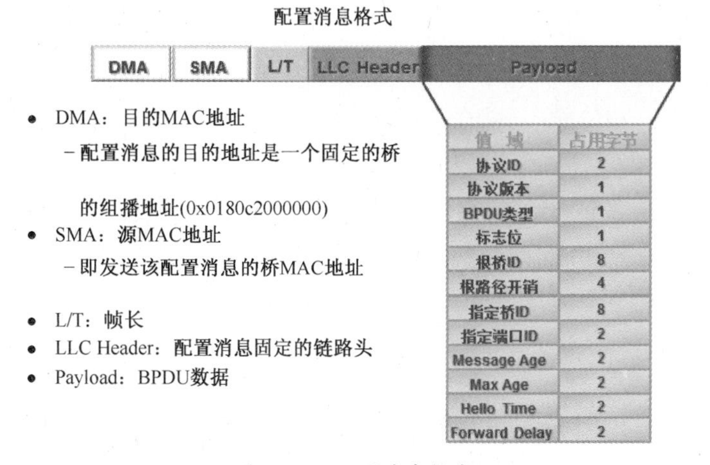

值 域	占用字节
协议ID	2
协议版本	1
BPDU类型	1
标志位	1
根桥ID	8
根路径开销	4
指定桥ID	8
指定端口ID	2
Message Age	2
Max Age	2
Hello Time	2
Forward Delay	2

图 4-13　配置消息格式

(1) 协议 ID:是所有 BPDU 的初始域。

(2) 协议版本:通过版本号的大小来决定新旧版本,数字越大版本越新。

(3) BPDU 类型:该域仅仅被用在区分 BPDU 的类型。

(4) 根桥 ID:用来唯一标识根桥的参数。

(5) 根路径开销:指发送此配置 BPDU 的网桥到根桥的最小路径开销。

(6) 指定网桥 ID:发送此配置 BPDU 的网桥的唯一标识。

(7) 指定端口 ID:发送 BPDU 的网桥端口标识。

(8) Message Age:BPDU 的有效存活时间。

(9) Maximum Age:配置 BPDU 的最大存活时间,值由根桥设置。默认时间 20s。

(10) Hello Time:根桥产生并发送 BPDU 配置信息的周期时间,默认为 2s。

(11) Forward Delay:指示控制 Listening 和 Learning 状态的持续时间,默认为 15s。

2) 生成树协议计算过程

生成树的计算包括两个任务,一是选举根桥,二是确定端口角色。通过在网桥之间交换"配置 BPDU"来完成。

(1) 根桥选举。

网络初始化时,所有运行 STP 的网桥均认为自己为根,发送以自己为根的配置 BPDU,网桥之间通过交换配置 BPDU 来比较桥 ID。由于桥 ID 由两部分组成,比较时先比较优先级,优先级值越小优先级越高,若优先级相同则比较桥 MAC 地址,同样小者优。最后,具有最小桥 ID 的网桥当选为根桥,如图 4-14 所示。由于 SWA 的优先级为 0,优先级最高,最终 SWA 当选为根桥。

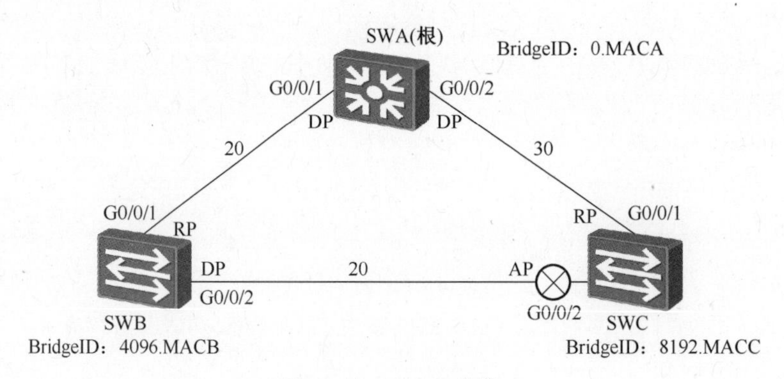

图 4-14 STP 的计算

(2) 确定端口角色。

STP 的端口角色分为三种:根端口、指定端口和预备端口。其中根端口和指定端口处于转发状态,预备端口处于阻塞状态。从而达到消除环路的目的。

端口角色的确定主要包括以下内容。

① 根桥上的所有端口均为指定端口。

② 为每个非根桥选择一个根端口,该端口给出的路径是本网桥到根桥的最短路径。

③ 为每个物理段选出一个指定桥,该网桥到根桥具有较小的根路径开销,指定桥连接到该物理段的接口即为指定接口,负责所在物理段上的数据转发。

④ 既不是根端口也不是指定端口的接口,就是预备端口,处于阻塞状态,不转发数据。

如图 4-14 所示,由于 SWA 为根,所以该网桥所有的接口均为指定端口;SWB 及 SWC

为非根网桥,需要首先选举根端口。这两个网桥均有两个端口到达根桥,通过比较它们的根路径开销,SWB 上选举 G0/ 0/ 1 作为根端口,SWC 上选举 G0/ 0/ 1 作为根端口。

SWB 与 SWC 之间存在物理段,由于 SWB 离根桥更近,所以 SWB 当选为该物理段的指定桥,同时 SWB 的 G0/0/2 端口当选为该物理段的指定端口,SWC 的 G0/0/2 由于既不是根端口也不是指定端口成为预备端口,处于阻塞状态。

在实际应用中,可能会存在链路带宽相同的网络,此时根路径开销相同,则还需要比较 Designate Bridge ID 、Designate Port ID,有时还会需要比较接收端口的 Bridge Port ID。

3. STP 端口状态

当网络初始化时需要进行生成树的计算,但 STP 的收敛需要一定的时间,当网络的拓扑发生变化时,新的配置消息总要经过一定的时延才能传遍整个网络。这时有可能存在临时环路。为了解决临时环路的问题,STP 规定当一个被阻塞的端口要变成转发状态时,需要经历一定的延时,引入了若干中间状态。在 802. 1D 的协议中,端口有如下几种状态。

(1) Disabled:表示该端口不可用,不接收和发送任何报文。这种状态可以是由于端口的物理状态导致的,也可能是管理者手工配置的。

(2) Blocking:处于这个状态的端口不能够参与转发数据报文,但是可以接收配置消息,并交给 CPU 进行处理,不过不能发送配置消息,也不进行地址学习。

(3) Listening:处于这个状态的端口也不参与数据转发,不进行地址学习,但是可以接收并发送配置消息。

(4) Learning:处于这个状态的端口同样不能转发数据,但是开始地址学习,并可以接收、处理和发送配置消息。

(5) Forwarding:一旦端口进入该状态,就可以转发任何数据了,同时也进行地址学习和配置消息的接收、处理和发送。

图 4-15 显示了端口的五种状态的迁移关系。

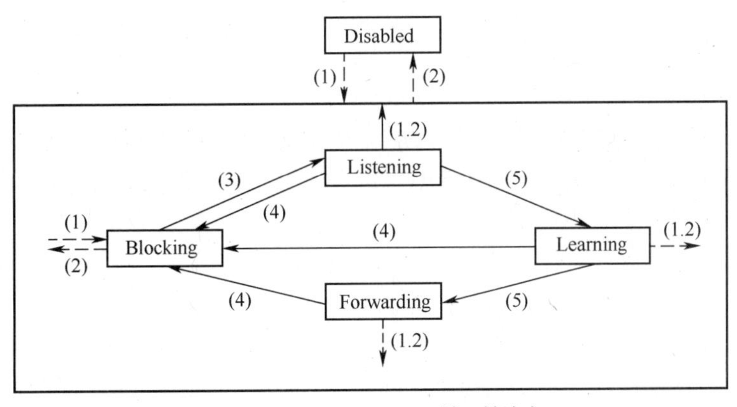

图 4-15　端口的状态迁移

从图 4-15 中可以看到,当一个端口被选为根端口或指定端口,就会从 Blocking 状态迁移到 Listening 状态;经历 Forward Delay 的延时,迁移到 Learning 状态;再经历一个 Forward Delay 延时,迁移到 Forwarding 状态。

4. 拓扑改变时处理

当网络中发生网桥故障、链路中断以及新链路加入时,网络拓扑会发生变化,会引起STP的重新计算,原有的MAC地址转发表有可能发生变化,需要重新学习。STP使用TCN BPDU,使网络中断到恢复的最长时间为Max Age+2×Forwarding Delay。

拓扑改变的处理过程如下。

(1) 网桥发现拓扑变化,产生TCN BPDU并从根端口发出,通知根桥。

(2) 若上游网桥不是根桥,则会将下一个要发送的配置BPDU的TCA置位,作为对收到的TCN BPDU的确认,发送给下游网桥。

(3) 上游网桥从根端口发送TCN BPDU。

(4) 重复(2)、(3)两步,直到根桥收到TCN BPDU。

(5) 根桥收到TCN BPDU后,会将下一个要发送的配置BPDU的TCA置位,作为对收到的TCN BPDU的确认,同时将该配置BPDU中的TC置位,用于通知网络中所有的网桥网络拓扑发生了变化。

(6) 根桥在之后的Max Age+Forwarding Delay时间内,将发送的配置BPDU中的TC置位,当其他网桥收到TC置位的配置BDPU后,将自身MAC地址老化时间由300s缩短为Forwarding Delay。

5. 生成树协议的不足

生成树协议最主要的缺点是端口从阻塞状态到转发状态需要两倍的Forward Delay时延,导致网络的连通性至少要几十秒的时间之后才能恢复。如果网络中的拓扑结构变化频繁,网络会频繁的失去连通性,这样会极大地影响网络的使用体验。

为了加快交换机端口进入转发状态的速度,尽量避免网络失去连通性,交换机应用了一种"快速生成树"算法。

(二) 快速生成树协议(RSTP)

1. 快速生成树协议概述

快速生成树(Rapid Spanning-Tree Protocal,RSTP)是从生成树算法的基础上发展而来,承袭了它的基本思想。快速生成树能够完成生成树的所有功能,不同之处就在于:快速生成树在不会造成临时环路的前提下,减小了端口从阻塞到转发的时延,尽可能快的恢复网络连通性,提供更好的用户服务。

2. RSTP的端口角色

快速生成树协议为每个网桥端口分配以下端口角色:根端口、指定端口、预备端口、备份端口(Backup Port)以及边缘端口(Edged Port)。

RSTP中根端口和指定端口与STP相同。RSTP将STP中Alternate端口进一步划分为两种,其中一种角色为Alternate端口,为网桥提供了一条到达根桥的备份链路,用于根桥的备份。另一种为Backup端口,为网桥提供了一条到达同一个Physical Segment的冗余链路,用于指定端口的备份。Edged端口是管理员根据实际需要配置的一种指定端口,用以连接PC或不需要运行STP的下游交换机。

3. RSTP的端口状态

RSTP对STP的端口状态也进行了改变,将原先的五种状态缩减为三种。将端口状态分为 Discarding、Learning、Forwarding 状态。STP 中的 Disabled、Blocking 和 Learning 均对应着 Discarding。

快速生成树从三个方面实现“快速”功能：

1）边缘端口

边缘端口是指那些直接和终端设备相连，不再连接任何网桥的端口。网桥启动以后，这些端口可以无时延的快速进入转发状态。

2）根端口快速切换

如果旧的根端口进入阻塞状态，网桥会重新选举根端口。如果当前新的根端口连接的对端网段的指定端口已处于转发状态，那么这个新的根端口就可以无延时的进入转发状态。

图 4-16 中所示的情况就是一种典型的根端口快速状态迁移的例子。

图 4-16 中 SWD 的 G0/0/2 端口为阻塞端口，当 G0/ 0/ 1 端口 down 或所在链路故障时，G0/0/2 当选为新的根端口，由于 G0/0/2 对端接口为指定端口且处于 Forwarding 状态，所以 G0/0/2 端口可直接从阻塞状态变为 Forwarding 状态，而不需要延时。

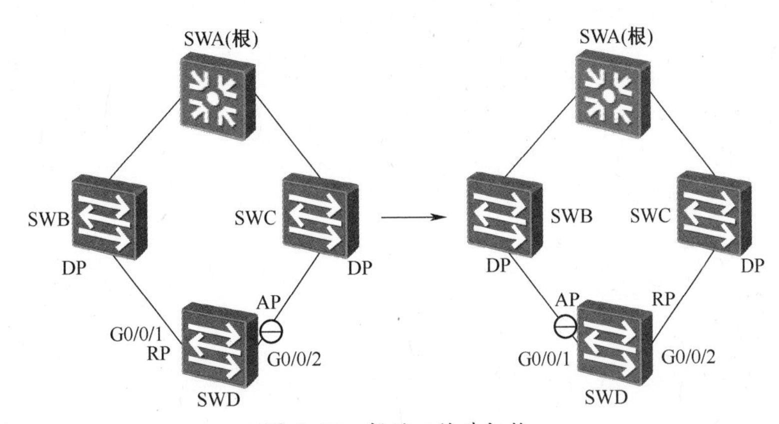

图 4-16　根端口快速切换

3）指定端口快速切换

对于点到点链路，RSTP 定义了 Proposal/Agreement 机制（P/A 机制），指定端口通过与对端网桥进行一次握手，即可快速进入转发状态，不需要其他的延时。指定端口快速进入转发状态的过程如下。

（1）等待进入转发状态的指定端口向下游发送一个 RST BPDU 中的 Proposal 置位的握手请求报文。

（2）下游网桥收到 Proposal 置位的 RST BPDU 后，会判断接收端口是否为根端口，如果是，网桥会启动同步过程。同步过程指网桥阻塞除边缘端口外的所有端口，消除在本网桥层面存在环路的可能。当下游网桥完成同步后，其根端口进入转发状态并向上游网桥发送 Agreement 置位的 PRS BPDU。

（3）上游网桥收到下游网桥发送的 Agreement 置位的 PRS BPDU 后，该指定端口立即进入转发状态。

图 4-17 中所示的情况是一个典型的非边缘指定端口快速状态迁移的例子。

SWA 向 SWB 发送 Proposal 置位的 RST BPDU。

SWB 收到该 BPDU 后，完成同步过程后，向 SWA 发送 Agreement 置位的 PRS BPDU；SWA 收到 SWB 的 Agreement 置位的 PRS BPDU 后 G0/0/1 立即进入转发状态。

不过这种快速状态迁移需要一个前提条件：发起握手的端口与响应握手的端口之间是一条点对点链路。如果这个条件不满足，握手将不会被响应。那么这个指定端口只好等待两倍的 Forward Delay 时延了。

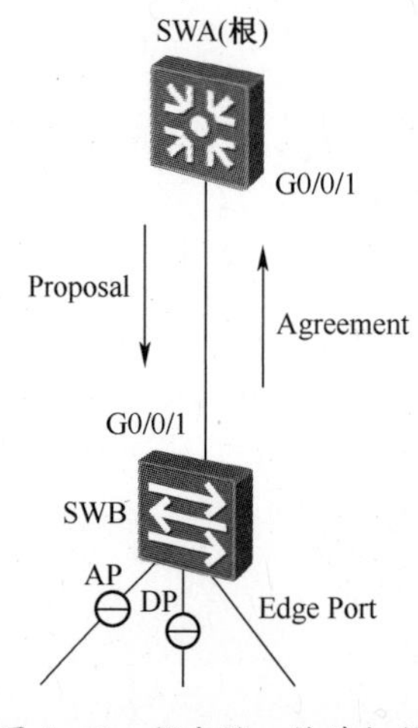

图 4-17　指定端口快速切换

4. STP/RSTP 配置

STP/RSTP 主要配置如下。

(1) 开启/关闭设备 STP 特性。

```
[Huawei]stp enable//全局开启 STP/RSTP
[Huawei]stp disable//全局关闭 STP/RSTP
```

为了灵活地控制 RSTP 工作，可以关闭指定的以太网端口的 STP 特性，命令下所示。

```
[Huawei-GigabitEthernet0/0/1]stp disable//在特定的端口上关闭 STP/RSTP
```

(2) 设置 RSTP 协议的工作模式。

STP 有三种工作模式：STP 模式、RSTP 及 MSTP。使用如下命令。

```
[Huawei]stp mode{stp|rstp|mstp}
```

(3) 设置特定网桥的 Bridge 优先级。

```
[Huawei]stp priority priority-value
```

需要注意的是，如果整个交换网络中所有网桥的优先级采用相同的值，则 MAC 地址最小的那个网桥将被选择为根。缺省情况下，网桥的优先级为 32768。

(4) 设置特定端口是否可以作为 Edged-Port。

```
[Huawei-GigabitEthernet0/0/1]stp edged-port enable
```

缺省情况下，网桥所有端口均被配置为非边缘端口。

(5) 设置特定端口的 mCheck 变量。

如果在与当前以太网端口相连的网段内存在运行 STP 协议的网桥,RSTP 协议会将该端口的协议运行模式迁移到 STP 兼容模式。即使运行 STP 的设备移除 RSTP 仍然运行在 STP 模式下,通过设定 mCheck 变量可以迫使其迁移到 RSTP 模式下运行。命令如下所示。

```
[Huawei-GigabitEthernet0/0/1]stp mcheck
```

(6) STP 显示和调试。

display 命令在所有视图下进行操作。

```
display stp [brief]
```

该命令可显示 STP/RSTP 当前运行状态等信息以及以太网端口各种 STP/RSTP 配置参数。

(三) 多生成树协议(MSTP)

1. MSTP 概述

STP 和 RSTP 存在同一个缺陷:由于局域网内所有的 VLAN 共享一棵生成树,因此,无法在 VLAN 间实现数据流量的负载均衡,链路被阻塞后将不承载任何流量,造成带宽浪费,还有可能造成部分 VLAN 的报文无法转发。

为了弥补 STP 和 RSTP 的缺陷,IEEE 于 2002 年发布的 802.1S 标准定义了 MSTP。MSTP 兼容 STP 和 RSTP,既可以快速收敛,又提供了数据转发的多个冗余路径,在数据转发过程中实现 VLAN 数据的负载均衡。

MSTP 应用实例如图 4-18 所示。

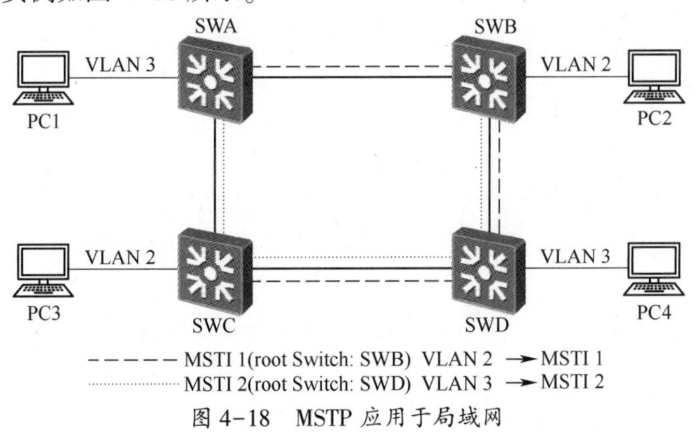

图 4-18 MSTP 应用于局域网

(1) MSTI 1 以 SwitchB 为根交换设备,转发 VLAN 2 的报文。

(2) MSTI 2 以 SwitchD 为根交换设备,转发 VLAN 3 的报文。

这样所有 VLAN 内部可以互通,同时不同 VLAN 的报文沿不同的路径转发,实现了负载分担。

2. MSTP 基本概念

1) MST 域(MST Region)

多生成树域(Multiple Spanning Tree Region,MST 域),由交换网络中的多台交换设备以及它们之间的网段所构成,这些设备具有下列特点。

(1)都启动了 MSTP。

(2)具有相同的域名。

(3)具有相同的 VLAN 到生成树实例映射配置。

(4)具有相同的 MSTP 修订级别配置。

一个局域网可以存在多个 MST 域,各 MST 域之间在物理上直接或间接相连。用户可以通过 MSTP 配置命令把多台交换设备划分在同一个 MST 域内,一个 MST 域内可以生成多棵生成树,每棵生成树都称为一个 MSTI。MSTI(Multiple Spanning Tree Instance)域根是每个多生成树实例的树根。MSTI 根的产生方式同 STP/RSTP。

图 4-19 所示的 MST Region D0 中由交换设备 S1、S2、S3 和 S4 构成,域中有三个 MSTI。

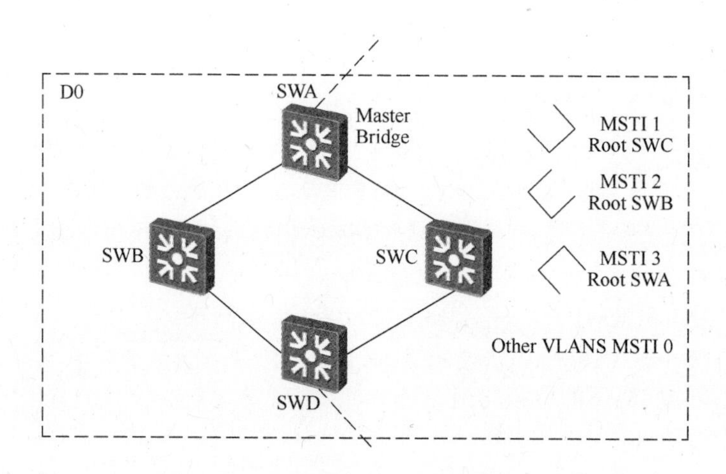

图 4-19 MST Region 的基本概念示意图

2)CST

公共生成树(Common Spanning Tree,CST)是连接交换网络内所有 MST 域的一棵生成树。如果把每个 MST 域看作是一个节点,CST 就是这些节点通过 STP/RSTP 协议计算生成的一棵生成树。如图 4-20 所示,虚线的线条连接各个域构成 CST。

3)IST

内部生成树(Internal Spanning Tree,IST)是各 MST 域内的一棵生成树。IST 是一个特殊的 MSTI,MSTI 的 ID 为 0,通常称为 MSTI 0。IST 是 CIST 在 MST 域中的一个片段。

如图 4-20 所示,实线的线条在域中连接该域的所有交换设备构成 IST。

4)CIST

公共和内部生成树(Common and Internal Spanning Tree,CIST)是通过 STP/RSTP 协议计算生成的,连接一个交换网络内所有交换设备的单生成树。

如图 4-20 所示,所有 MST 域的 IST 加上 CST 就构成一棵完整的生成树,即 CIST。

5)总根

如图 4-20 所示,总根是 CIST 的根桥,是整个网络中优先级最高的网桥,图中总根是区域 A0 中的某台设备。

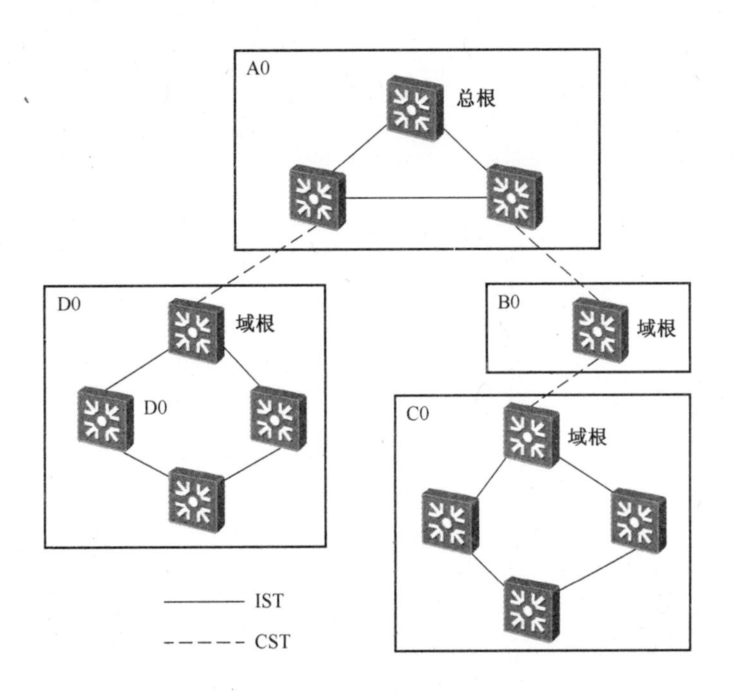

图 4-20　MSTP 网络基本概念示意图

6）域根

域根（Regional Root）分为 IST 域根和 MSTI 域根。

IST 域根如图 4-20 所示，在 B0、C0 和 D0 中，IST 生成树中距离总根（CIST Root）最近的交换设备是 IST 域根。

3. MSTP 的端口角色

MSTP 在 RSTP 的基础上新增了两种端口，MSTP 的端口角色共有七种：根端口、指定端口、Alternate 端口、Backup 端口、边缘端口、Master 端口和域边缘端口。

根端口、指定端口、Alternate 端口、Backup 端口和边缘端口的作用同 RSTP 协议中定义。

Master 端口是 MST 域和总跟相连的所有路径中最短路径上的端口，它是在网桥上连接 MST 域到总根的端口。它在 CST 和 CIST 上都是根端口，在其他实例上的角色都是 Master。

域边缘端口是指位于 MST 域的边界并与其他 MST 域相连的端口。

4. MSTP 的计算方法

MSTP BPDU 中既包含 CIST 计算所需要的信息，也包含 MSTI 计算所需要的信息。MSTI 的计算不需要单独发送 BPDU，当网桥在域内进行 IST 计算时，域内的每颗 MSTI 树也同时计算生成了。

CST 和 IST 的计算方式和 RSTP 类似。在进行 CST 计算时，会将 MST 域逻辑上看作一个桥 ID 为域根 ID 的网桥。MSTI 的计算按照 VLAN 的映射关系，生成不同的生成树实例，具体的计算方式也与 RSTP 类似。

5. MSTP 配置

1）MSTP 的基本配置

（1）配置 MSTP 的工作模式。

```
[Huawei]stp mode mstp
```

（2）配置域并激活。

```
[Huawei]stp region-configuration //进入域视图
[Huawei-mst-region]region-name name//配置域名
[Huawei-mst-region]revision-level level//配置修订级别(可选,默认为 0)
[Huawei-mst-region]instance instance-id vlan vlan-id//配置 VLAN 与实例的映射关系
[Huawei-mst-region]active region-configuration//激活域配置
```

注意:如果所有的网桥处于同一个 MST 域,则以上配置必须相同。

2）MSTP 其他配置

配置交换设备在指定生成树实例中的优先级数值。

```
[Huawei]stpinstance instance-id priority priority-value
```

priority 的取值范围为(0~15)×4096。

二、VRRP 协议

(一) VRRP 概述

当主机需要与外部网络通信时,都需要网关进行转发,从而实现不同网段之间的通信。如果网关出现故障,内部主机将无法与外部进行通信。虚拟路由冗余协议(Virtrua Router Redundancy Protocol,VRRP)就是解决局域网中配置静态网关出现单点失效现象的协议。

VRRP 允许将多个路由器加入一个备份组中,形成一台虚拟路由器,称为一个备份组。在一个备份组中包括一个 Master 路由器和若干个 Backup 路由器。在一个备份组中仅由 Master 路由器承担网关的功能。当 Master 路由器故障时,其他 Backup 路由器会通过 VRRP 选举出一台路由器接替 Master 的工作。只要备份组中有一台路由器正常工作,虚拟路由器就能 正常工作,从而可以避免由于网关单点故障导致网络通信中断的情况。

(二) VRRP 工作原理

VRRP 协议报文使用组播地址 224. 0. 0. 18 进行发送。

VRRP 的工作过程如图 4-21 所示。路由器开启 VRRP 功能后,根据优先级确定自己在备份组中的角色。优先级最高的路由器成为 Master 路由器,优先级低的成为 Backup 路由器。Master 路由器定期发送 VRRP 通告报文,通知备份组内其他路由器自己工作正常;Backup 路由器启动定时器等待通告报文的到来。如果在规定的时间内没有收到 Master 路由器发送的 VRRP 通告报文,则认为 Master 路由器故障,重新进行 Master 路由器的选举。

VRRP 在不同的工作模式下,主备角色的替换方式不同。在抢占模式下,当备份组中的路由器一旦发现自己的优先级高于 Master 路由器,会主动发送 VRRP 通告报文,引起 Master 路由器的重新选举。在非抢占模式下,只要 Master 路由器工作正常,即使备份组中的其他路由器配置来更高的优先级也不会引起 Master 路由器的重新选举。

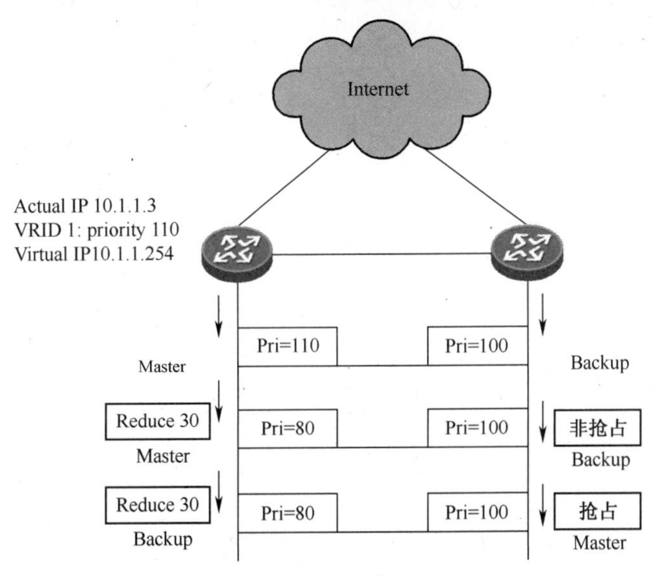

图 4-21 VRRP 工作过程

在实际组网中一般会进行 VRRP 负载分担方式的设置。负载分担方式是指多台路由器同时承担业务,需要建立两个或更多的备份组实现负载分担。VRRP 负载分担方式具有以下特点。

(1) 每个备份组都包括一个 Master 路由器和若干个 Backup 路由器。

(2) 各备份组中的 Master 路由器可以不同。

(3) 同一台路由器可加入多个备份组,在不同的备份组中有不同的优先级,使得该路由器可以在一个备份组中作为 Master 路由器,在另一个备份组中作为 Backup 路由器。

如图 4-22 所示,VRRP 备份组无法感知上行链路故障,当上行链路故障时,不会引起 Master 路由器的重新选举,会在内部主机访问外部网络时,出现次优路径问题。

通过配置接口监视功能监视上行链路接口,一旦该接口 DOWN 时,路由器将主动降低自己的优先级,从而引起 Master 路由器的重新选举,该功能只有 VRRP 工作在抢占模式下才有效。

(三) VRRP 配置

VRRP 的配置步骤如下(所有命令均在接口视图下配置)。

(1) 创建 VRRP 备份组,并配置虚拟 IP 地址。

```
vrrp vrid virtual-router-id virtual-ip virtual-address
```

(2) 配置路由器在备份组中的优先级(可选)。

```
vrrp vrid virtual-router-id priority priority-value
```

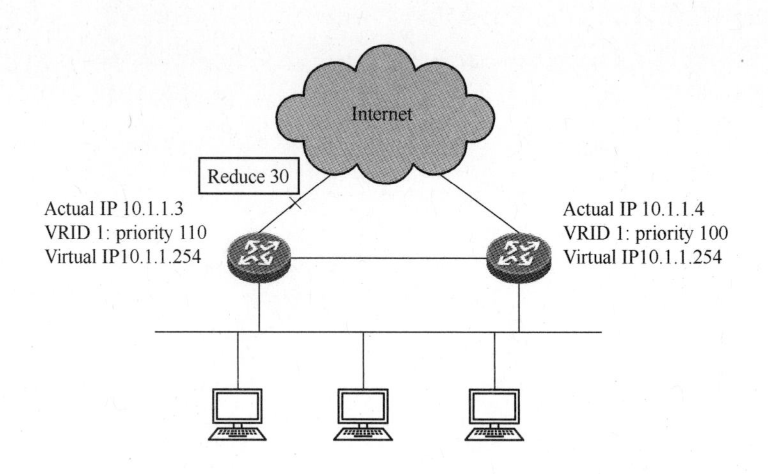

图 4-22 VRRP 接口监视功能

(3) 配置路由器的工作模式(抢占/非抢占)(可选)。

```
vrrp vrid virtual-router-id preempt-mode timer delay delay-value
```

(4) 配置监视接口(可选)。

```
vrrp vrid virtual - router - id track interface - type interface - number
[reduced priority-reduced]
```

三、链路聚合

随着以太网技术的广泛应用,用户对以太网骨干链路的带宽和可靠性提出越来越高的要求。一般常用更换高速率的接口板来增加带宽,但这需要付出高额的费用,且不灵活。链路聚合技术可以在不升级硬件的条件下,将多个物理接口捆绑为一个逻辑接口从而满足增加链路带宽的要求,且各个接口之间彼此动态备份,可以有效地提高设备之间链路的可靠性。

(一) 链路聚合概述

链路聚合技术就是将多个物理以太网接口聚合在一起形成一个逻辑上的聚会组,对外呈现为一条逻辑链路。

链路聚合根据是否使用链路聚合控制协议分为以下两种类型。

手工负载分担模式是一种最基本的链路聚合方式,在该模式下,Trunk 的建立,成员接口的加入以及哪些接口作为活动接口完全由手工来配置,没有链路聚合控制协议的参与。该模式下所有活动接口都参与数据的转发,分担负载流量,因此称为负载分担模式。

静态 LACP 模式下,Trunk 的建立,成员接口的加入,都是由手工配置完成的。该模式下使用 LACP 协议报文负责活动接口的选择。也就是说,当把一组接口加入 Trunk 后,这些成员接口中哪些接口作为活动接口，哪些接口作为非活动接口还需要经过 LACP 协议报文的协商确定。

（二）手工负载分担链路聚合配置

手工负载分担模式链路聚合是应用比较广泛的一种链路聚合，允许在聚合组中手工加入多个成员接口，所有的接口均处于转发状态，分担负载的流量。

手工负载分担链路聚合的配置步骤如下。

1. 创建聚合接口

1）进入 Eth-Trunk 接口视图。

```
[Huawei]interface eth-trunk trunk-id
```

2）配置当前 Eth-Trunk 工作模式为手工负载分担模式。

```
[Huawei-Eth-Trunk1]mode {lacp-static |manual} load-balance
```

Eth-Trunk 工作模式有两种，静态 LACP 及手工负载分担模式。缺省情况下，Eth-Trunk 的工作模式为手工负载分担模式。

如果本端配置为手工负载分担模式，对端设备也必须要配置手工负载分担模式。

2. 向 Eth-Trunk 中加入成员接口

方法一，在 Eth-Trunk 接口视图下。

```
[Huawei-Eth-Trunk1]trunkport interface-type interface-number
```

方法二，在成员接口视图下。

```
[Huawei-GigabitEthernet0/0/1]eth-trunk trunk-id
```

（三）静态 LACP 模式链路聚合

链路汇聚控制协议（LACP）是一种实现链路动态聚合与解聚合的协议。LACP 协议通过 LACPDU（Link Aggregation Control Protocol Data Unit）与对端交互信息。

在静态 LACP 模式的 Eth-Trunk 中加入成员接口后，这些接口将通过发送 LACPDU 向对端通告自己的系统优先级、系统 MAC、接口优先级、接口号和操作 Key 等信息。对端接收到这些信息后，将这些信息与自身接口所保存的信息比较以选择能够聚合的接口，双方对哪些接口能够成为活动接口达成一致，确定活动链路。

1. 静态模式 Eth-Trunk 建立的过程

（1）两端互相发送 LACPDU 报文。

（2）两端设备根据系统 LACP 优先级和系统 ID 确定主动端。

如图 4-23 所示，两端设备均会收到对端发来的 LACP 报文。当 SwitchB 收到 SwitchA 发送的 LACP 报文时，SwitchB 会查看并记录对端信息，并且比较系统优先级字段，如果 SwitchA 的系统优先级高于 SwitchB 的系统优先级，则确定 SwitchA 为 LACP 主动端。SwitchB 将按照 SwitchA 的接口优先级选择活动接口，从而两端设备对于活动接口的选择达成一致。

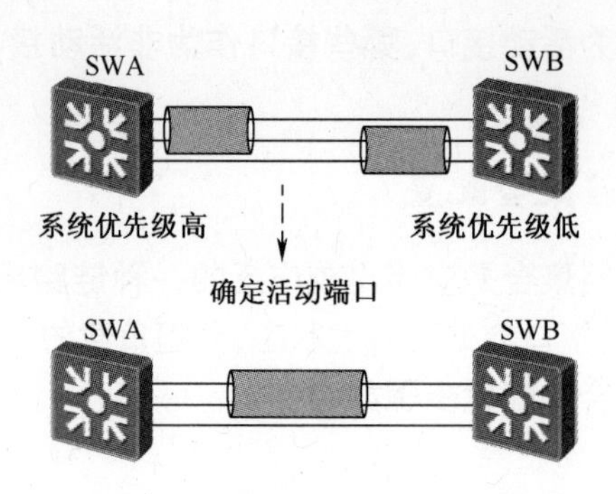

图 4-23　确定静态 LACP 模式主动端

（3）两端设备根据主动端接口 LACP 优先级和接口 ID 确定活动接口。

如图 4-24 所示，选出主动端后，两端都会以主动端 SWA 的接口优先级来选择活动接口。

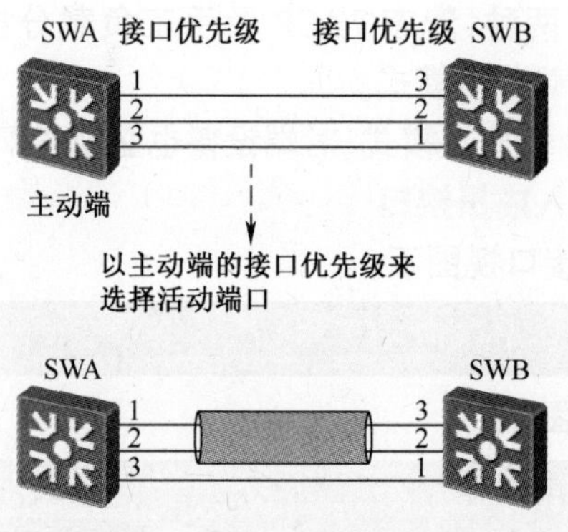

图 4-24　静态 LACP 模式选择活动接口的过程

2. 活动链路与非活动链路切换过程

静态模式链路聚合组两端设备中任何一端检测到以下事件，都会触发聚合组的链路切换。

（1）链路 Down 事件。

（2）ETH-OAM 检测到链路失效。

（3）LACP 协议发现链路故障。

（4）接口不可用。

（5）在使能了 LACP 抢占前提下，更改备份接口的优先级高于当前活动接口的优先级后，会发生切换的过程。

当满足上述切换条件其中之一时，按照如下步骤进行切换：首先关闭故障链路，其次从 N 条备份链路中选择优先级最高的链路接替活动链路中的故障链路，最后优先级最高的备份链路转为活动状态并转发数据，完成切换。

3. 配置静态 LACP 模式链路聚合

（1）配置 Eth-Trunk 的工作模式为静态 LACP 模式。

```
[Huawei-Eth-Trunk1]mode lacp-static
```

(2) 向 Eth-Trunk 中加入成员接口。

方法同手工负载分担链路聚合配置。

(3) 配置系统优先级确定主动端。

```
[Huawei]lacp priority priority-value
```

(4) 配置接口优先级确定活动链路。

```
[Huawei-GigabitEthernet0/0/1]lacp priority priority-value
```

第四节　局域网的组建

了解了以太网的基本原理,提高网络健壮性的方法及如何对网络的安全进行防护,本节主要介绍如何构建安全可靠的局域网。

一、局域网络模型

随着局域网规模的不断扩大,用户数量的不断增加,局域网的网络结构,也随着发生了变化,一般采用分层模型。对于大型的局域网来说一般分为三层结构,如图 4-25 所示。

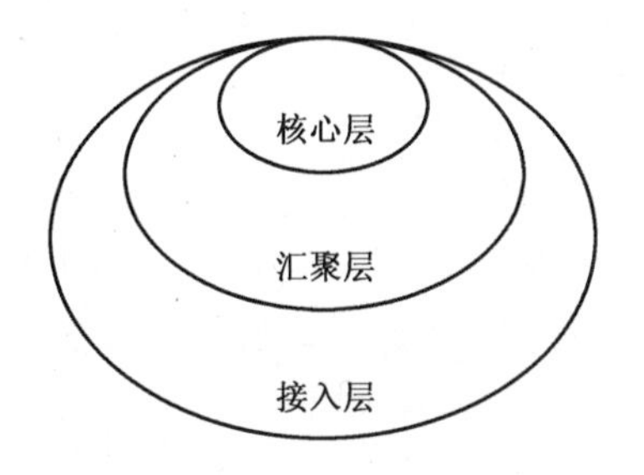

图 4-25　大型局域网分层结构

核心层处在网络的最核心位置,对来自汇聚层设备的数据提供高速转发,在某些情况下还直接接入服务器集群等核心资源。核心层一般不布置复杂的策略。大型局域网的核心层一旦发生故障将导致全网故障,因此,核心层网络通常采用双机主备互连、多机环网互联等具有冗余备份功能的组网。

汇聚层处于网络的中间位置,对来自接入层的数据进行汇聚,以降低核心设备的压力。汇聚层设备往往作为网关存在,而且需要实施一定的控制策略以保证网络安全高效的运行。汇聚层必须保证主备链路双归属接入核心层的两个设备,防止核心层单个设备的故障导致业务中断。

接入层处在网络的边缘,其主要目的是实现业务的接入。

对于小中型的局域网来说可以采用两层结构,将核心层和汇聚层合并。

二、局域网络组建实例

局域网的一种典型应用是校园网。以典型校园网的建设实例,介绍局域网的组建过程。

(一) 校园网建设中的基本要求

1. 校园网建设目标

校园网应建成一个包括教学、科研、图书情报、行政管理、办公自动化及信息资源和设备资源共享等综合应用的网络系统。为全院教职员工提供一个先进快捷的信息交流和资源共享的网络环境。实现先进、适用、高效、规范、安全、保密的网络建设目标。

2. 校园网设计原则

校园网设计应考虑先进性与经济性、可靠性与安全性、标准性与互连性、灵活性与可扩充性、易管理性与易操作性。

3. 校园网络应具有的功能

校园网在具有电子邮件、文件传输、远程登录和打印服务等网络基本功能的基础上,还应具有以下重要功能:提供广泛的教学、科研信息检索、提供现代化的辅助教学手段、提供方便的网上学术交流、提供网上共用数据服务、提供异地办公手段。

(二) 校园网建设实例

1. 物理设计

采用 1000M 以太网和快速以太网混合技术。网络主干部分采用 1000M 以太网技术,以交换方式通过交换机互联,经路由器连接外网。

网络主干支持数据、图像、语音和视频等多媒体信息的传输,并保证一定的传输质量。

二级交换机采用了华为公司的 5700 交换机,该交换机不仅可以通过堆叠形成堆叠矩阵集群,而且可通过网管软件进行管理。

路由器采用了华为公司的华为 AR2240 路由器,该路由器采用模块化结构,是集路由、交换、无线、语音、安全等功能于一体的新一代业务路由网关设备。

2. 网络结构

网络结构如图 4-26 所示采用三级结构。核心层采用华为的 S5700 交换机,汇聚层采用华为 S3700 交换机,接入层采用华为 S2700 交换机,利用华为 AR2240 路由器接入外网。

3. 网络技术

考虑到网络的安全性可靠性,在接入层进行 VLAN 的划分及终端的安全接入,在汇聚层与核心交换机双上连并配置 VRRP 保证网关可靠。为了保证链路的可靠性配置了链路聚合,为了防止环路配置 MSTP。

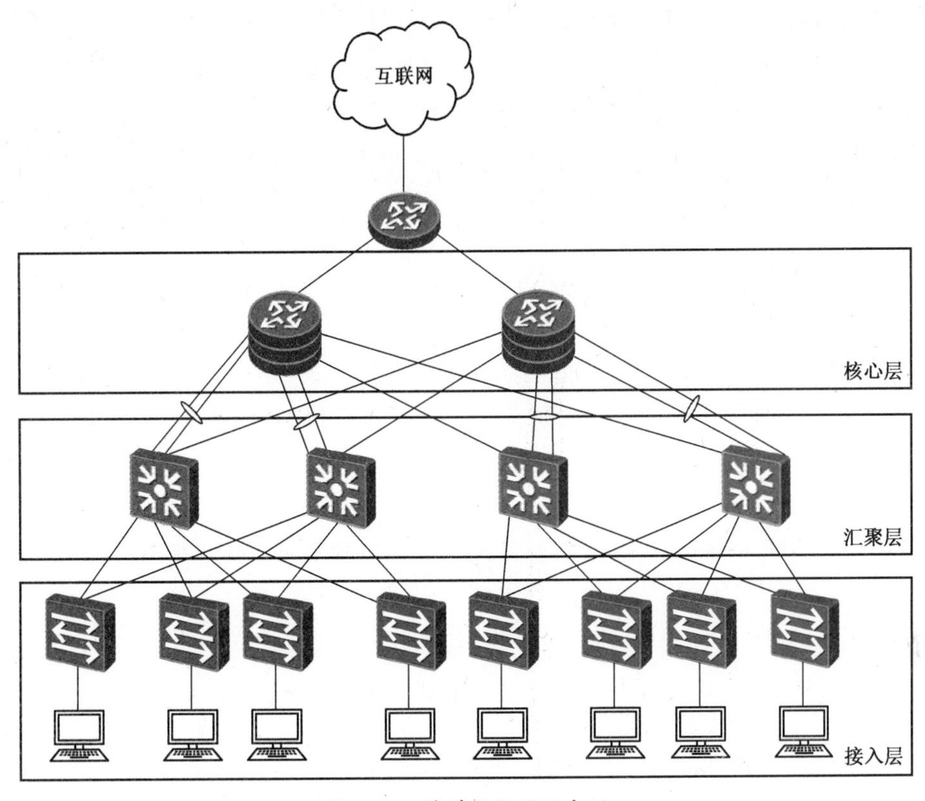

图 4-26 某学院校园网实例

本章小结

本章主要介绍了典型用户接入网络、交换机基本技术与配置和提高网络健壮性的主要手段,最后以一个实例讲述了局域网组建的基本工程。学完本章后应重点掌握以太网技术特点、交换机的工作过程、VLAN 的概念原理及配置方法、交换机安全配置、三种 STP 的工作原理和配置、VRRP 协议的原理配置、链路聚合的配置,最终能完成局域网的组建。

作业题

一、单项选择题

1. 华为交换机以下(　　)端口可用于交换机之间连接,也可用于连接用户的计算机。

A. Access　　B. Trunk　　C. Hybrid　　D. Tunnel

2. 下面关于华为三层交换机 VLANIF 接口描述正确的是(　　)。

A. 交换机有多少个 VLAN 就可以创建多少个 VLANIF 接口

B. VLANIF 接口是一种虚拟接口,它不作为物理实体存在于交换机上

C. 每个 VLANIF 接口只可以配置一个 IP 地址

D. 每个 VLANIF 接口可以配置多个主 IP 地址

3. 基于 IP 子网的 VLAN 也只对(　　)端口配置有效。

A. Access　　B. Trunk　　C. Hybrid　　D. Tunnel

4. 基于 MAC 地址划分 VLAN 是按照报文的(　　)地址来定义 VLAN 成员。

A. 目的 IP　　B. 源 IP　　C. 目的 MAC　　D. 源 MAC

5. 华为交换机中端口汇聚使用的是(　　)协议。

A. IGMP　　B. LACP　　C. PAGP　　D. LAPP

6. 某网络规模比较大，一部分交换机运行 MSTP，另一部分交换机运行 RSTP。当运行 MSTP 协议的交换机检测到端口相邻的交换机运行在 RSTP 模式下，则此时该 MSTP 协议的交换机工作在何种模式下？(　　)

A. STP 模式　　B. RSTP 模式　　C. MSTP 模式　　D. 以上都正确

7. 在运行 STP 协议的设备上，端口定义了(　　)种不同的端口状态。

A. 3　　B. 4　　C. 5　　D. 6

8. 配置实现 STP 协议时，网络中每台运行 STP 协议的交换机都有一个唯一的交换机标识，该标识是(　　)。

A. 两字节长度的交换机优先级

B. 六字节长度的 MAC 地址

C. 两字节长度的交换机优先级和六字节长度的 MAC 地址

D. 六字节长度的交换机优先级和六字节长度的 MAC 地址

9. 端口聚合是将多个端口聚合在一起形成一个聚合组，以实现在各成员端口中的负载分担。端口聚合是在(　　)上实现的。

A. 物理层　　B. 数据链路层　　C. 网络层　　D. 传输层

二、多项选择题

1. 不同 VLAN 间的主机是不能直接通信的，需要通过(　　)等网络层设备进行转发。

A. 路由器　　B. 网桥　　C. 三层交换机　　D. 集线器

2. 华为以太网交换机支持的以太网端口链路类型有(　　)。

A. Access　　B. Trunk　　C. Hybrid　　D. Tunnel

3. 华为以太网交换机以下(　　)端口可属于多个 VLAN。

A. Access　　B. Trunk　　C. Hybrid　　D. Tunnel

4. 华为以太网交换机以下(　　)端口可以用于交换机之间连接。

A. Access　　B. Trunk　　C. Hybrid　　D. Tunnel

5. VRRP 的虚拟路由器号(VRID)可以配置为(　　)。

A. 1　　B. 0　　C. 254　　D. 256

6. VLAN 技术的优点有(　　)。

A. 有效控制广播域范围　　B. 增强局域网的安全性

C. 灵活构建虚拟工作组　　　　　　D. 增强网络的健壮性

7. 在 RSTP 协议中定义的端口角色中,其中不能处于转发状态的是(　　)。

A. Root Port　　B. Designated Port　　C. Backup Port　　D. Alternate Port

8. 处于同一个 MST 域的交换机,具备(　　)相同参数。

A. 域名　　　　　　B. 修订级别

C. VLAN 和实例的映射关系　　　　D. 交换机名称

9. 当交换机的端口正常启用之后到转发数据会经历不同的状态,下列对每个状态描述正确的是(　　)。

A. Blocking 状态下端口不转发数据帧,不学习 MAC 地址表,此状态下端口接收并处理 BPDU,但是不向外发送 BPDU

B. Listening 状态下端口不转发数据帧,但是学习 MAC 地址表,参与计算生成树,接收并发送 BPDU

C. Learning 状态下端口不转发数据帧,不学习 MAC 地址表,只参与生成树计算,接收并发送 BPDU

D. Disabled 状态下端口不转发数据帧,不学习 MAC 地址表,不参与生成树计算

10. 关于端口隔离,下面说法正确的是(　　)。

A. 端口隔离是交换机端口之间的一种访问控制安全控制机制

B. 客户希望不同端口接入的 PC 之间不能互访可以通过端口隔离来实现

C. 端口隔离可以基于 VLAN 来隔离

D. 端口隔离是物理层的隔离

11. 关于 VRRP Master 设备的描述,正确的是(　　)。

A. 定期发送 VRRP 报文

B. 以虚拟 MAC 地址响应对虚拟 IP 地址的 ARP 请求

C. 转发目的 MAC 地址为虚拟 MAC 地址的 IP 报文

D. 即使该路由器已经为 Master,也会被优先级高的 Backup 路由器抢占

三、填空题

1. 基于协议的 VLAN 只对____________端口配置才有效。

2. 基于 IP 子网的 VLAN 是根据报文____________或____________来进行划分的。

3. 基于 MAC 地址的 VLAN 功能只能在____________端口配置。

4. 如果端口下同时启用了 MAC VLAN 和 IP 子网 VLAN,则____________优先。

5. 10BASE－5 中的 10 代表____________, BASE 代表____________, 5 代表____________,10BASE-T 中的 T 代表____________。

6. 带冲突检测的载波监听多路访问技术的原理可以概括为____________、边听边发、____________、随机重发。

7. 无线局域网物理层常用的传输技术有红外线、____________、____________、____________和____________。

四、简答题

1. 简述局域网的特点。

2. 画出以太网的 MAC 帧格式。

3. 什么是无线局域网？无线局域网有哪些优点？
4. 生成树协议的功能是什么？
5. 简述虚拟局域网的特点。
6. WLAN 使用那些无线传输技术？
7. 简述 STP 和 RSTP 的区别。
8. 相对于 RSTP，MSTP 主要做了哪些改进？

第五章　军事信息网广域互联

广域网互联是指将相同的或不同的网络用互联设备连接在一起,从而形成一个更大范围的网络。广域网互联的意义在于可以使网络上的用户能访问其他任意的网络资源,从而使得不同网络上的用户能够相互交换信息,实现资源共享。

本章内容主要培养学员广域网组建的能力。根据广域网组建的规模层次关系,由浅入深地安排了广域网互联基础、路由协议基础、大规模网络路由等方面的内容。本章重点介绍网络广域互联的协议和链路、数据转发过程、静态和动态路由协议以及大规模网络路由技术、静态路由和默认路由、OSPF 和 BGP 路由协议的配置和应用方法等内容。

第一节　广域互联基础

局域网主要完成服务器、工作站、终端等较小范围内的互联互通和资源共享,却不能够满足远距离大范围的网络通信需求。通过广域网可以将相距遥远的局域网之间进行连接起来,从而实现更大范围的资源共享。

一、广域网链路

(一) 广域网基本概念

1. 广域网简介

广域网(Wide Area Network,WAN)是能将分散在各个不同地理位置的局域网互联起来的网络,如图 5-1 所示。广域网能延伸到较远如国家甚至全球的物理距离。

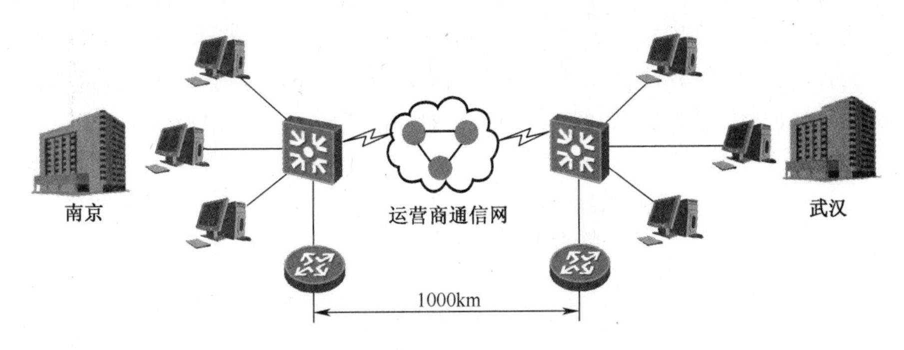

图 5-1　广域网连接图

广域网的主要设备包括路由器、Modem、CSU/DSU、通信服务器等。如果本地是模拟回路,终端则需要连接到 Modem;如果本地是数字回路,终端则需要连接到 CSU/DSU(即用户前端设备)。路由器、计算机、终端、协议转换器、多路复用器等等多种设备是数据终端设备(Data Terminal Equipment,DTE),它安装在用户到ISP接口的用户端,可以作为一个数据源或数据目标。而不论是CSU/DSU还是Modem它们都称为数据通信设备(Data Communications Equipment,DCE),它们是用户到ISP接口的提供者端,把从DTE设备得到的数据转化成一种广域网服务设备可以接收的形式;DCE还提供一个时钟信号,用来同步DCE和DTE之间的数据传输。

2. 广域网与OSI参考模型

如图5-2所示,广域网技术主要对应于OSI参考模型的物理层和数据链路层,即TCP/IP模型的网络接口层。

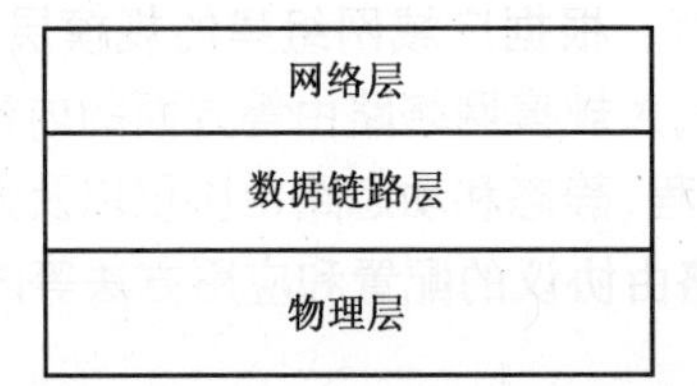

IP、IPX等网络层协议			
HDLC	PPP	帧中继	LAPB
V.24、V.35、X.21、RS-232 RS-449、RS-530、G.703、E1/T1			

图5-2　广域网与OSI参考模型

广域网的物理层规定了向广域网提供服务的设备、线缆和接口的物理特性,常见的此类标准如下。

广域网的数据链路层主要功能是将数据封装成广域网能够识别及支持的数据链路层协议。广域网常用的数据链路层协议有HDLC(高级数据链路控制)、PPP(点对点协议)、LAPB(平衡型链路接入规程)、FR(帧中继)等。

(二)广域网接口及对应电缆

无论是局域网还是广域网,都是利用各种线缆将网络设备的接口连接起来构成的。此处的接口就是广域网接口或局域网接口,因此,也有各种与不同类型接口对应的线缆。下面重点介绍常用的广域网接口及相对应的线缆。

1. 同步/异步串口

串口工作在同步或异步模式,称为同步串口或异步串口。支持在同步串口上配置PPP、FR等协议;支持配置异步串口工作参数(如停止位、数据位等)。串口数据传输速率最大2Mb/s,常用DB28连接器,如图5-3所示,对应的接口线缆为串口线缆。

图5-3　2SA接口卡

串口线缆用于将路由器广域网串行接口与CSU/DSU设备连接起来。在这种连接中,CSU/DSU通常作为DCE设备,因此路由器应该使用DTE线缆。如果需要使用路由器串口作为 DCE 设备工作,则应该使用 DCE 线缆。同型号 DCE 与 DTE 线缆的区别在于 DCE 是孔型,DTE 是针型,如图 5-4(a)和图 5-4(b)所示。

(a)　(b)

图 5-4　DTE 电缆

常用的 DTE/DCE 串口线缆如下。

(1) V.24(RS-232) DTE/DCE 电缆:网络端为 25 针/孔 D 型连接器。

(2) V.35 DTE/DCE 电缆:网络端为 34 针/孔 D 型连接器。

(3) X.21 DTE/DCE 电缆:网络端为 15 针/孔 D 型连接器,ITU-T 制定,提供了电信运营商与用户设备之间的数字信号接口,传输速率及距离与 V.35 基本相同。

(4) RS-449 DT/DCE 电缆:网络端为 37 针/孔 D 型连接器,EIA/TIA 制定,可以在平衡和非平衡模式下达到 2Mb/s 的速率,其速率和距离与 V.35 基本相同。

(5) RS-530 DTE/DCE 电缆:网络端为 25 针/孔 D 型连接器,EIA/TIA 制定,可以在平衡和非平衡模式下达到 2Mb/s 的速率,由于采用了更常用的 25 针/孔 D 型连接器,基本上取代 RS-449 接口,其传输速率及相应距离与 V.35 基本相同。

下面重点介绍前两种。

1) V.24 电缆

ITU-T V.24 规程与 EIA/TIA 的 RS-232 标准极其接近,V.24 电缆符合 RS-232 的接口及电器标准。

V.24 接口规程主要包括机械特性、电气特性、常用控制信号、传输速率、传输距离和接口电缆六个方面的规定。

V.24 接口电缆连接路由器端通常为 28 针 D 型连接器。另外的外接端是符合 RS-232 标准的 25 针 D 型连接器,分为 DTE 类型(25 针)和 DCE 类型(25 孔)。

V.24 电缆既可以连接普通的模拟 Modem 和 ISDN TA,也可以连接同步 CSU/DSU。

V.24 电缆在同步方式下的最大传输速率为 64000b/s;异步方式下的为 115200b/s。

2) V.35 电缆

V.35 电缆的接口特性遵循 ITU-T V.35 标准。路由器接头与 V.24 电缆相同,电缆外接端为 34 针 D 型连接器,也分为 DCE 和 DTE 两种。(34 孔/34 针)。

V.35 电缆只能工作于同步方式,用于路由器与同步 CSU/DSU 的连接之中。

V.35 电缆的公认最高速率是 2048000b/s(2Mb/s)。与 V.24 不同,V.35 电缆的最高传输速率主要受限于广泛的使用习惯,虽然从理论上 V.35 电缆速率可以达到 4Mb/s 或者更高,但就目前来说,没有网络运营商在 V.35 接口上提供这种带宽的服务。

2. E1、CE1、E1-F、E1 PRI 接口

E1 多用于欧亚,这种接口支持最大 2Mb/s 的数据传输,实验室通常使用双绞线/E1

线连接。CE1 接口即通道化 E1 接口,可以配置 IP 地址,处理三层协议,逻辑特性和同步串口相同,可以配置接口工作在不同的工作模式以支持 PPP、FR、ISDN 等应用。E1-F 接口是指部分通道化 E1 接口,它们是 CE1/PRI 接口的简化版本。用户可以利用 E1-F 接口来满足简单的 E1 接入需求。图 5-5 所示为一个 4E1 接口卡。该接口常用 DB15 连接器。其接口电缆为标准的 E1 G.703 电缆,也称为 E1 接口电缆,这类型电缆又分为两种类型。

图 5-5 4E1 接口卡

1）75Ω 非平衡同轴电缆

75Ω 非平衡同轴电缆采用 DB15 连接器连接路由器一端,采用 BNC 连接器连接传输网络端,如图 5-6 所示。

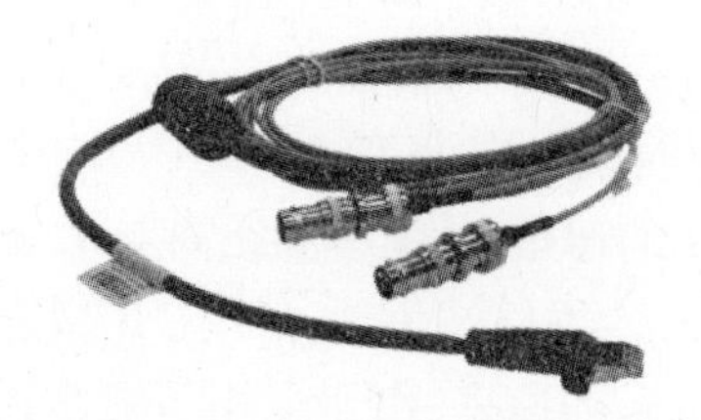

图 5-6 75Ω 非平衡同轴电缆

2）120Ω 平衡双绞线电缆

120Ω 平衡双绞线电缆采用 DB15 连接器连接路由器一端,采用 RJ-45 连接器连接传输网络端。此处 E1 120Ω 平衡双绞线电缆使用的连接器与 RJ-45 规定的物理连接器相同,因此通常被称为 RJ-45 连接器,但其在引脚定义上是不同的,如图 5-7 所示。

图 5-7 120Ω 非平衡同轴电缆

3. T1、CT1、T1-F、T1 PRI 接口

T1 多用于北美。CT1 接口是通道化 T1 接口,同 CE1 一样,也可以配置 IP 地址,处理三层协议,逻辑特性和同步串口相同,可以配置接口工作在不同的工作模式以支持 PPP、FR、ISDN 等应用。T1-F 接口是指部分通道化 T1 接口,它是 CT1/PRI 接口的简化版本。用户可以利用 T1-F 接口来满足简单的 T1 接入需求。

T1 接口电缆为 100Ω 标准屏蔽双绞线,两端连接器采用 RJ-45 连接器,称为 T1 接口电缆。T1 电缆的一端插入路由器的 T1 接口,另一端与传输网络侧相应的设备相连。此处 T1 电缆使用的连接器与 RJ-45 规定的物理连接器相同,因此称为 RJ-45 连接器,但其在引脚定义上是不同的,在平行线的基础上 1、4 为一对,2、5 为一对。

4. ISDN BRI 接口

ISDN S/T 接口采用 4 线制,其中一对线上行,另一对线下行,因此,其可以使用 RJ-45 电缆。ISDN U 接口采用 2 线制,因此,其可以使用 RJ-11 电缆。RJ-11 电缆通常使用单独的一对双绞线或 UTP-5 中的一对线,通过 RJ-11 电缆连接到 PSTN 电话网络。RJ-11 电缆也被称为普通电话线,是最广泛使用的接口标准之一。

5. AM、ADSL 接口

模拟调制解调器(Analog Modem,AM)接口内置模拟调制解调器,直接连接 PSTN 电话网络提供拨号连接。其接口采用标准 RJ-11 接口,对应使用的电缆为 RJ-11 电缆。ADSL 接口可连接 PSTN 或 ISDN 用户线获得高速的 ADSL 数据传输服务,其采用 RJ-11 接口电缆连接到信号分离器或直接连接到 ISDN/PSTN 网络。

6. POS、CPOS 接口

POS 支持 155M、622M、2. 5G、10G 等光缆线路。CPOS 接口是通道化的 POS 接口,充分利用了 SDH 的特点,主要用于路由器对低速接入的汇聚,如图 5-8 所示。

图 5-8 1CPOS 接口卡

二、广域网协议概述

广域网协议可以分为点到点广域网协议和分组广域网协议。常见的点对点广域网协议有 HDLC、PPP、SLIP、LAPB、ADSL 等。常见的分组交换协议有 X. 25、帧中继(Frame Relay)和异步传送模式(Asynchronous Transfer Mode,ATM)。

高级数据链路控制(High-level Data Link Control,HDLC)协议:在同步网上传输数据、面向比特的数据链路层协议,它是由国际标准化组织(ISO)根据 IBM 公司的 SDLC(Synchronous Data Link Control)协议扩展开发而成的。HDLC 是一个点对点的数据传输协议,采用了 SDLC 的帧格式,支持同步,全双工操作。整个 HDLC 的帧由标志字段、地址字段、控制字段、数据字段、帧校验序列字段等组成,采用“零比特填充法”,对任何一种比特流均可以透明传输。

点对点协议(Point-to-Point Protocol,PPP):提供了在点到点链路上封装、传递网络数据报的能力。PPP 易于扩展,支持多种网络层协议,支持验证,可工作在同步或异步方式下。

串行线路互联网协议(Serial Line Internet Protocol,SLIP)是一种在点到点的串行链路上封装 IP 数据报的简单协议。SLIP 帧的封装格式非常简单,通信双方无须在数据报发送前协商任何配置参数。

平衡型链路接入规程(link Access Procedure Balanced,LAPB):LAPB 是由 HDLC 发展而来。LAPB 虽然是 X. 25 协议栈中的数据链路层协议,但作为独立的链路层协议,它可以直接承载非 X. 25 的上层协议进行数据传输。

非对称数字用户线路(Asymmetric Digital Subscriber Line,ADSL):非对称数字用户线路由于可以根据双绞铜线质量的优劣和传输距离的远近动态调整用户访问速度,这就使得他们成为视频点播、局域网等的理想接入技术。ADSL 能够向用户提供从 32kb/s 到 8Mb/s 的下行速率(理想状态下最大可以达到 10Mb/s)和从 32kb/s 到 1Mb/s 的上行速率。ADSL 是目前应用最广泛的 DSL 技术,下一代 ADSL2+已出现。

X. 25:是一种出现较早的分组交换技术。内置的差错纠正、流量控制和丢包重传机制使之具有高度的可靠性,适于长途高噪声线路,但由此带来的副效应是速度慢、吞吐率很低、延迟大。早期 X. 25 的最大速率仅为有限的 64kb/s,使之可提供的业务非常有限;1992 年 ITU-T 更新了 X. 25 标准,使其传输速率可高达 2Mb/s。随着线路传输质量的日趋稳定,X. 25 的高可靠性已不在必要。

帧中继:是在 X. 25 基础上发展起来的技术。帧中继在数据链路层用简化的方法转发和交换数据单元,相对于 X. 25 协议,帧中继只完成链路层的核心功能,简单而高效。帧中继取消了纠错功能,简化了信令,中间节点的延迟比 X. 25 小很多。帧中继的帧长度可变,可以方便地适应网络中的任何包或帧,提供了对用户的透明性。帧中继速率较快,可从 64kb/s 到 2Mb/s。但是,帧中继容易受到网络拥塞的影响,对于时间敏感的实时通信没有特殊的保障措施,当线路受到干扰时将引起包的丢弃。

ATM:是一种基于信元(Cell)的交换技术,其最大特点是速率高、延迟小、传输质量有保障。ATM 大多采用光纤作为传输介质,速率可高达上千兆,但成本也很高。ATM 同时支持多种数据类型,可以用于承载 IP 数据报。

在这些协议中,专线连接的链路层常使用 HDLC 和 PPP 协议,电路交换连接的链路层常使用 PPP 协议。下面重点介绍这两种协议。

(一) HDLC 协议简介

HDLC 是一种灵活、方便、高效率的传输控制规程。它适应于同步数据终端之间的数据传输。IBM 公司于 1973 年推出了 SDLC 的同步数据链路传输控制规程,1975 年 ISO 采纳了这一标准并对部分规程进行了修改,称为高级数据链路控制规程。ITU-T 将 HDLC 作为 X. 25 建议第二级(链路级)的传输控制规程。由于链路级传输的信息单位为帧,有时又将其称为帧级协议或 HDLC 链路层协议。

HDLC 检查收/发信息的顺序编号以避免重发、漏发,检查帧的同步传输以及建立/拆除和新建链路。HDLC 是面向比特的链路控制规程,其链路的监控功能是通过一定的比特组及所表示的命令和响应来实现的。HDLC 具有以下的主要特点。

(1) HDLC 协议不依赖于任何一种字符集。

(2) 数据报文可透明传输,易于硬件实现。

(3) 可实现全双工通信,不必等待确认便可连续发送数据,有较高的传输效率。

(4) 均采用 CRC 校验,对信息帧进行顺序编号以防止漏收或重发,传输可靠性高。

(5) 传输控制功能与处理功能分离,具有较大的灵活性。

(二) PPP 协议简介

PPP(Point-to-Point Protocol)是提供在点对点链路上承载网络层数据报的一种面向字符的链路层协议。它能提供用户验证、易于扩充,支持同/异步通信,因而应用广泛。

1. PPP 体系结构

PPP 协议作为一种提供在点到点链路上的封装、传输网络层数据报的数据链路层协议,处于 OSI 参考模型的第二层(即数据链路层),主要用来在支持全双工的异步及同步链路上进行点到点之间的数据传输。

PPP 协议的体系结构如图 5-9 所示。PPP 通过调用物理层提供的服务,可以在同步物理介质(如 ISDN、同步 DDN 专线)或异步电路(如拨号连接)上使用。PPP 的高层功能是利用其 NCP 协议族对多种网络层协议提供支持。

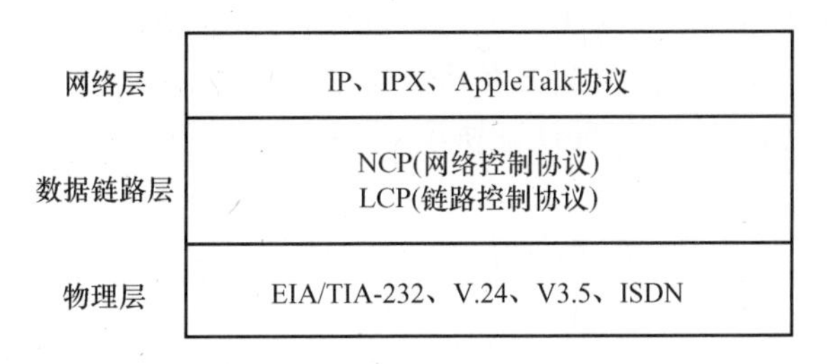

图 5-9　PPP 协议体系结构

PPP 协议主要由链路控制协议(LCP)、网络控制协议族(NCPs)和网络安全方面的验证协议族(PAP 和 CHAP)组成。PPP 协议的具体功能就是由这些协议提供支持的,包括多协议数据报封装、链路控制(LC)、网络控制(NC)和网络安全验证。

2. PPP 链路工作过程

PPP 链路的工作过程如图 5-10 所示,整个过程主要包括四个阶段:链路建立阶段、链路认证阶段、网络层控制协议阶段和链路终止阶段。

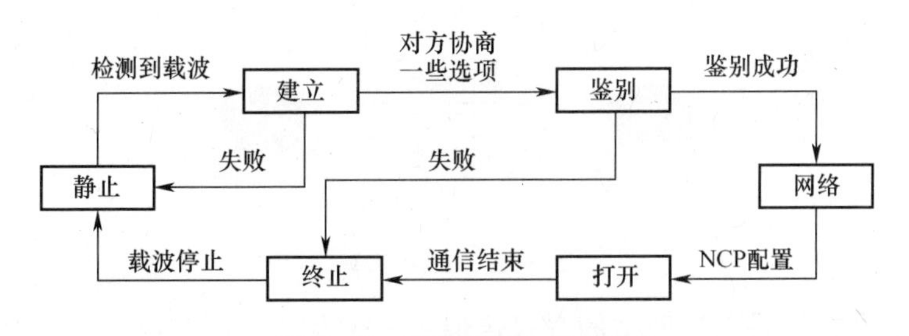

图 5-10　PPP 链路工作过程

1) 链路建立阶段

PPP 通信双方发送 LCP 数据报来交换配置信息,一旦配置信息交换成功,链路即宣告建立。LCP 数据报包含一个配置选项域,该域允许设备协商配置选项,例如最大接收单元数目、特定 PPP 域的压缩和是否进行链路认证协议等。如果 LCP 数据报中不包含某个配置选项那么采用该配置选项的默认值。

2) 链路认证阶段(可选)

链路认证是 PPP 协议提供的一个可选项,如果用户选择了认证协议,那么本阶段将采用 PAP 或者 CHAP 完成认证过程,认证成功后,进入网络层控制阶段。

3) 网络层控制阶段

在完成上两个阶段后,进入该阶段。PPP 双方开始发送 NCP 报文来选择并配置网络层的协议,例如 IP 协议或 IPX 协议等。同时也会选择对应的网络层地址,例如 IP 地址或者 IPX 地址等。配置成功后,就可以通过这条链路发送报文了。

4）链路终止阶段

认证失败、链路建立失败、载波丢失或管理员关闭链路后都会导致链路终止。

(三) PPP 认证原理

PPP 的认证功能是指在建立 PPP 链路的过程中进行密码的验证,验证通过则建立连接,验证不通过则拆除链路。如果需要进行认证,则需要在链路层建立阶段双方协商选择认证。在认证阶段中,要求链路发起方在认证选项中填写认证信息,以便确认用户得到了网络管理员的许可。PPP 支持两种认证协议:密码认证协议(Password Authentication Protocol,PAP)和询问握手认证协议(Challenge-Handshake Authentication Control Protocol, CHAP)。这两种认证方式都采用客户机-服务器模式工作。

1. PAP 认证

如果采用 PAP 协议,则整个身份认证过程是两次握手验证过程,口令以明文传送。PAP 认证过程如图 5-11 所示,过程如下。

(1) 被验证方(通常也叫客户端)RTA 以明文方式发送用户名和密码到验证方(通常也叫服务器端)RTB 请求身份验证。

(2) 验证方(通常也叫服务器端)根据自己的网络用户配置信息查看是否有此用户且口令是否正确,如果正确,则会给对端发送应答确认报文,通告对端已被允许进入下一阶段协商;否则发送否定报文,通知对方验证失败。

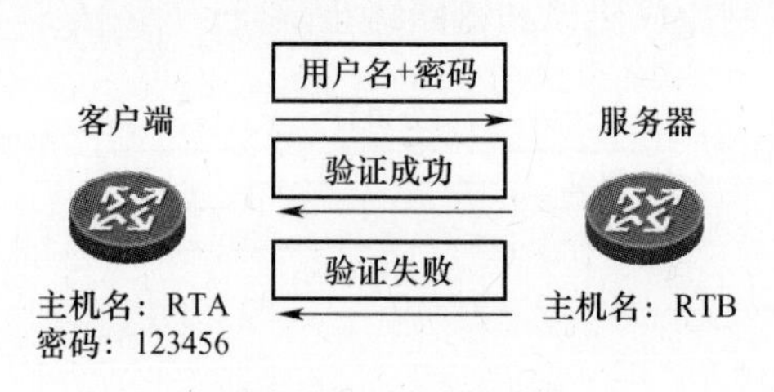

图 5-11　PAP 认证

PAP 认证是在网络上以明文的方式传递用户名及口令,如果在传输过程中被截获,便有可能对网络安全造成极大的威胁。

2. CHAP 认证

采用 CHAP 协议进行身份验证,则需要进行三次握手验证协议,在整个验证过程中,不直接发送口令。CHAP 认证过程如图 5-12 所示。

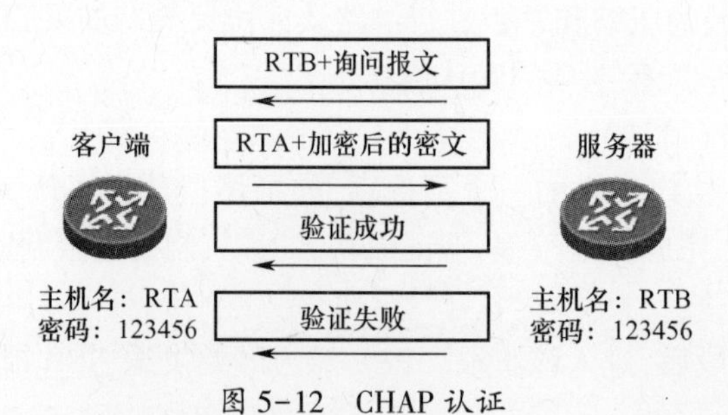

图 5-12　CHAP 认证

(1) 被认证方 RTA(客户端)欲通过 PPP 协议连接认证方 RTB(服务器),而 RTB 设置了 CHAP 认证,则首先由 RTB 将一段随机数据和自身的名字发送给 RTA。

(2) RTA 根据此名字查到相应的密码,用该密码和 MD5 算法对收到的随机数据进行摘要而得到 16 字节的密文,然后将该密文和 RTA 自身的名字发送给 RTB。

(3) RTB 收到该密文后,首先查到 RTA 名字所对应的密码,同样用此密码对以前发送的随机数据通过 MD5 算法进行加密并将自己算出的加密结果与从 RTA 中收到的加密结果相比较,如果一致,RTA 和 RTB 可继续进行协商,否则 RTB 将切断线路。

CHAP 认证只在网络上传输用户名,而并不以明文方式直接传输用户账户口令,而且 CHAP 认证方式使用不同的询问消息,每个询问消息都是不可能预测的唯一值,这样就可以防范再生攻击,因此它的安全性要比 PAP 高。

三、广域网协议配置

(一) HDLC 基本配置

HDLC 的基本配置主要包括配置接口封装 HDLC 协议和配置接口 IP 地址两项配置任务。以下是将接口 s1/ 0/ 0 的链路层协议配置为 HDLC 的方法。

```
[HUAWEI] interface  s 1/0/0
[HUAWEI-S1/0/0] link-protocol hdlc
[HUAWEI-S1/0/0]ip address 192.168.10.10 24
```

(二) PPP 基本配置

PPP 基本功能包括配置接口的链路层协议为 PPP 和配置端口的 IP 地址。

1. 配置接口封装的链路层协议为 PPP

对华为设备除以太网接口外,其他接口默认封装的链路层协议均为 PPP。

2. 配置接口的 IP 地址

配置接口的 IP 地址主要有两种方式:一种是在接口上直接配置 IP 地址,另一种是通过 IP 地址协商获取 IP 地址。配置 PPP 协商 IP 地址又分以下两种情况。

1) 配置设备作为 PPP 客户端

如果本端设备接口封装的链路层协议为 PPP,且未配置 IP 地址,而对端已有 IP 地址时,可把本端设备配置为客户端,使本端设备接口接收 PPP 协商产生的由对端分配的 IP 地址。这种方式主要用在通过 ISP 访问 Internet 时,获得由 ISP 分配的 IP 地址。

2) 配置设备作为 PPP 服务器

设备作为服务器时可以为对端设备指定 IP 地址,但首先要在系统视图下配置本地 IP 地址池,指明地址池的地址范围,然后在接口视图下指定该接口使用的地址池。具体配置步骤见表 5-1 所列。

表 5-1 PPP 基本功能配置步骤

步骤	命令	说明
1	system-view 例如:<Huawei>system-view	进入系统视图
2	interface interface-type interface- number 例如:[Huawei]interface serial1/ 0/ 0	进入接口视图,可以是 Serial 接口、Async 接口、CPOS 接口、ISDN BRI 接口、EI-F 接口、CE1/PRI 接口、Tl-F 接口、CT1/PRI 接口、3G Cellular 接口、Dialer 接口、虚拟模板接口、POS 接口
3	link-protocol ppp 例如:[Huawei - Serial1/ 0/ 0] link - protocol ppp	配置接口封装的链路层协议为 PPP 华为设备在缺省情况下,除以太网接口外,其他接口封装的链路层协议均为 PPP
方式 1:设备作为 PPP 客户端时为自己配置 IP 地址		
4	ip address ip-address {mask | mask-length} [sub] 例如:[Huawei - Serial/ 0/ 0] ip address 192. 168. 1. 2 24	(二选一)接口配地址
	ip address ppp-negotiate 例如:[Huawei - Serial1/ 0/ 0] ip address ppp-negotiate	(二选一)配置接口通过 PPP 协商获取 IP 地址,但必须确保对端接口已配置 IP 地址。缺省情况下接口不通过 PPP 协商获取 IP 地址。 可用 undo ip address ppp-negotiate 命令取消接口通过 PPP 协商获取 IP 地址
方式 2:设备作为 PPP 服务器时为自己设备配置 IP 地址		
4	ip address ip-address {mask | mask-length} 例如:[Huawei - Serial1/ 0/ 0] ip address 192. 168. 1. 1 24	配置服务器设备的 IP 地址
5	remote address ip-address 例如:[Huawei - Serial1/ 0/ 0] remote address 192. 168. 1. 2 24	(二选一)配置直接为对端分配 IP 地址。参数中 ip-address 用来指定为对端分配的 IP 地址 此时需要在作为客户端的设备上配置上面第 3 步中的 ip address ppp-negotiate 命令,以使对端接口接受由 PPP 协商产生的分配的 IP 地址 缺省情况下,本端不为对端分配 IP 地址,可用 undo remote address 命令恢复缺省值
	remote address pool pool-name 例如:[Huawei - Serial1/ 0/ 0] remote address pool global1	(二选一)配置采用 DHCP 全局地址池为对端分配 IP 地址。参数 pool-name 来指定为对端分配 IP 地址的地址池名称,将指定地址池中的一个 IP 地址分配给对端,1~64个字符,不支持空格,区分大小写。缺省情况下,本端不为对端分配地址,可用 undo remote address 命令恢复缺省值

（续）

步骤	命　令	说　明
6	ppp ipcp remote-address forced 例如：[Huawei-Serial1/0/0] ppp ipcp remote-address forced	（可选）使本设备为对端分配的 IP 地址具有强制性，不允许对端使用自行配置的 IP 地址，它必须与上一步的 remote address 配合使用 缺省情况下，在 PPP 的 IPCP 协商阶段进行 IP 地址协商时，IP 地址协商情况为本端不具有地址分配的强制性，即本端设备允许对端自行配置 IP 地址，可用 undo ppp ipcp remote-address forced 命令取消这种强制性，允许对端使用自行配置的 IP 地址
7	quit 例如：[Huawei-Serial1/0/0]quit	退出接口视图，返回系统视图
8	ip pool ip-pool-name 例如：[Huawei] ip pool global1	（可选）创建全局地址池，仅当在第 5 步中采用了 DHCP 服务器全局地址池为对端分配 IP 地址时才需要配置 ip-pool-name 来指定地址池名称 1~64 个字符，不支持空格，区分大小写 缺省情况下，没有创建全局地址池，可用 undo ip pool ip-pool-name 命令删除指定的全局地址池
9	network ip-address [mask {mask | mask-length}] 例如：[Huawei-ip-pool-global1] network 192.1.1.0 mask 24	（可选）配置全局地址池下可分配的网段地址，仅当在第 5 步中采用了 DHCP 服务器全局地址池为对端分配 IP 地址时才需要配置。参数说明如下： ip-address：指定全局地址池中的 IP 地址段，是一个网络地址，不是一个主机 IP 地址 mask {mask | mask-length}：可选参数，指定以上 IP 地址段所对应的子网掩码（选择 mask 参数时）或子网掩码长度（选择 mask-length 参数时） 缺省情况下，系统未配置全局地址池下动态分配的 IP 地址范围，可用 undo network 命令恢复网段地址为缺省值

（三）PPP 认证配置

PPP 基本功能实现后，用户根据需要配置 PAP 或 CHAP 认证。

1. PAP 认证配置

PAP 认证分为 PAP 单向认证与 PAP 双向认证。PAP 单向认证是指一端作为认证方，另一端作为被认证方；双向认证是单向认证的简单叠加，即两端都既作为认证方又作为被认方。在配置 PAP 认证之前，需完成 PPP 接口协议及 IP 地址等基本功能配置。

表 5-2 所列为单向的 PAP 认证配置方法，如果要进行双向 PAP 认证，则要在两端设备上同时配置认证方和被认证方，不同方向的认证所采用的认证用户信息可以不同。

表 5-2 PPP 的 PAP 认证配置步骤

步骤	命 令	说 明
1	system-view 例如:<Huawei>system-view	进入系统视图
2	interface interface-typeinterface-number 例如:[Huawei]interface serial1/ 0/ 0	进入接口视图
在认证方设备上配置认证方式		
3	ppp authentication-mode pap 例如:[Huawei - Serial1/ 0/ 0] ppp authentication-mode pap	配置本端设备对对端设备采用 PAP 认证方式 缺省情况下,PPP 协议不进行认证,可用 undo ppp authentication-mode 命令恢复为缺省情况
4	quit 例如:[Huawei-Serial1/ 0/ 0]quit	退出接口视图,返回系统视图
5	aaa 例如:[Huawei]aaa	进入 AAA 视图
6	local-user user-name password cipher password 例如:[Huawei-aaa]local-user winda password cipher huawei	创建本地用户的用户名和密码。参数说明如下: user-name:指定用于认证的本地用户名,1~64 个字符,不支持空格,区分大小写 password:指定以上本地用户的密码,不支持空格,区分大小写,明文形式下是 1~32 个字符,密文形式下是 32~56 个字符 cipher 表承以密文形式显示用户密码,并且在查看配置文件时将以密文方式显示密码
7	local-user user-name service-type ppp 例如:[Huawei-aaa]local-user winda service-type ppp	配置本地用户的服务类型。参数说明如下: service-type:指定的本地用户(要与上一步配置的用户名一致)使用的服务类型为 PPP 缺省情况下,本地用户没有接入类型,可用 undo local-user user-name service-type 命令将指定的本地用户的接入类型恢复为缺省配置
在被认证方设备上配置认证方式		
8	ppp pap local-user user-name password {cipher |simple} password 例如:[Huawei-Serial1/ 0/ 0]ppp pap local-user winda cipher huawei	配置本地被对端以 PAP 方式认证时本地发送的 PAP 出户名和密码。参数说明如下: user-name:指定本地设备被对端设备采用 PAP 方式认证时发送的用户名,1~64 个字符,不支持空格,区分大小写,要与认证方配置的用户名一致 password:指定本地设备被对端设备采用 PAP 方式认证时发送的密码

2. CHAP 认证配置

CHAP 认证同 PAP 认证一样也分为 CHAP 单向认证与 CHAP 双向认证两种。另外，CHAP 认证过程分为两种情况:认证方配置了用户名和认证方没有配置用户名。推荐使用认证方配置用户名的方式,这样可以对认证方的资格进行确认。

在配置 PPP 的 PAP 认证之前,需完成上节介绍的 PPP 基本功能配置。

认证方配置了用户名后的 CHAP 认证具体配置步骤见表 5-3 所列。双方都要配置认证用户名,创建用于对方认证的本地用户名账户,因为此时被认证方同时需要对认证的资格进行确认,适用于安全性较高的环境。认证方没有配置用户名的 CHAP 认证的具体配置步骤见表 5-4 所列,此时被认证方不需要对认证的资格进行确认,适用于安全性较好的环境。但表中所列的都仅是针对 CHAP 单向认证进行介绍的,双向认证时需要双方同时配置表中的认证方和被认证方。

表 5-3 认证方配置了用户名时的 CHAP 认证具体配置步骤

步骤	命 令	说 明
1	system-view 例如:<Huawei>system-view	进入系统视图
2	interface interface-typeinterface-number 例如:[Huawei]interface serial1/ 0/ 0	进入接口视图
认证方配置了用户名时的认证方配置		
3	ppp authentication-mode chap 例如:[Huawei-Serial1/ 0/ 0]ppp authentication-mode chap	配置本端设备对对端设备采用 CHAP 认证方式
4	ppp chap user user-name 例如:[Huawei-Serial1/ 0/ 0]ppp chap user grfw	设置 CHAP 认证的用户名 user-name 用来指定发送到被认证方设备进行 CHAP 验证时使用的用户名(使被认证方确认认证方资格,不需要在认证方本地创建) 在被认证方上为认证方配置的本地用户的用户名必须与此处配置的一致
5	quit 例如:[Huawei-Serial1/ 0/ 0]quit	退出接口视图,返回系统视图
6	aaa 例如:[Huawei]aaa	进入 AAA 视图
7	local-user user-name password cipher password 例如:[Huawei-aaa]local-user winda password cipher huawei	创建本地用户的用户名和密码,这是用来对被认证方所发送的用户名进行认证的用户信息,需要在认证方本地创建。这里配置的用户名要与被认证方配置的认证用户名一致,即与本表下面被认证方设备配置的第 3 步通过 ppp chap user 命令配置的用户名一致

（续）

步骤	命　令	说　明
8	local-user user-name service-type ppp 例如：[Huawei-aaa] local-user winda service-type ppp	配置参数 user-name 指定的本地用户（要与上一步配置的用户名一致）使用的服务类型为 ppp
认证方配置了用户名时的被认证方配置		
3	ppp chap user user-name 例如：[Huawei-Serial1/0/0]ppp chap user winda	设置 CHAP 认证的用户名。user-name 用来指定被认证方向认证方发送的用户名（用于认证方对被认证方的认证，不需要在被认证方本地创建），在认证方上为被认证方配置的本地用户的用户名必须与此处配置的一致
4	quit 例如：[Huawei-Serial1/0/0]quit	退出接口视图，返回系统视图
5	aaa 例如：[Huawei]aaa	进入 AAA 视图
6	local-user user-name password cipher password 例如：[Huawei-aaa]local-user grfw password cipher huawei1234	创建本地用户的用户名和密码，用于验证认证方的资格，需要在被认证方本地创建。这里创建的用户名要和认证方配置的认证用户名一致，即与本表上面认证方设备配置的第 4 步通过 ppp chap user 命令配置的用户名一致
7	local-user user-name service-type ppp 例如：[Huawei-aaa] local-user grfw service-type ppp	配置参数 user-name 指定的本地用户使用的服务类型为 ppp

表 5-4　认证方没有配置用户名时的 CHAP 认证具体配置步骤

步骤	命　令	说　明
1	system-view 例如：<Huawei>system-view	进入系统视图
2	interface interface-typeinterface- number 例如：[Huawei] interface serial1/0/0	进入接口视图
认证方没有配置用户名时的认证方配置		
3	ppp authentication-mode chap 例如：[Huawei-Serial1/0/0] ppp authentication-mode chap	配置本端对对端设备采用 CHAP 认证方式
4	quit 例如：[Huawei-Seriall/0/0]quit	退出接口视图，返回系统视图
5	aaa 例如：[Huawei]aaa	进入 AAA 视图

（续）

步骤	命 令	说 明
6	local-user user-name password cipher password 例如：[Huawei - aaa] local - user winda password cipher huawei	创建本地用户的用户名和密码，这是用来对被认证方所发送的用户名进行认证的用户信息，需要在认证方本地创建。这里配置的用户名要与被认证方配置的认证用户名一致，即与本表下面被认证方设备上配置的第 3 步和第 4 步配置的用户名和密码一致
7	local-user user-name service-type ppp 例如：[Huawei - aaa] local - user winda service - type ppp	配置参数指定的本地用户（要与上一步配置的用户名一致）使用的服务类型为 PPP
认证方没有配置用户名时的被认证方配置		
3	ppp chap user user-name 例如：[Huawei-Serial1/ 0/ 0] ppp chap user winda	设置 CHAP 认证的用户名，是指被认证方向认证方发送的用户名（用于认证方对被认证方的认证，不需要在被认证方本地创建） 在认证方上为被认证方配置的本地用户的用户名必须与此处配置的一致
4	ppp chap password {cipher|simple} password 例如：[Huawei-Serial1/ 0/ 0] ppp chap password cipher huawei	配置 CHAP 验证的密码，一定要与本表中认证方设备配置的第 6 步通过 local-user 命令创建的用户密码一致 缺省未配置 CHAP 验证的密码，可用 undo ppp chap password 命令删除配置的密码

（四）MP 简介

MP（Multilink PPP）是将多个 PPP 链路捆绑使用的技术。当用户对带宽的要求较高时，单个 PPP 链路无法提供足够的带宽，将多个 PPP 链路进行捆绑形成 MP 链路，可以满足增加整个通信链路的带宽、增强可靠性（因为捆绑的多条链路之间具有冗余、备份功能）的需求。MP 捆绑的是多条相同类型的物理 PPP 链路，如图 5-13 所示。这些链路的接口包括 Serial 接口、Async 接口、CPOS 接口、ISDN BRI 接口、E1-F 接口、CE1/PRI 接口、T1-F 接口、CT1/PR1 接口、虚拟模板接口、CPOS 接口、POS 接口等。

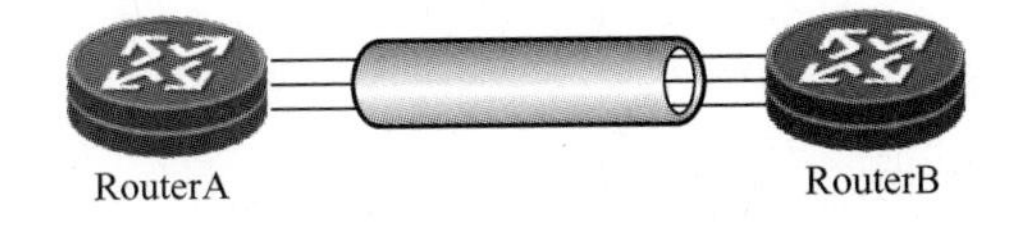

图 5-13 MP 链路

第二节 路由协议基础

路由器是能够将数据报文在不同的逻辑网段之间转发的网络设备,用来在网络中进行路径的选择和报文的转发,实现将数据报从一个网络发送到另一个网络的功能。路由是指导路由器如何进行数据报文发送的路径信息。

一、数据转发过程

(一) 数据转发准备

1. 路由器

数据转发的核心设备是路由器。路由器工作在 OSI 模型中的第三层。路由器是典型的网络连接设备,提供了将异构网络互联起来的机制。路由器也可以看作是个逻辑概念,只要有多个接口,用于连接多个 IP 子网及多种链路的设备都可以称为路由器。路由器通过逻辑地址也就是 IP 地址来区别不同的网络,实现网络间的互联和隔离,并且路由器不转发广播消息,把广播消息限制在各自区域的网络中。路由器根据收到报文的目的地址选择一条合适的路径,将报文传送到下一个路由器,路径目的终端的路由器负责将报文送交目的主机,其特点是逐跳转发。如图 5-14 所示,最左边路由器向目标网络 N 发送数据报,将数据报发往下一跳路由器 R1,R1 再转发给自己的下一跳路由器,通过路由器不断转发,经过代价 M,使得数据报最终到达目标网络 N。

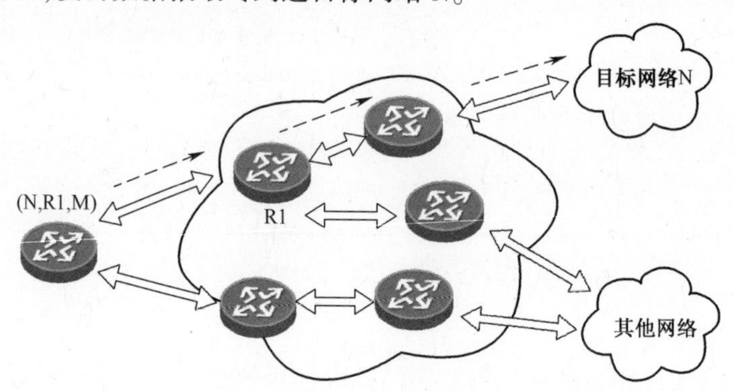

图 5-14 路由交换结构图

2. 路由表形成

路由器的核心是全局路由表,发送到其他网络的数据先发送到相连的路由器,再经过该路由器查找自己的全局路由表选择路由来实现数据的转发。

1) 路由来源

路由表是由多条路由组成的表。路由就是 IP 数据报在转发过程中的路径信息,是报文从源端到目的端的整条传输路径。路由的基本功能是用来进行路由决策和指导报文转发。根据来源不同,路由通常分为以下三类。

(1) 直连(Direct)路由。

链路层协议发现的路由叫直连路由,也称为接口路由。直连路由不需要配置,当接口存在 IP 地址并且状态正常(物理层和数据链路层状态均为 UP)时,由路由进程自动生成。它的特点是开销小,无需人工维护,但是只能发现本接口所属网段的路由。

(2) 静态(Static)路由。

由网络管理员手工配置的路由。静态路由的特点是配置简单方便、无开销、对系统要求低,因此,适用于拓扑结构简单并且稳定的小型网络。但是当网络发生故障时,静态路由不会自动绕过故障,必须由管理员手工配置。当网络拓扑结构十分复杂时,静态路由由于是手工配置所以工作量大且容易出错。

(3) 动态路由(Routing Protocol)。

动态路由协议(RIP、OSPF 等)发现的路由。它的特点是可以自动发现和修改路由,避免人工维护,所以适合复杂网络环境,但路由协议开销大,配置复杂。

2) 路由优先级

在计算路由信息时,因为不同路由协议所考虑的因素不同,所以到达相同的目的网络,不同的路由协议(包括静态路由)可能会发现不同的路由。在这种情况下,路由器会进行决策,选择出最优的路由放入到全局路由表中。

为了判断最优路由,各动态路由协议、直连路由和静态路由都被赋予了一个优先级(Preference)。路由优先级,代表了路由协议的可信度,具有较高优先级的路由协议发现的路由将会被选出进入全局路由表成为当前路由。不同厂家的路由器对于路由优先级的规定各不相同,华为路由器默认的路由优先级见表 5-5 所列,其中数值越小表明优先级越高,直连路由的优先级为 0,即最高优先级。

表 5-5 默认的路由优先级

路由协议或路由种类	默认路由优先级	路由协议或路由种类	默认路由优先级
DIRECT(直连路由)	0	OSPF ASE	150
OSPF	10	OSPF NSSA	150
IS-IS	15	IBGP	255
STATIC(静态路由)	60	EBGP	255
RIP	100	UNKNOWN	255

3) 路由备份

除直连路由优先级不能更改外,各路由协议的优先级都可由用户手工进行配置。所以,每条静态路由的优先级可以手工配置为不相同,利用这种优先级的不同,可以实现路由备份,从而提高路由的可靠性。

用户可根据实际情况,配置到同一目的地址优先级不同的多条静态路由,其中优先级最高的一条路由作为主路由,其余优先级较低的路由作为备份路由。使用路由备份可以提高网络的可靠性。

正常情况下,路由器采用主路由转发数据。

(1) 当链路出现故障时,该路由变为非激活状态,路由器选择备份路由中优先级最高的转发数据。这样,也就实现了从主路由到备份路由的切换。

(2) 当链路恢复正常时,路由器重新选择路由。由于主路由的优先级最高,路由器选择主路由来发送数据。这就是从备份路由到主路由的切换。

也可配置到同一目的地址优先级相同的多条静态路由从而实现静态路由负载分担的功能,动态路由实现负载分担在后面有介绍。使用负载分担也可提高网络的可靠性。

4）路由度量值(路由开销)

当到达相同目的地址且路由优先级相同的路由不止一条时,会在这些路由中选择代价最小的路由放入路由表。所谓代价小通常描述为路由开销(Cost)小或者路由的度量值(Metric)低。

开销或者度量值标识出了到达这条路由所指的目的地址的代价。通常路由的度量值(开销)会受到线路延迟、带宽、线路占有率、线路可信度、跳数、最大传输单元等因素的影响。不同的动态路由协议会选择其中的一种或者几种因素来计算度量值(开销)。度量值通常只对动态路由协议有意义,直连路由与静态路由的度量值(开销)均为0,且不能更改。

度量值(开销)只在相同的路由协议内比较才有意义,不同的路由协议之间的路由度量值(开销)没有可比性,也不存在换算关系。度量值(开销)是用来比较同一种路由协议类型、相同目的地址的多条路由的优先级。当到达同一目的地址的多条路由具有相同的路由优先级时,路由度量值(开销)最小的将成为最优路由,放入路由表。

5）负载分担

如果同一路由协议到达同一目的地址的多条路由具有相同的路由度量值(开销),这些路由都会被采纳,进入全局路由表。

所以对同一路由协议来说,允许配置多条目的地相同且度量值(开销)也相同的路由。当到同一目的地的路由中,没有更高优先级的路由时,这几条路由都被采纳,在转发去往该目的地的报文时,依次通过各条路径发送,从而实现网络的负载分担。

目前支持负载分担有静态路由/IPv6 静态路由、RIP/RIPng、OSPF/OSPFv3、BGP/IPv6 BGP 和 IS-IS/IPv6 IS-IS。

6）路由引入

如果网络规模较大,当使用多种路由协议时,需要在不同的路由协议间能够共享各自发现的路由,这就叫做路由引入。路由引入有时称为路由重发布或路由重分布。各动态路由协议都可以引入其他的动态路由、直连路由和静态路由。

3. 路由表信息

路由表生成后,通过命令 display ip routing-table 可以查看路由表的信息。

```
<Huawei-R1>display ip routing-table
Routing Tables:Public
Destinations:6 Routes:6
Destination/Mask    Proto   Pre   Cost    NextHop      Interface
0.0.0.0/0           Static  60       0    192.168.1.1    G0/0/0
10.1.1.1/32         Direct  0        0    127.0.0.1      InLoop0
127.0.0.0/8         Direct  0        0    127.0.0.1      InLoop0
127.0.0.1/32        Direct  0        0    127.0.0.1      InLoop0
192.168.1.0/30      Direct  0        0    192.168.1.2    G0/0/0
192.168.1.2/32      Direct  0        0    127.0.0.1      InLoop0
```

（1）Destination：目的地址，用来标识 IP 报文的目的地址或目的网络。

（2）Mask：网络掩码，与目的地址一起来标识目的主机或路由器所在的网段的地址，将目的地址和网络掩码“逻辑与”后可得到目的主机或路由器所在网段的地址，例如：目的地址为 129.102.8.10，掩码为 255.255.0.0 的主机或路由器所在网段的地址为 129.102.0.0。掩码由若干个连续“1”构成，既可以用点分十进制法表示，可用掩码中连续“1”的个数来表示，即子网掩码长度。

（3）Proto：路由协议，Direct 表示直连路由，Static 表示静态路由。

（4）Pre：优先级，对同一目的地，可能有若干条不同下一跳的路由，这些不同的路由可能是由不同的路由协议发现的，也可能是手工配置的静态路由，也可能是直连路由，优先级高（数值小）路由将成为当前最优路由。

（5）Cost：路由的开销，当到达同一目的地的多条路由具有相同的优先级时，路由的开销值越小的路由将成为当前的最优路由。

（6）NextHop：下一跳地址，此路由的下一跳 IP 地址。

（7）Interface：出接口，指明 IP 报文将从该路由器哪个接口转发。

（二）数据转发

1. 最长子网掩码匹配原则

路由器是通过匹配路由表里的路由条目来实现数据报转发的。当收到一个数据报的时候，将数据报的目的 IP 地址提取出来，然后将目的 IP 与路由表中路由条目的掩码字段做“与”运算，接着将运算后的结果跟路由表中该条目的目的 IP 地址进行比较，如果与这条路由条目的目的地址相同，则认为与这个路由条目匹配，如果不同，则表示没有与这个路由条目匹配成功。当所有的路由条目都匹配完成后，有可能存在多个路由条目可以同时匹配目的 IP 地址的情况，此时路由器会选择其中子网掩码最长的路由条目用于转发，也就是网络前缀和掩码最精确的条目进行转发，这就是最长子网掩码匹配原则。

所以，路由表中路由条目数量越多，所需查找及匹配的次数也越多。所以一般路由器都有相应的算法来优化查找速度，加快转发效率。

当然，如果没有路由条目能够匹配，则丢弃该数据报。但是如果此时路由表中有默认路由存在，则路由器按照默认路由来转发数据报。所谓默认路由是指目的地址和子网掩码都为 0。默认路由能够匹配所有 IP 地址，但因为它的子网掩码最短，所以只有没有其他路由匹配数据报的情况下，路由器才会按照默认路由进行转发。

因此，路由除了这种按照来源分类外，也根据路由目的地的不同或者掩码长度不同，分为以下三类。

（1）主机路由：主机路由的目的地为主机，子网掩码长度为 32 位，表示此路由匹配单一 IP 地址的主机。

（2）网段路由：网段路由的目的地为网段，子网掩码长度大于 0 小于 32 位，表示此路由匹配一个子网。

（3）默认路由：默认路由的目的地址为 0，子网掩码长度为 0，表示此路由匹配全部 IP 地址。

2. 路由器单跳操作

最长子网掩码匹配原则找到匹配路由后，路由器会查看所匹配路由条目的下一跳地址是否在直连链路上，如果在直连链路上，则路由器根据此下一跳进行转发；如果不在直连链路上，则路由器还要以这个路由条目的下一跳地址为目的地址，在路由表中进行迭代查找，查找下一跳地址所匹配的路由条目，直到找出最终位于直连链路上的下一跳地址来，这就是路由器的单跳操作。确定了最终的下一跳地址后，路由器将此报文送往对应的接口，接口进行相应的地址解析，解析出地址所对应的数据链路层地址，然后对 IP 数据报进行数据封装并转发。

除了之前按照路由来源及子网掩码的路由分类方法外，根据目的地址与该路由器是否直接相连，路由还可划分为以下两类。

（1）直接路由：目的地所在网络与路由器直接相连的叫直接路由。

（2）间接路由：目的地所在网络与路由器非直接相连的叫间接路由。

二、静态路由

（一）静态路由概念

静态路由是一种特殊的路由，由管理员手工配置。配置静态路由后，去往指定目的地的数据报文将按照管理员指定的路径进行转发。

在早期的网络中，网络规模不大，路由器数量很少，路由表也相对较小，因此，在这种组网结构比较简单的网络中，通常采用手工的方法对每台路由器的路由表进行配置，即配置静态路由来实现网络互通。在这种小规模网络中，静态路由的优点如下。

（1）配置及维护简单，容易实现。

（2）手工配置可精确控制路由选择，恰当设置和使用静态路由可改善网络性能。

（3）不需要动态路由参与将会减少路由器的开销，为重要的网络应用保证带宽。

随着网络规模的增长，在大规模的网络中路由器的数量越来越多，路由表也越来越大，静态路由的缺点也越来越明显。

（1）配置及维护繁琐，工作量大，难以实现。

（2）不能自动适应网络拓扑结构的变化，当网络发生故障或者拓扑发生变化后，会出现路由不可达导致网络中断，必须由网络管理员手工修改静态路由的配置。

（二）静态路由的配置

在配置静态路由之前，需要完成以下任务。

（1）配置相关接口的物理参数。

（2）配置相关接口的链路层属性。

（3）配置相关接口的 IP 地址。

静态路由的具体配置步骤见表 5-6 所列。

参数说明如下。

（1）ip-address：静态路由的目的 IP 地址，注意，这里的目的网络或主机地址不一定就是下一跳路由器或三层交换机直接连接的，可能需要经过几跳才可以到达的网络或主机。

（2）mask：二选一选项，目的 IP 地址的子网掩码。

（3）mask-length：二选一选项，子网掩码长度取值范围为 0~32。

（4）nexthop-address：多选项，指定路由的下一跳 IP 地址，点分十进制格式。

（5）preference preference-value：可选项，指定静态路由的优先级，取值范围为 1~255，默认值为 60。

（6）description description-text：可选项，设置静态路由的描述信息，取值范围为 1~60 个字符，除“?”外，可以包含空格等特殊字符。

表 5-6 静态路由的配置步骤

步骤	命　令	说明
Step1	system-view	进入系统视图
Step2	ip route-static ip-address {mask | mask-length} nexthop-address [preference preference] [description text]	配置普通网络中的静态路由
Step3	ip route-static default-preference default-preference-value 例如：[Huawei] ip route-static default-preference 120	配置静态路由的默认优先级

三、默认路由

（一）默认路由概念

如果报文的目的地址不能与路由表的任何入口项相匹配，在没有默认路由的情况下该报文将被丢弃，同时将向源端返回一个 ICMP 报文报告该目的地址或网络不可达。

而默认路由是一种特殊的静态路由，他的目的地址和子网掩码以 0.0.0.0/0 的形式出现。由于路由器在查找路由表进行数据转发的时候采用的是最长子网掩码优先原则，也就是尽量让包含主机范围小的路由优先转发，而默认路由所包含的主机数量是最多的（它的子网掩码为 0），所以会被最后考虑。路由器会将在路由表中查找不到的数据报用默认路由进行转发，因此，它是在路由器没有找到匹配的路由表入口项时才使用的路由。

通过给当前路由器配置一条默认路由，那些在路由表里找不到匹配路由表入口项的数据报文将会转发给默认路由指向的另外一台路由器（有可能这台路由器的路由能力比较强，包括到达大部分网络的路由信息），由这台路由器进行报文的转发。

默认路由通常应用在末端网络，末端网络是指仅有一个出口连接外部的网络。这样通过合理配置默认路由能够减少路由表中的表项数量，节省路由表空间，加快路由匹配速度。所以默认路由在网络中是非常有用的，在互联网上，大约 99.99%的路由器上都配置有一条默认路由。

（二）默认路由生成

默认路由有两种生成方式：第一种是通过网络管理员在路由器上配置到网络 0.0.0.0（掩码也为 0.0.0.0）的静态默认路由，对于一个到来的数据报文，如果在当前路由器里找不到匹配的路由表项,将会把报文发给已配置的静态默认路由里指定的下一跳路由器。静态默认路由的具体配置步骤同表 5-6 所示大致相同,仅当使用 ip route-static 命令配置静态路由时,如果将目的地址与掩码配置为全零(0.0.0.0 0.0.0.0),则表示配置的是默认路由。

第二种是通过动态路由协议生成(如 OSPF、IS-IS 和 RIP),由路由能力比较强的路由器将默认路由发布给其他路由器,其他路由器在自己的路由表里生成指向那台路由器的默认路由。

第三节 大规模网络路由

手工配置静态路由在大规模网络中往往是不现实的,因此,需要使用自动化的方式计算、维护和更新全网路由信息。

一、动态路由协议

动态路由协议是路由器之间交互信息的一种语言,不同的动态路由协议有各自的路由算法,能够自动适应网络拓扑的变化,适用于具有一定规模的网络拓扑。其缺点是配置比较复杂,对系统的要求高于静态路由,并占用一定的网络资源。

对动态路由协议(以下简称路由协议)的分类可采用以下不同标准。

(1) 根据作用范围分。

根据路由协议是否在一个自治系统内部运行可以分为内部网关协议(Interior Gateway Protocol,IGP)和外部网关协议(Exterior Gateway Protocol,EGP)。所谓自治系统(Autonomous System,AS),就是拥有同一选路策略,并在同一技术管理部门下运行的一组路由器。常见的 IGP 协议包括 RIP、OSPF 和 IS-IS。而 BGP 是目前最常用的 EGP。

(2) 根据使用算法分。

根据算法不同可以将路由协议分为距离矢量(Distance-Vector)协议和链路状态(Link-State)协议。距离矢量协议包括 RIP 和 BGP。其中,BGP 也称为路径矢量协议(Path-Vector)。链路状态协议则包括 OSPF 和 IS-IS。

(3) 根据目的地址类型分。

根据目的地址类型的不同可将路由协议分为单播路由协议和组播路由协议。前者包括 RIP、OSPF、BGP 和 IS-IS 等;后者包括 PIM-SM、PIM-DM 等。

(4) 根据 IP 协议版本分。

根据 IP 协议版本不同可分为 IPv4 路由协议和 IPv6 路由协议。前者包括 RIP、OSPF、BGP 和 IS-IS 等;后者则包括 RIPng、OSPFv3、BGP4+和 IPv6 IS-IS 等。

二、OSPF 协议及应用

开放最短路径优先(Open Shortest Path First,OSPF)协议是 TCP/IP 协议集中一个开放的、高性能的内部网关路由协议。它是基于 Dijkstra 算法的链路状态型路由协议,这种算法也称为最短路径优先(SPF)算法。

(一) OSPF基本原理

1. OSPF概述

1) OSPF特性

OSPF协议是在大型、可扩展的网络上运行的路由协议,其特性如下。

(1) OSPF是内部网关协议,是基于链路状态算法的路由协议。

(2) 使用VLSM可以有效地使用IP地址空间。

(3) OSPF使用组播地址发送链路状态更新。

(4) 仅在路由发生变化时发送更新信息,而不是定期发送。

(5) 路由收敛快——因为路由变化的信息被立即扩散而不是定期扩散,收到该信息的路由器同步地计算拓扑库。

(6) OSPF可以进行区域的划分,避免把链路状态更新信息向整个网络扩散,划分区域也有利于路由总结和过滤不必要的子网信息。

(7) OSPF支持明文及MD5两种认证方式。

(8) OSPF采用路径成本(Cost)值作为路径选择的依据。

2) OSPF术语

为了能够清楚地了解OSPF协议的运行过程及使用方法,先介绍有关的术语。

(1) 接口或链路:是指路由器与所接入的网络之间的一个连接。可以是物理或逻辑接口。

(2) 链路状态:用以描述路由器接口及其与邻居路由器的关系,这些描述包括诸如接口的IP地址和掩码、接口连接的网络类型以及接口连接的网络上的其他路由器等,所有链路状态信息构成链路状态数据库。

(3) 成本(Cost):也称为链路开销,用来描述从接口发送数据报所需要花费的代价,该值与接口的带宽成反比,带宽越大开销值越小。

(4) 邻居:在同一个网络上有接口的路由器。

(5) Hello包:OSPF协议用来建立和维持邻居关系的数据报。

(6) 邻接:能够相互交换链路状态信息的路由器构成邻接关系。

(7) 邻接关系数据库:建立起双向通信的所有邻接的邻居的列表,具有邻接关系的路由器有着相同的邻接关系数据库。

(8) 链路状态通告(Link State Advertisement,LSA):描述路由器或网络自身状态的数据单元,对路由器来说,包含它的接口和邻接状态,每一项连接状态宣告都被泛洪到整个路由域中,所有路由器和网络链路状态通告的集合形成了协议的链路状态数据库。

(9) 拓扑结构数据库/链路状态数据库:代表网络的拓扑结构,其中包含网络中所有其他路由器的链路状态条目,拓扑结构数据库是由各路由器生成的LSA组成。

(10) 区域(Area):一组路由器和网络的集合,使用相同的区域标志符。

(11) 自治系统:采用同一种路由协议交换路由信息的路由器及其互连的网络构成一个自治系统。

(12) 路由器标识(Router ID):一个32位的数字,用以识别每台运行OSPF协议的路由器(相当于前面提到的路由器的名字)。

2. 单区域 OSPF 原理

1）发现邻居

OSPF 依靠这种 Hello 协议来发现邻居。如果有邻居收到 Hello 分组后就会应答，发出 Hello 分组的路由器就会根据每个应答邻居的名字，确定出自己周围的所有邻居。如图 5-15 和 5-16 所示，每个接收到 Hello 分组的路由器，都回应了 RouterA，其中名字是每台路由器的唯一标记，不能重复。

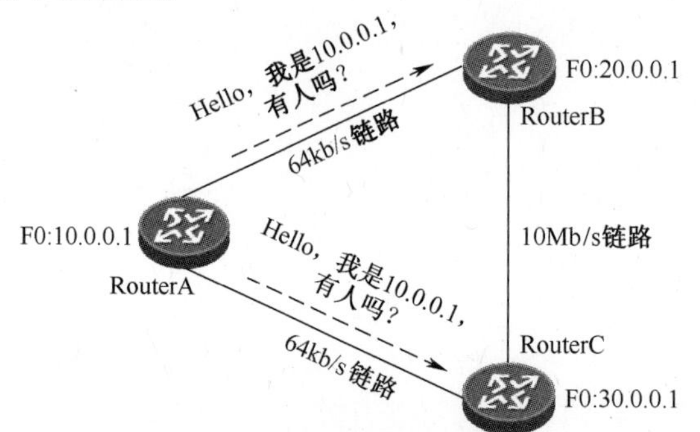

图 5-15 路由器交换 Hello 分组 1

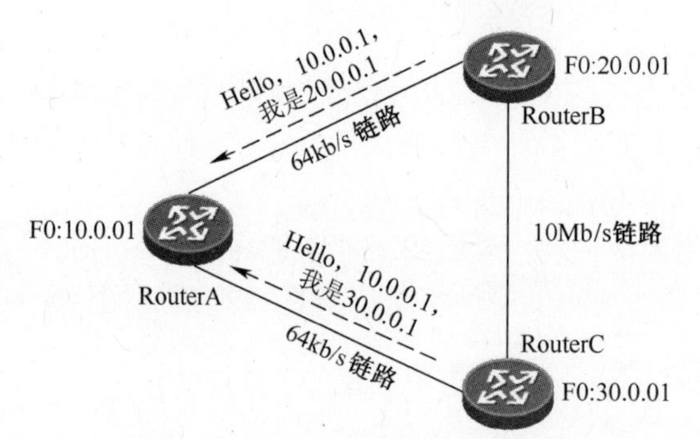

图 5-16 路由器交换 Hello 分组 2

2）建立邻接关系

邻居关系建立以后，会在特定的邻居之间建立邻接关系，只有具有邻接关系的路由器之间才会进行信息的交换。

在广播型网络和非广播多点访问网络（NBMA）环境中，它们彼此互为邻居，如果都建立邻接关系，则邻接关系过于复杂。所以，在广播型网络和非广播多点访问网络中必须选举出一个指定路由器（Designated Router，DR）和一个备份指定路由器（Backup Designated Router，BDR）来代表这个网络。当 DR 运行时，BDR 不执行 DR 的功能；当 DR 失效时，BDR 才承担起 DR 的责任。在整个网络上选举 DR 和 BDR 有如下好处。

① 减少路由更新数据流：选举 DR 和 BDR 减少了邻接关系的复杂性，每台路由器都只与 DR 和 BDR 建立邻接关系，交换链路状态信息，这种扩散过程大大减少了网络上的数据流量，如图 5-17 所示。

② 管理链路状态同步：DR 和 BDR 可以保证网络上的其他路由器都有关于网络的相同的链路状态信息。

DR 和 BDR 是在交换 Hello 数据报的过程中选举出来的，其他路由器都与 DR 和 BDR 建立邻接关系。

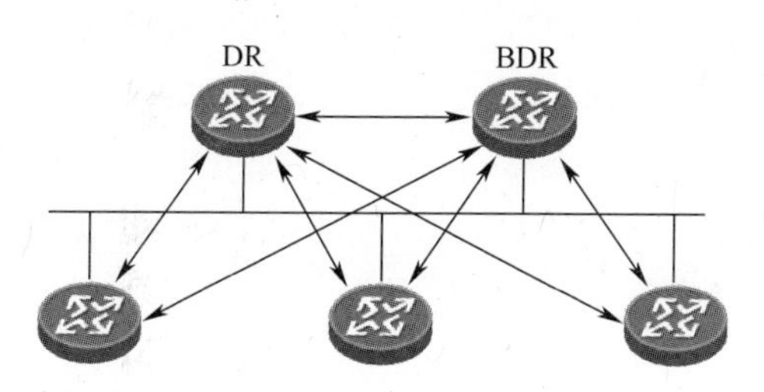

图 5-17　与 DR 和 BDR 建立邻接关系

在选举 DR 和 BDR 时，路由器在 Hello 数据报中相互查看优先级，并根据下面的条件确定 DR 和 BDR。

① 有最高优先级值的路由器被选为 DR。

② 次高优先级值的路由器被选为 BDR。

③ 在优先级值相等的情况下，比较路由器 ID，有最高 ID 的路由器成为 DR，有次高 ID 的路由器成为 BDR。

④ 优先级为 0 的路由器不能作为 DR 和 BDR。

⑤ 不是 DR 或 BDR 的路由器被称为 DRother（非 DR）。

⑥ 如果有一台优先级值更高的路由器被添加到网络中，原来的 DR 和 BDR 仍然保持不变，DR 或 BDR 身份的更换只有在原来的 DR 或 BDR 失效后才再次选举，如果 DR 失效，BDR 将成为 DR，再选举一个新的 BDR。

3）数据库同步

在确定了邻接关系之后，具有邻接关系的路由器之间将进行链路状态数据库（LSDB）的同步，主要包括以下三个过程。

（1）创建链路状态通告（LSA）。

在创建链路状态通告的过程中，其中一个重要的步骤是计算出每个接口的度量值。在 OSPF 中使用代价（Cost）作为度量值。华为的代价计算公式是 10^8/带宽。

（2）发送链路状态通告。

在创建链路状态通告后，路由器就会泛洪链路状态通告，这样所有路由器都将收到其他路由器的链路状态通告。

（3）接收链路状态通告，更新链路状态数据库。

在收到其他路由器的链路状态通告后，路由器就会根据相应的规则，更新自身的链路状态数据库，最终的结果是区域内所有路由器的链路状态数据库都是一致的，如图 5-18 所示，区域内所有路由器都将具有同样的一个记录着路由器链路状态的数据库，而每个路由器的链路状态通告又是由多条链路状态实例组成。

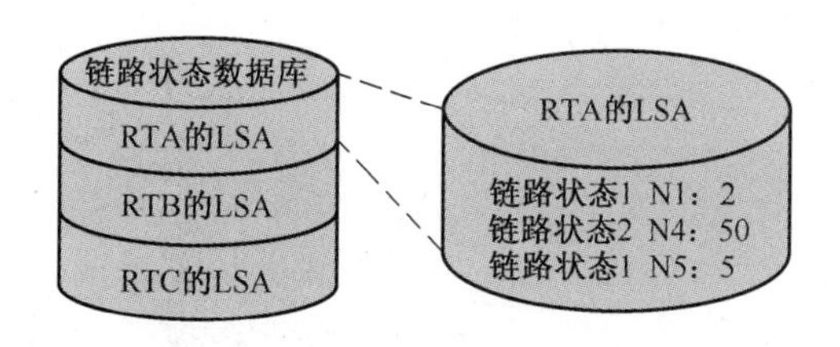

图 5-18　路由器的链路状态数据库

4）计算路由表

计算路由表中的最重要的一项功能就是计算一个区域的最短路径优先(SPF)树。每个路由器都会根据其链路状态数据库的数据，以自己为树根构建一棵最短路径树，如图5-19所示。在路由器RouterC生成的SPF树中，到N4网络有两条路径，其原因是通过RTA或RTB到达N4网络的距离是一样的，因此，RouterC会生成两条等值路由，对去往N4网络的数据进行负载均衡。每台路由器根据自己的SPF树即可计算出各自的路由表。

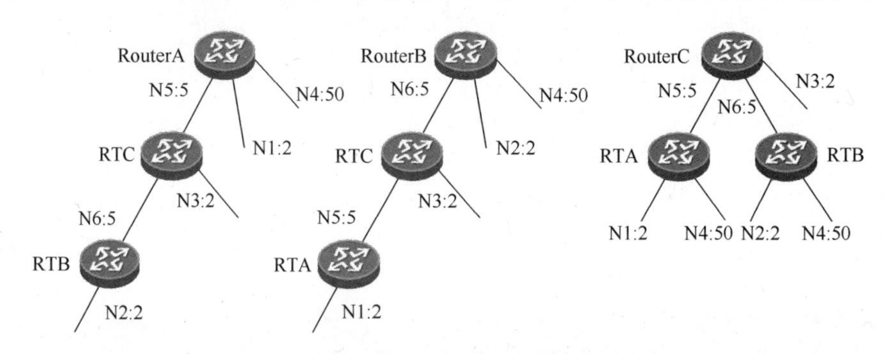

图5-19 每台路由器生成的SPF树

由于每个路由器生成一棵SPF树，因此，链路状态协议很好地避免了路由环路的产生。

3. 多区域OSPF的原理

当单区域的网络非常大(例如数百个节点)时，网络发生变化的频率就会大大增加，路由器需要不停地计算，这大大影响了网络的稳定性，也增加了路由器的负担。因此，把运行OSPF的路由器在逻辑上划分在不同的区域内是解决这些问题的有效措施。

1）划分区域的优点

在过大的单区域下运行，OSPF面临以下问题。

(1) 频繁调用SPF算法：任何一个网络的变化，所有的路由器都需要重新计算路由表，这种计算会使用非常大的CPU周期。

(2) 链路状态数据库过大：路由器为区域内的每一个网络维护一条链路状态信息。

(3) 路由表过大：每台路由器为每个网络至少维持一条路由条目。

为了解决这些问题，OSPF把大型网络划分成多个易于管理的逻辑的小型区域，这些区域之间仍然会进行路由，称为区域间路由。区域的引入，为链路状态更新的范围设置了边界，LSA的传播和SPF的计算被限制在一个区域内部的变化上，在同一个区域内的路由器具有相同的链路状态数据库。区域间路由信息的交换由区域边界路由器完成。体系化路由有以下优点。

① LSU更新负荷降低：只需在区域间通告归纳路由的LSU即可，不必把一个区域的所有具体路由信息通告给其他区域。

② SPF计算频率降低：由于具体的路由信息被限制在特定的区域内，所以，当拓扑发生变化时只有区域内受影响的路由器需要重新计算路由表。

③ 路由表更小：当使用多个区域时，区域内使用具体的路由条目，区域间可以使用归纳的路由条目。

划分多区域增强了运行OSPF路由协议的网络的稳定性，网络管理也变得更容易，同时,降低了运行 OSPF 协议的路由器对系统资源——CPU 的处理能力和内存的容量的要求;划分区域也引入了更多的概念和术语。

2) 区域的类型

在多个区域环境下,不同的区域有不同的属性,称为区域类型。OSPF 的区域类型有以下几种。

(1) 骨干区域(Backbone Area):当设计多个区域时,必须有一个区域是骨干区域,骨干区域用 Area 0(区域 0)标志,骨干区域也是其他区域的核心,即其他区域都必须与骨干区域是连通的(物理逻辑地连通均可),骨干区域接收所有其他非骨干区域的路由信息,并负责把这些路由信息传递到另外的一些非骨干区域,它是非骨干区域的转接区域。

(2) 标准(常规)区域(Standard/Normal Area):像单区域规划时那样的区域,这种区域内的路由器除了有自己区域内的路由信息外,还可以接收区域间的路由信息和外部(自治系统外)路由信息。

(3) 末节区域(Stub Area):不接收外部路由信息的区域称为末节区域,末节区域内的路由器使用默认路由把数据送达自治系统外。

(4) 完全末节区域(Totally Stub Area):完全末节区域既不接收外部路由信息,也不接收其他区域的路由信息。

(5) 次末节区域(Not-So Stubby Area,NSSA):是一种混合型末节区域,可以接收某些自治系统外的路由信息。

(6) 完全次末节区域(Totally Not-So Stubby Area):是一种混合型末节区域,既不接收外部路由信息,也不接收其他区域的路由信息,但可以接收某些自治系统外的路由信息。

3) 路由器类型

在多区域环境下,路由器的接口可能会运行在不同的区域中,根据路由器接口运行的区域,路由器类型划分以下几种类型。

(1) 内部路由器:所有运行 OSPF 的接口都在同一个区域内的路由器,称为内部路由器。

(2) 骨干路由器:至少有一个接口运行在区域 0 中的路由器。

(3) 区域边界路由器(Area Border Router,ABR):有连接多个区域的接口的路由器。

这些路由器为它们所连接的每个区域维护着单独的链路状态数据库。ABR 可以从它所连接的某个区域的链路状态数据库中总结概括路由信息,并将该信息从连接其他区域的接口通告到其他区域,ABR 是区域的出口。

(4) 自治系统边界路由器(Autonomous System Border Router,ASBR):至少有一个接口与外部网络相连的 OSPF 路由器,这种路由器可以通过外部路由引入技术把非 OSPF 的路由信息引入到 OSPF 网络中。

4) 计算路由表的过程

路由器接收到更新的路由信息后,把它们写入自己的拓扑数据库,并重新计算路由表。次序如下。

(1) 首先计算到本区域内目的地的路由,把最佳路径写入路由表中。

(2) 计算到其他区域的区域间路由,完全末节区域内的路由器除外。

(3) 计算到自治系统外的路由。

OSPF 选择路由的次序如下。

(1) 域内路由。

(2) 域间路由。

(3) 第一类外部路由。

(4) 第二类外部路由。

外部路由类型 1 和类型 2 的区别在于路由开销(Cost)的计算方法不同。类型 1 的路由开销等于外部开销(外部路由进入 OSPF 自治系统内时的初始开销)加上内部开销(经由的 OSPF 自治系统内的链路开销)之和。类型 2 的路由只计算外部开销,无论它穿越多少内部链路,都不计算内部开销,类型 2 是默认的外部路由类型。

(二) 单区域 OSPF 的配置

基本的 OSPF 网络配置非常简单,只需要在各路由器上使用 ospf 命令启用 OSPF 进程,使用 area 命令配置相应的 OSPF 区域,并通过 network 命令宣告所连接的网络即可。启用 OSPF 路由功能后,路由器可以使用一些默认配置,如 OSPF 各种协议报文的发送时间间隔、LSA 延迟时间、SPF 计算时间间隔等,也可以根据需要修改默认配置。

1. 单区域 OSPF 基本配置步骤

单区域 OSPF 基本配置步骤如下。

1) 创建 ospf 进程

```
[Huawei]ospf [process-id] [router-id router-id]
```

该命令用来启动 OSPF 进程。

(1) process-id:可选多选项,指定 OSPF 进程号,取值范围为 1~65535,默认为 1。

(2) router-id:可选多选项,指定 OSPF 进程使用的 Router ID,点分十进制形式。

Router ID 用来在一个 AS 中唯一标识一台路由器的标识符。一台路由器如果要运行 OSPF 协议,则必须存在 Router ID。可以在创建 OSPF 进程的时候指定 Router ID。

2) description 命令(可选)

```
[Huawei-ospf-2]description description
```

该命令用来配置 OSPF 进程/OSPF 区域的描述信息。其中:description 用来指定 OSPF 进程或 OSPF 区域的描述,为 1~80 个字符串。

3) area 命令

```
[Huawei-ospf-2]area area-id
```

该命令用来创建 OSPF 区域,并进入 OSPF 区域视图。

参数 area-id 用来指定区域标识,可以是十进制整数(取值范围为 0~4294967295,系统会将其处理成 IP 地址格式)或者是 IP 地址格式。

4) network 命令

```
[Huawei-ospf-2]network ip-address wildcard-mask
```

该命令用来配置 OSPF 区域所包含的网段并在指定网段的接口上启用 OSPF。

ip-address 用来指定要启用 OSPF 路由的路由器接口所在的网段地址。

wildcard-mask 用来指定上述接口 IP 地址所对应的子网掩码的反码。其中,“1”表示忽略 IP 地址中对应的位,“0”表示必须保留此位。

该命令可以在一个区域内配置一个或多个接口,但一个网段只能属于一个区域。

(三) 多区域 OSPF 的配置

1. 多区域 OSPF 基本配置示例

多区域 OSPF 的基本配置与单区域类似,仅仅把路由器的接口按正确的区域进行划分即可。本示例拓扑结构如图 5-20 所示。示例中所有的路由器都运行 OSPF,RouterA 及 RouterB 属于区域 0,RouterB 与 RouterC 属于区域 1。

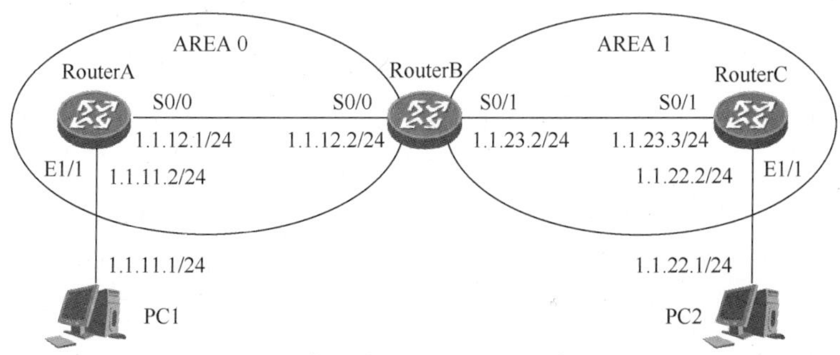

图 5-20　多区域 OSPF 配置示例拓扑结构

下面是具体的配置步骤。

(1) 配置各接口的 IP 地址(略)。

(2) 在 RouterA 上配置 OSPF 路由进程,并宣告所连接的网络,示例如下。

```
[RouterA]ospf
[RouterA-ospf-1]area 0
[RouterA-ospf-1-area-0.0.0.0]network 1.1.12.0 0.0.0.255
[RouterA-ospf-1-area-0.0.0.0]network 1.1.11.0 0.0.0.255
[RouterA-ospf-1-area-0.0.0.0]quit
```

(3) 在 RouterB 上配置 OSPF 路由进程,并宣告所连接的网络,示例如下。

```
[RouterB]ospf
[RouterB-ospf-1]area 0
[RouterB-ospf-1-area-0.0.0.0]network 1.1.12.0 0.0.0.255
[RouterB-ospf-1-area-0.0.0.0]quit
[RouterB-ospf-1]area 1
[RouterB-ospf-1-area-0.0.0.1]network 1.1.23.0 0.0.0.255
[RouterB-ospf-1-area-0.0.0.1]quit
```

(4) 在 RouterC 上配置 OSPF 路由进程,并宣告所连接的网络,示例如下。

```
[RouterC]ospf
[RouterC-ospf-1]area 1
[RouterC-ospf-1-area-0.0.0.1]network 1.1.23.0 0.0.0.255
[RouterC-ospf-1-area-0.0.0.1]network 1.1.22.0 0.0.0.255
[RouterC-ospf-1-area-0.0.0.1]quit
```

2. Stub 区域的配置示例

Stub 区域是一些特定的区域,AS 外部的路由信息不会传播到该区域,在这些区域中路由器的路由表规模及路由信息传递的数量都会大大减少。

为了进一步减少 Stub 区域中路由器的路由表规模及路由信息传递的数量,可以将该区域配置为 Totally Stub(完全 Stub)区域,区域间的路由信息和外部路由信息均不会传递到本区域。(Totally)Stub 区域是一种可选的配置属性,但并不是每个区域都符合配置的条件。通常来说,(Totally)Stub 区域位于 AS 的边界。

为保证到本 AS 的其他区域或 AS 外的路由依旧可达,该区域的 ABR 将生成一条默认路由,并发布给本区域中的其他非 ABR 路由器。配置(Totally)Stub 区域时需要注意下列几点。

(1) 骨干区域不能配置成(Totally)Stub 区域。

(2) 如果要将一个区域配置成 Stub 区域,则该区域中的所有路由器必须都要配置 stub 命令。

(3) 如果要将一个区域配置成 Totally Stub 区域,则该区域中的所有路由器必须配置 stub 命令,该区域的 ABR 路由器需要配置 stub no-summary 命令。

(4) (Totally)Stub 区域内不能存在 ASBR。

(5) 虚拟链接不能穿过(Totally)Stub 区域。

Stub 区域的具体配置步骤是在 OSPF 多区域基本配置完成后,进行 stub 区域的配置即可。

```
[Huawei-ospf-100-area-0.0.0.1]stub [no-summary]
```

该命令用来配置一个区域为 Stub 区域。选项 no-summary 仅在该区域配置成为 Totally Stub 区域时使用,并且只需在 ABR 上配置。以下是将 OSPF 区域 1 设置为 Stub 区域的示例。

```
[Huawei]ospf 100
[Huawei-ospf-100]area 1
[Huawei-ospf-100-area-0.0.0.1]stub
```

3. NSSA 区域的配置示例

Stub 区域不允许存在 ASBR,为了满足移动用户随机以另一个 AS 接入网络,又要保留 stub 区域的特性时可将该区域配置为 NSSA 区域,配置步骤和 stub 区域配置步骤相同。

```
[Huawei-ospf-100-area-0.0.0.1]nssa  [default-route-advertise |no-import-route |no-summary |translate-always |translator-stability-interval value]
```

(1) default-route-advertise:多选项,只用于 NSSA 区域的 ABR 或 ASBR 配置,选择该多选项后,对于 ABR,不论本地是否存在默认路由,都将生成一条 Type-7 LSA 向区域内发布默认路由,对于 ASBR,只有当本地存在默认路由时,才产生 Type-7 LSA 向区域内发布默认路由。

(2) no-import-route:多选项,只用在既是 NSSA 区域的 ABR,也是 OSPF 自治系统的 ASBR 的路由器上,选择该多选项可以禁止将 AS 外部路由以 Type-7 LSA 的形式引入到 NSSA 区域中,以保证所有外部路由信息能正确地进入 OSPF 路由域。

（3）no-summary：多选项，只用于 NSSA 区域的 ABR 上，选择该多选项后，NSSA ABR 只通过 Type-3 的 Summary-LSA 向区域内发布一条默认路由，不再向区域内发布任何其他 Summary-LSAs（这种区域称为 NSSA Totally Stub 区域）。

（4）translate-always：多选项，用来指定 ABR 为 NSSA 区域的 Type-7 LSA 转换为 Type-5 LSA 的转换路由器。

（5）translator-stability-interval value：多选项，指定当更高优先级的设备成为 NSSA 区域的 Type-7 LSA 转换为 Type-5 LSA 的转换路由器后，原 Type-7 LSA 转换为 Type-5 LSA 的转换路由器保持转换能力的时间，参数 value 用来指定保持时间，取值范围为 0~900s，默认值为 0s，即不保持。

如果要将一个区域配置成 NSSA 区域，则该区域中的所有路由器都必须配置此属性。以下是将区域 1 配置成 NSSA 区域的示例。

```
[Huawei]ospf 100
[Huawei-ospf-100]area 1
[Huawei-ospf-100-area-0.0.0.1]nssa
```

三、BGP 协议及应用

BGP 是一种用于自治系统（Autonomous System，AS）之间的距离矢量型动态路由协议，使用 TCP 作为其传输层协议（端口号 179），提高了协议的可靠性。BGP 用在自治系统之间，其主要功能是提供无环的域间（自治系统间）路由信息，并对进/出自治系统的数据依据特定的策略进行调控。

（一）BGP 路由基础

1. BGP 概述

BGP 路由协议使用一系列属性衡量路径的优劣（远近），通过比较路由信息中携带的一些属性，最终展现出的是到达目的地所经由的所有 AS 列表，因此也称为路径矢量。BGP 协议的着眼点不在于发现和计算路由，而在于控制路由的传播和选择最优路由，其最佳路由是通过比较一系列属性最终得到的。BGP 支持无类别域间路由（Classless Inter-Domain Routing，CIDR）。而且在 BGP 网络中，一个路由器只能属于一个 AS（每个 AS 都有一个唯一的自治系统编号，这个编号用一个 16bit 的数值标识，其十进制范围从 1~65535。从 64512 到 65535 的编号是私用的，类似于 IP 地址中的私有地址）。

当前使用的版本是 BGP-4（RFC 1771，已更新至 RFC 4271）。BGP-4 作为事实上的 Internet 外部路由协议标准，被广泛应用于互联网服务提供商（Internet Service Provider，ISP）之间。

2. BGP 消息类型

通告 BGP 消息的路由器称为 BGP 发言者（BGP Speaker），它接收或产生新的路由信息，并通告给其他 BGP Speaker。相互交换消息的 BGP 发言者之间互称对等体（Peer），若干相关的对等体可以构成对等体组（Peer Group）。他们之间将会交换五种形式的报文。

（1）Open：负责和对等体建立邻居关系。

（2）Update：被用来在对等体之间传递路由消息。

(3) Notification:当 BGP Speaker 检测到错误时,发送该消息。

(4) Keepalive:在对等体之间周期性发送,用于维护邻居关系。

(5) Route-refresh:用来通知对等体自己支持路由刷新能力。

建立 BGP 会话的路由器首先要保证可达性,在建立 TCP 会话后,通过交换 Open 信息来确定连接参数,如运行版本等。建立对等体连接关系后,使用 Update 消息在对等体之间交换路由信息。它既可以发布可达路由信息(包括目的列表和路由属性),也可以撤销不可达路由信息。在交换 BGP 所有的路由后,只有当路由条目发生改变或失效的时候,才会发出增量的触发性的 Update 消息。所谓增量,就是指此时不再交换整个 BGP 表,而只更新发生变化的路由条目;所谓触发性,则是指只有在路由表发生变化时才更新路由信息,所以增量触发大大减少了 BGP 传播路由所占用的带宽。BGP 会周期性地向对等体发出 Keepalive 消息,用来保持连接的有效性。当 BGP 检测到错误状态时,就向对等体发出 Notification 消息,之后 BGP 连接会立即中断。Route-refresh 消息用来要求对等体重新发送指定地址族的路由信息。

3. BGP 的数据库

1) BGP 的数据库类型

BGP 共有五种数据库。

(1) IP 路由表(IP-RIB):全局路由信息库,包括所有 IP 路由信息。

(2) BGP 路由表(Loc-RIB):BGP 路由信息库,包括本地 BGP Speaker 选择的路由信息。

(3) 邻居表:对等体的邻居清单列表。

(4) Adj-RIB-In:对等体宣告给本地 Speaker 的未处理的路由信息库。

(5) Adj-RIB-Out:本地 Speaker 宣告给指定对等体的路由信息库。

2) BGP 路由信息处理

BGP 路由信息的处理过程如图 5-21 所示。

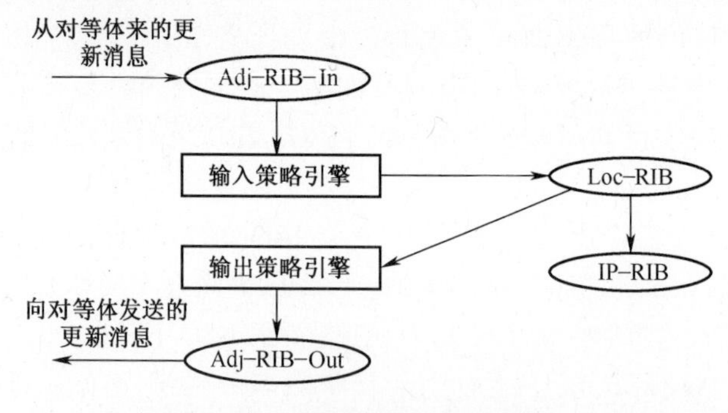

图 5-21 BGP 路由信息处理过程

当从对等体接收到更新数据报时,路由器会把这些更新数据报存储到 Adj-RIB-In 中,并指明是来自哪个对等体的。这些更新数据报被输入策略引擎过滤后,路由器将会执行路径选择算法,为每一条前缀确定一个最佳路径。

得出的最佳路径被存储到本地 BGP RIB(Loc-RIB)中,然后提交给本地 IP 路由选择表(IP-RIB),以用作安装考虑。

若启用了多路径特性,最佳路径和所有等值路径都将被提交给 IP-RIB 考虑。

除了从对等体接收到的最佳路径外,Loc-RIB 也会包含当前路由器注入的(本地发起的路由),并被选择为最佳路径的 BGP 前缀。Loc-RIB 中的内容在被通告给其他对等体之前,必须通过输出策略引擎。只用那些成功通过输出策略引擎的路由,才会被安装到输出 RIB(Adj-RIB-Out)中。

4. BGP 的邻居关系

BGP 邻居建立必须手动完成,从邻居的建立开始就体现了 BGP 是基于策略进行路由的(物理上直接相连的未必是邻居,而物理上不直接相连的仍可以建立邻居关系)。

BGP 邻居关系是建立在 TCP 会话基础之上的,而两个运行 BGP 的路由器要建立 TCP 会话就必须要具备 IP 连通性。IP 连通性通过内部网关协议(IGP)或静态路由实现。通常把通过 IGP 或静态路由实现的 IP 连通性统称为 IGP 连通性或 IGP 可达性。

BGP 有以下两种邻居关系:

(1) IBGP(Internal BGP):当 BGP 运行在同一 AS 内部时,称为 IBGP。

(2) EBGP(External BGP):当 BGP 运行在不同 AS 之间时,称为 EBGP。

(二) BGP 基本配置

在配置 BGP 连接之前,需保证相邻节点在网络层互通。本节除了介绍 BGP 连接方面的基本功能配置,其他配置均用于在特定网络环境和应用需求时选用。

1) 在路由器上启动 BGP 协议

要在路由器上创建 BGP 连接,必须为该路由器配置所属的 AS 编号,启动 BGP 连接,同时指定对等体/对等体组所属的 AS 编号,因为在 BGP 网络中,一个路由器只能属于一个 AS,也只能运行一个 BGP 路由进程。

创建 BGP 连接的基本配置步骤如下。

```
[Huawei]bgp as-number
```

as-number:指定的本地 AS 号,取值范围为 1~4294967295。

2) 配置 Router ID(可选)

```
[HUAWEI-bgp] router-id router-id
```

router-id:用来在一个自治系统中唯一的标识一台路由器,一台路由器如果要运行 BGP 协议,则必须存在 Router ID,它是一个 32 bit 无符号整数。

用户可以在启动 BGP 进入 BGP 视图后指定 Router ID,配置时,必须保证自治系统中任意两台路由器的 ID 都不相同。

如果没有手工配置 Router ID,路由器将会从当前接口的 IP 地址中自动选取一个作为路由器的 ID 号。其选择顺序是:优先从 Loopback 地址中选择最大的 IP 地址作为路由器的 ID 号,如果没有配置 Loopback 接口,则选取物理接口中最大的 IP 地址作为路由器的 ID 号。

3) 指定对等体及其 AS 号

```
[HUAWEI-bgp]peer ipv4-address as-number as-number
```

指定的对等体的 IP 地址可以是以下三种。

(1) 直连对等体的接口 IP 地址。

(2) 路由可达的对等体的 Loopback 接口地址。

(3) 直连对等体的子接口的 IP 地址。

4) 指定 BGP 连接所使用的建立 TCP 连接会话的源接口和源地址(可选)

```
[HUAWEI-bgp]peer ipv4-address connect-interface interface-type interface
-number [ipv4-source-address]
```

另外,当 BGP 对等体之间同时建立多条 BGP 连接时,如果没有明确指定建立 TCP 连接的源接口,可能会导致根据最优路由选择 BGP 对等体的 TCP 连接源接口错误,并影响 BGP 协议处理,因此,建议用户在此情况下配置 BGP 对等体时,明确配置 BGP 会话建立 TCP 连接的源接口为指定接口。

5) 配置对等体的描述信息(可选)

```
[HUAWEI-bgp]peer ipv4-address description description-text
```

6) 配置 EBGP 连接的最大跳数

```
[HUAWEI-bgp]peer ipv4-addresse ebgp-max-hop [ hop-count ]
```

参数 hop-count 的缺省值为 255。

通常情况下,EBGP 对等体之间必须具有直连的物理链路,如果不满足这一要求,则必须使用 peer ebgp-max-hop 命令允许它们之间经过多跳建立 TCP 连接。

但要注意,直连 EBGP 对等体在使用直连地址作为对等体 IP 时,不需要使用配置步骤中的 peer ebgp-max-hop 命令。

7) 配置 BGP 引入路由

BGP 协议自身不能发现路由,所以需要将其他协议的路由(如 IGP 或者静态路由等)引入到 BGP 路由表中,从而将这些路由在 AS 之内和 AS 之间传播。

BGP 引入路由时支持 Import 和 Network 两种方式。

Import 方式是按协议类型,将 RIP 路由、OSPF 路由、ISIS 路由、静态路由和直连路由等协议的路由注入 BGP 路由表中。

Network 方式比 Import 方式更精确,将指定前缀和掩码的一条路由注入 BGP 路由表中。

(1) Import 方式配置 BGP 引入其他协议的路由。

```
[HUAWEI-bgp]import-route protocol [process-id] [med med | route-policy
route-policy-name]
```

通过配置 med 参数,可以指定引入路由的 MED 度量值。EBGP 对等体在判断流量进入 AS 选路时将选择 MED 最小的路由。

通过配置 route-policy route-policy-name 参数可对从其他协议引入的路由进行过滤。

说明:引入 IS-IS、OSPF 或 RIP 路由时,需要指定协议进程号。

允许 BGP 引入缺省路由(可选)

```
[HUAWEI-bgp]default-route imported
```

default-route imported 命令需要与 import-route 命令配合使用,才能引入缺省路由。

因为单独使用 import-route 命令无法引入缺省路由，且 default-route imported 命令只用于引入本地 IP 路由表中已经存在的缺省路由。

（2）Network 方式配置 BGP 引入本地路由。

```
[HUAWEI-bgp]network ipv4-address [ mask | mask-length ] [route-policy route-policy-name ]
```

route-policy-name：路由策略名称，为 1~40 个字符的字符串，区分大小写。

用户可以在 BGP 视图下配置发布某个网段的路由，从而将该路由发布给对等体，通过该种方式发布的路由的 Origin 属性为 IGP。网络管理员还可以通过使用路由策略更为灵活地控制所发布的路由。需要注意的是，要发布的本地路由必须存在于 IP 路由表中。

（三）BGP 路由属性及选路原则

BGP 路由属性是跟随路由一起发送出去的一组参数，封装在 Update 报文的 Path attributes 字段中。它对特定的路由进行了进一步的描述，使得路由接收者能够根据路由属性值对路由进行过滤和选择。BGP 路由属性可以分成如下几种。

（1）公认属性：所有运行 BGP 的路由器都必须识别的属性。

（2）任选属性：不必被所有运行 BGP 的路由器都支持的属性。

（3）必遵属性：必须出现在路由信息中的属性。

（4）可选属性：不必一定出现在路由信息中的属性。

（5）可传递属性：可以传递给邻居的属性。

（6）非传递属性：不能传递给邻居的属性。

这些属性是组合使用的，它们的有效组合如下。

公认必遵属性（Well-known Mandatory Attributes）、公认任选属性（Well-known Discretionary Attributes）、可选传递属性（Optional Transitive Attributes）和可选非传递属性（Optional Nontransitive Attributes）。

（1）公认必遵属性：所有 BGP 路由器都必须能够识别这种属性，且必须存在于 Update 消息中。如果缺少这种属性，路由信息就会出错。

（2）公认可选属性：所有 BGP 路由器都可以识别，但不要求必须存在于 Update 消息中，可以根据具体情况来选择。

（3）可选传递属性：在 AS 之间具有可传递性的属性，BGP 路由器可以不支持此属性，但它仍然会接收带有此属性的路由，并通告给其他对等体。

（4）可选非传递属性：如果 BGP 路由器不支持此属性，该属性被忽略，且不会通告给其他对等体。

在技术文档 RFC1771 中定义了 1~7 号的 BGP 路由属性，依次是 1：ORIGIN；2：AS_PATH；3：NEXT_HOP；4：LOCAL_PREF；5：MED；6：ATOMIC_AGGREGATE；7：AGGREGATOR。在 RFC1997 中还定义了 8：COMMUNITY。

在上面这些属性中，1、2、3 属性是公认必遵；4、6 是公认可选；7、8 是可选传递；5 号是可选非传递。

当配置 BGP 路由时，首先需要了解 BGP 路由的一些主要属性，尽管有些属性从名字上看起来它与其他路由属性一样,但意义有明显的区别。

1. BGP 常用属性

1) ORIGIN(源)属性

ORIGIN 属性定义路由信息的来源,标记一条路由是怎么成为 BGP 路由的。它有以下三种类型。

(1) IGP(i):表示路由信息来源于 IGP,BGP 用 network 命令通告存在于 IGP 路由表中的路由,优先级最高。

(2) EGP(e):表示路由信息起源于 EGP 协议,即从 EGP 那里学习到的,这里的 EGP 协议是被 BGP 协议取代的一个早期外部网关协议,优先级次之。

(3) incomplete(?):表示路由的起源未知或通过某种其他方法学习到的,优先级最低,它并不是说明路由不可达,而是表示路由的来源无法确定,例如,引入的其他路由协议的路由信息。

2) AS_PATH(AS 路径)属性

AS_PATH 属性按一定次序记录了某条路由从本地到目的地址所要经过的所有 AS 号。当 BGP 将一条路由通告到其他 AS 时,便会把本地 AS 号添加在 AS_PATH 列表的最前面。通常情况下,BGP 不会接受 AS_PATH 中已包含本地 AS 号的路由,从而避免了形成路由环路的可能。

图 5-22 中,在 AS 10 区域中发布网段 8.0.0.0 的路由,箭头表示路由的通告方向,当路由离开某个 AS 后,就会在 AS_PATH 列表中依次添加所经过的 AS 号,并且最近的处于最前面,其他 AS 号按顺序依次排列,中间以逗号分隔。最终在 AS 40 区域中路由器到达 8.0.0.0 网段的 AS_PATH 为(30,20,10)和(50,10)。

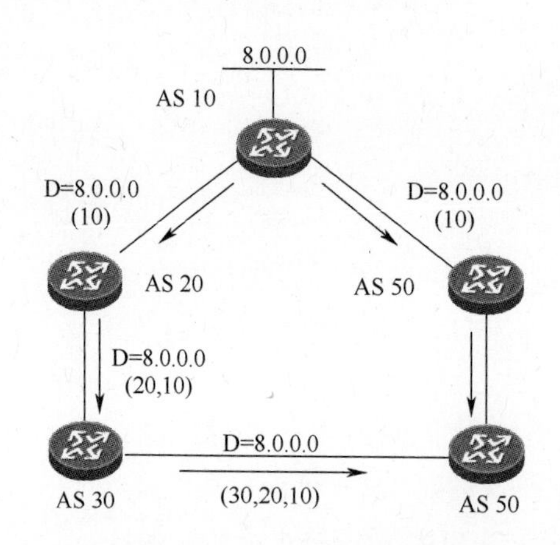

图 5-22 AS PATH 属性示例

同时,AS_PATH 属性也可用于路由的选择和过滤。在其他因素相同的情况下,BGP 会优先选择路径较短的路由。比如在图 5-22 中,AS 40 中的 BGP 路由器会优先选择经过 AS 50 的路径作为到达目的网段 8.0.0.0 的最优路由。

在某些应用中,可以使用路由策略来人为地增加 AS 路径的长度,比如使用 peer allow-as-loop 命令允许 AS 号重复以便更为灵活地控制 BGP 路由路径的选择。通过 AS 路径过滤列表,还可以针对 AS_PATH 属性中所包含的 AS 号来对路由进行过滤。

3) NEXT_HOP(下一跳)属性

NEXT_HOP 属性是公认强制的 BGP 属性。BGP 是一个 AS 到 AS 的路由协议,并不是一个路由器到另一个路由器的路由协议。所以在 BGP 中,下一跳属性和 IGP 的有所不同,不一定就是邻居路由器的 IP 地址,而是指到达另一个 AS 的 IP 地址。

下一跳属性取值情况分为三种,具体规则如下。

(1) BGP 发言者把自己产生的路由发给所有邻居时,将把该路由信息的下一跳属性设置为自己与对端连接的接口地址。

(2) BGP 发言者把接收到的路由发送给 EBGP 对等体时,将把该路由信息的下一跳属性设置为本地与对端连接的接口地址。

(3) BGP 发言者把从 EBGP 邻居得到的路由发给 IBGP 邻居时,并不改变该路由信息的下一跳属性,如果配置了负载分担,等价路由被发给 IBGP 邻居时则会修改下一跳属性。

如图 5-23 所示,在 AS 300 中路由器 RouterA 将发布网段 8.0.0.0 给它的 IBGP 邻居 RouterB,此时 RT2 使用下一跳 172.20.10.2 向网络 8.0.0.0 发送数据;对于 EBGP,下一跳就是路由器发送路由信息的接口的 IP 地址。根据这一规则,AS300 中路由器 RouterB 向其 EBGP 邻居 RouterC 发布 8.0.0.0 路由后,RouterC 上 8.0.0.0 路由的下一跳为 10.10.10.1。

如果把 EBGP 邻居得到的路由转发给 IBGP 邻居时,不改变该路由信息的下一跳属性。图 5-24 中,RouterB 从 EBGP 邻居获得 8.0.0.0 路由后,将不改变下一跳 2.1.1.1 发送给 IBGP 邻居 RouterD。

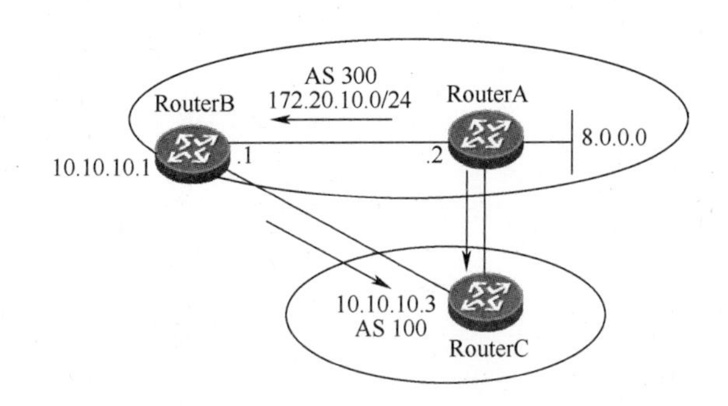

图 5-23 BGP NEXT-HOP 属性示例

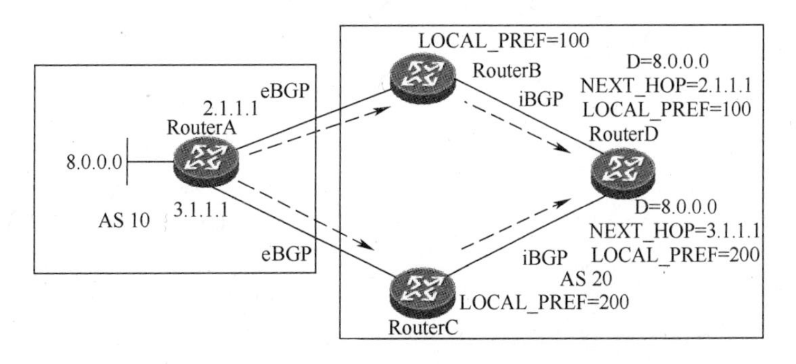

图 5-24 BGP LOCAI_PREF 属性示例

4）LOCAL_PREF（本地优先）属性

LOCAL_PREF 属性是公认自选的 BGP 属性。它用于判断流量离开 AS 时的最优路由。LOCAL_PREF 属性仅在 IBGP 对等体之间进行交换和比较，不通告给其他 AS，值越大表明路由越优先。

当 BGP 路由器通过不同的 IBGP 对等体得到路由目的相同但下一跳不同的多条路由时，将优先选择 LOCAL_PREF 属性值较高的路由。如图 5-24 所示，在 RouterD 上学到了有两条通过同一 AS 中的路由器路径可以到达 RouterA，这时就可使用本地优先级进行选路了，经过比较最终确定从 AS 20 到 AS 10 的流量将选择 Router C 作为出口，因为 Router C 中 LOCAL_PREF 属性值为 200，高于 Router B 中的 LOCAL_PREF 属性值 100。

5）MED（MULTI_EXIT_DISCl）属性

MED 属性值也称为度量值，用于指示外部邻居（EBGP 邻居）进入本 AS 的优选路径。具有较低 MED 值的路径被优先选用。

MED 属性是一种让一个 AS 影响另一个 AS 如何选择路径的方法。因此，MED 属性与本地优先属性不同，MED 属性在自治系统之间交换，即在 EBGP 邻居之间交换，并且仅在相邻的 AS 间交换。MED 值不会被传递到第 3 个 AS 内，当路由信息被传递到第 3 个 AS 时，度量值将被设置为默认的 0 值。如图 5-25 所示，AS 20 中路由器 Router C 向 AS 10 路由器 Router A 发布路由 8.0.0.0 时设置 MED 值为 100，则 Router A 从邻居 Router B 和 C 分别收到目的网段相同的路由，但下一跳及 MED 值都不相同，此时如果其他因素都相同的情况下，其选择 Router B 为入口。

在默认情况下，路由器只比较来自同一个 AS 的不同 EBGP 邻居通告的同一个路由信息的度量值。若非要比较，则通过配置 compare-different-as-med 命令，可以强制 BGP 比较来自不同 AS 的路由的 MED 属性值。

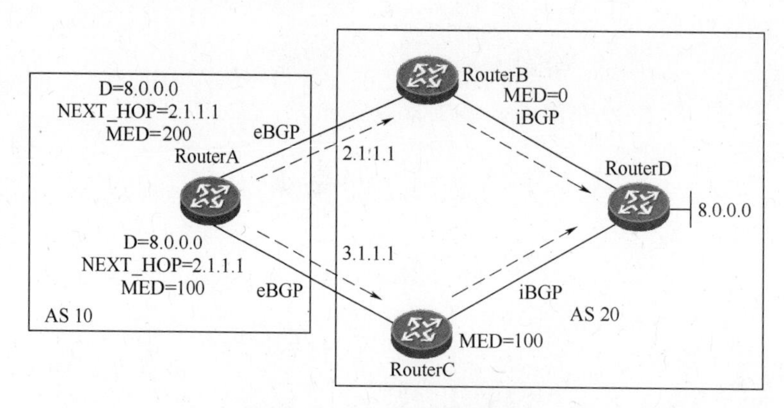

图 5-25　BGP MED 属性示例

6）COMMUNITY（团体）属性

团体属性也是跟随路由一起发送出去的一组特殊数据。根据需要，一条路由可以携带一个或多个团体属性值（每个团体属性值用一个四字节的整数表示）。接收到该路由的路由器就可以根据团体属性值对路由做出适当的处理（如决定是否发布该路由、在什么范围发布等），从而能够简化路由策略的应用和降低维护管理的难度。

公认的团体属性如下。

(1) INTERNET:默认情况下,所有的路由都属于 INTERNET 团体,具有此属性的路由可以被通告给所有的 BGP 对等体。

(2) NO_EXPORT:具有此属性的路由在收到后,不能被发布到本地 AS 之外,如果使用了联盟,则不能被发布到联盟之外,但可以发布给联盟中的其他子 AS。

(3) NO_ADVERTISE:具有此属性的路由被接收后,不能被通告给任何其他的 BGP 对等体。

(4) NO_EXPORT_SUBCONFED:具有此属性的路由被接收后,不能被发布到本地 AS 之外,也不能发布到联盟中的其他子 AS。

2. BGP 协议的选路策略、通告策略及同步

理解以下将要介绍的 BGP 协议选路策略和路由通告策略,对于理解 BGP 协议路径选择非常重要。

1) BGP 选择路由的策略

在目前的实现中,BGP 选择路由时采取如下策略。

(1) 首先丢弃下一跳(NEXT_HOP)不可达的路由。

(2) 优选 Preferred-value 值最大的路由。

(3) 优选本地优先级(LOCAL_PREF)最高的路由。

(4) 优选聚合路由。

(5) 优选 AS 路径(AS_PATH)最短的路由。

(6) 依次选择 ORIGIN 类型为 IGP、EGP、Incomplete 的路由。

(7) 优选 MED 值最低的路由。

(8) 依次选择从 EBGP、联盟、IBGP 学来的路由。

(9) 优选下一跳 Cost 值最低的路由。

(10) 优选 CLUSTER_LIST 长度最短的路由。

(11) 优选 ORIGINATOR_ID 最小的路由。

(12) 优选 Router ID 最小的路由器发布的路由。

(13) 优选地址最小的对等体发布的路由。

如果配置了负载均衡,并且有多条到达同一目的地址的路由,则根据配置的路由条数选择多条路由进行负载均衡。

2) BGP 通告路由的策略

在目前的实现中,BGP 发布路由时采用如下策略。

(1) 当存在多条有效路由时,BGP Speaker 只将最优路由发布给对等体。

(2) BGP Speaker 只把自己使用的路由发布给对等体。

(3) BGP Speaker 从 EBGP 获得的路由会向它所有的 BGP 对等体发布(包括 EBGP 对等体和 IBGP 对等体)。

(4) BGP Speaker 从 IBGP 获得的路由不向它的 IBGP 对等体发布。

(5) BGP Speaker 把从 IBGP 获得的路由发布给它的 EBGP 对等体(关闭 BGP 与 IGP 同步的情况下,IBGP 路由被直接发布;开启 BGP 与 IGP 同步的情况下,该 IBGP 路由只有在 IGP 也发布了这条路由时才会被同步并发布给 EBGP 对等体)。

(6) 连接一旦建立,BGP Speaker 将把自己所有的 BGP 路由发布给新对等体。

3) IBGP 和 IGP 同步

同步是指 IBGP 和 IGP 之间的同步,其目的是为了避免出现误导外部 AS 路由器的现象发生。

如果一个 AS 中有非 BGP 路由器提供转发服务,经该 AS 转发的 IP 报文将可能因为目的地址不可达而被丢弃。如图 5-26 所示,RouterE 通过 BGP 从 RouterD 学到 RouterA 的一条路由 8.0.0.0,于是把要到达这个目的地址的报文转发给 RouterD,RouterD 查询路由表,发现下一跳是 RouterB(在 RouterB 向 RouterD 路由通告时,通过 peer next-hop-local 命令手动设置)。由于 RouterD 从 IGP 学到了到 RouterB 的路由,所以通过路由迭代,RouterD 将报文转发给 RouterC。但 RonterC 并不知道去 8.0.0.0 的路由,于是将报文丢弃。

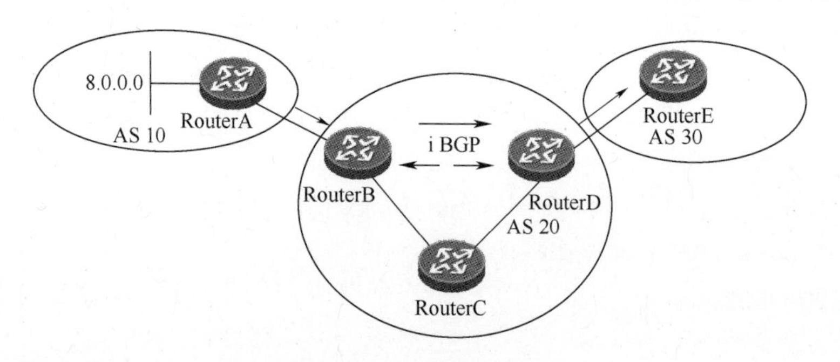

图 5-26 IBGP 和 IGP 同步

如果设置了同步特性,在 IBGP 路由加入路由表并发布给 EBGP 对等体之前,会先检查 IGP 路由表。只有在 IGP 也知道这条 IBGP 路由时,它才会被发布给 EBGP 对等体。

在下面的情况中,可以关闭同步特性。

(1) 本 AS 不是过渡 AS(上图中的 AS 20 就属于一个过渡 AS)。

(2) 本 AS 内所有路由器建立 IBGP 全连接。

本 章 小 结

本章主要内容包括广域互联基础、路由协议基础、大规模网络路由。本章重点是数据转发过程、广域网协议、静态路由、默认路由的工作过程;静态路由和默认路由的配置方法;动态路由协议基本原理、链路状态路由算法基本原理、OSPF 协议相关知识、OSPF 网络的特殊区域和 OSPF 网络配置方法;难点是静态路由和默认路由的应用场景和配置方法、OSPF 的特点和配置方法、BGP 协议的基本配置和路由属性及选路原则。

作 业 题

一、单项选择题

1. 在 PPP 中,当通信双方的双端检测到物理链路激活时,就会从链路不可用阶段转换到链路建立阶段,在这个阶段主要是通过(　　)协议进行链路参数的协商。

A. IP　　B. DHCP　　C. LCP　　D. NCP

2. 在华为路由器的串行接口上配置封装 PPP 协议时,需要在接口视图下输入的命令是( )。

A. link-protocol ppp B. encapsulation ppp

C. enable ppp D. address ppp

3. 下面哪条命令是把 PPP 的认证方式设置为 PAP? ( )

A. ppp pap B. ppp chap

C. ppp authentication-mode pap D. ppp authentication-mode chap

4. 命令 ip address ppp-negotiate 有什么作用? ( )

A. 开启向对端请求 IP 地址的功能

B. 开启接收远端请求 IP 地址的功能

C. 开启静态分配 IP 地址的功能

D. 其他选项都不正确

5. PPP 协议中,CHAP 使用的加密算法是什么? ( )

A. DES B. MD5 C. AES D. 不使用

6. 如果一个内部网络对外的出口只有一个,那么最好配置( )。

A. 默认路由 B. 主机路由 C. 动态路由 D. 静态路由

7. 以下哪个命令可以查看路由表摘要信息? ( )

A. display current-configuration

B. display ip routing-table

C. display ip routing-table verbose

D. display ip routing-table protocol static[inactive | verbose]

8. 默认情况下,华为设备上静态路由的优先级是( )。

A. 0 B. 10 C. 60 D. 100

9. OSPF 属于哪一种路由协议? ( )

A. 静态路由协议 B. 默认路由协议

C. 动态路由协议 D. 距离矢量协议

10. 下列哪一个命令用来查看与邻居路由器之间的关系? ( )

A. display ospf B. display ospf error

C. display ospf interface D. display ospf peer

11. 下列哪一个命令可以查看当前路由器配置 OSPF 的情况:路由器的标识(router id),区域状态,接口状态,引入的外部路由情况等? ( )

A. display ospf B. display ospf error

C. display ospf interface D. display ospf peer

12. 以下关于 OSPF 网络层次化设计的描述错误的是( )。

A. 降低了路由器配置的复杂性 B. 加快了收敛速度

C. 将网络的不稳定性限制在单个区域内 D. 减少了路由开销

13. 下列关于 OSPF 末端区域的描述错误的是( )。

A. 自治系统外部路由不会传播到末端区域

B. 末端区域内不允许存在 ASBR

C. 末端区域内的所有路由器都必须将该区域配置为末端区域

D. 类型3、类型4和类型5的LSA都不会传播到末端区域

14. 当OSPF自治系统划分区域后,路由器按功能划分为哪几种类别?(　　)

A. 内部路由器、外部路由器、ABR、ASBR

B. DR、BDR、ABR、ASBR

C. 内部路由器、骨干路由器、ABR、ASBR

D. DR、BDR、DROther、ABR、ASBR

二、多项选择题

1. 有关静态路由下列说法正确的是(　　)。

A. 静态路由默认优先级值越小优先级越高

B. 如果在配置静态路由时没有指定优先级,就不会使用默认优先级

C. 重新设置默认优先级后,新设置的默认优先级仅对新增的静态路由有效

D. 配置静态路由默认优先级为120的命令为 ip route-static default-preference 120

2. 与动态路由协议相比,静态路由有哪些优点?(　　)

A. 带宽占用少　　B. 简单

C. 路由器能自动发现网络拓扑变化　　D. 路由器能自动计算新的路由

3. 以下说法哪些是正确的?(　　)

A. 如果几个动态路由协议都找到了到达同一目标网络的最佳路由,这几条路由都会被加入路由表中。

B. 路由优先级与路由权值的计算是一致的

C. 路由权的计算可能基于路径某单一特性计算,也可能基于路径多种属性。

D. 动态路由协议是按照路由的路由权值来判断路由的好坏,并且每一种路由协议的判断方法都是不一样的

4. 下列关于OSPF协议的说法正确的是(　　)。

A. OSPF支持基于接口的报文验证

B. OSPF支持到同一目的地址的多条等值路由

C. OSPF是一个基于链路状态算法的边界网关路由协议

D. OSPF发现的路由可以根据不同的类型而有不同的优先级

5. 下列关于链路状态算法的说法正确的是(　　)。

A. 链路状态是对路由的描述

B. 链路状态是对网络拓扑结构的描述

C. 链路状态算法本身不会产生自环路由

D. OSPF和IGRP都使用链路状态算法

6. 在一个运行OSPF的自治系统之内(　　)。

A. 骨干区域自身也必须连通的

B. 非骨干区域自身也必须连通的

C. 必须存在一个骨干区域(区域号为0)

D. 非骨干区域与骨干区域必须直接相连或逻辑上相连

7. ORIGIN属性有哪几种类型?(　　)

A. IGP(i) B. EGP(e)
C. incomplete(?) D. Wellknown

8. BGP 路由下列属性中公认强制属性有哪些?( )

A. next-hop B. local_pref C. AS-path D. origin

三、填空题

1. 默认路由的网络地址为________,网络掩码为________。
2. 引入外部路由的命令是________。
3. OSPF 使用________分组直接封装 OSPF 协议报文,协议号是________。
4. OSPF 能有效地避免路由环路,由于 OSPF 使用________,因此,从算法本身就保证了不会产生环路。
5. OSPF 使用组播更新路由信息,减少了对不运行 OSPF 协议的设备的干扰,使用的组播地址分别是________和________。
6. OSPF 的骨干区域是一种特殊区域,它的区域号为________(由于 OSPF 的区域号是按 IP 地址的格式,所以经常被写为区域________)。
7. BGP 运行时会使用________消息、________消息、________消息、________消息这四种消息来传递信息。
8. BGP 路由属性可以分成四类:________属性、________属性、________属性和________属性。
9. 配置了 BGP 路由反射器,就不再需要________的 IBGP 对等体。

四、简答题

1. 简述 PPP 链路的工作过程。
2. 配置静态路由的命令是什么?
3. 配置华为路由器 OSPF 协议的基本步骤是什么?
4. Stub 区域、Totally Stub 区域、NSSA 区域各有什么特点?
5. 简述 BGP 的路由通告原则。
6. 为什么要求 BGP 和 IGP 同步?什么情况下可以取消同步?

第六章　军事信息网安全防护

军事信息网的广泛应用与飞速发展,极大地拓宽了获取军事信息的渠道,改变了我军传统的工作、训练和作战方式。但是,网络是一把双刃剑,它的共享性、开放性在带来革命性变革的同时,各种安全威胁却如同笼罩在军事信息网上的一团阴云,挥之不去。建立牢固、可靠、安全的军事信息网安全防护体系,可以有效保证军事信息网的安全可靠运行,是我军信息化建设进程中亟待解决的核心问题。

本章在介绍网络安全防护体系中的关键技术及信息安全等级保护相关知识的基础上,给出网络安全解决方案的基本思想和设计方法,为构筑牢固的军事信息网安全防护体系,保证军事信息网中网络服务的连续性、可靠性提供技术支撑。

第一节　网络安全防护体系

任何单一的产品和技术对提高网络整体安全水平的作用都是有局限性的,必须全方位地构建网络安全防护体系。首先从网络接入控制进行身份认证及访问控制,然后再对内容安全进行防护,最后通过行为审计技术对网络上的所有行为进行取证,这样才能充分有效地解决网络安全问题。

一、网络接入控制

(一) 身份认证

用户的身份信息是以数字形式存储在信息系统中的,系统通过用户的数字身份对用户进行鉴别和授权。那么,如何鉴别操作者的身份是否合法,即如何判断操作者的物理身份是否与数字身份相符,这就需要用到身份认证技术。

1. 身份认证概述

用户接入网络之前,信息系统对其进行身份认证,将未授权用户屏蔽在网络之外,确保合法的用户进入网络,是网络安全防护的重要手段。因此,身份认证常常被视为网络接入控制的第一道安全防线。

身份认证技术是指确定用户身份的技术手段,又称为身份鉴别技术。网络要求访问它的所有用户出示其身份证明,并检查其真实性和合法性,以防止操作者冒充合法用户访问网络资源。

身份认证是授权控制的基础,首先通过对用户存储在系统中的唯一标识对操作者进行识别,再对其(合法性)权限等属性进行鉴别以判断操作者的合法性。

2. 身份认证方式

用户的身份认证方式主要有以下几种。

1）基于口令的认证方式

基于口令的认证方式由于简单易行，是最为常用的认证方式，但从安全性上讲，由于存在着许多安全隐患，因此，是一种非常不安全的身份认证方式。过于简单的口令很容易泄露或被破解，即使经过加密，口令的存储文件和传输过程也会面临被攻击而导致口令泄露的风险。为了使口令更加安全，可采用加密口令或修改加密方法来提供更复杂的口令。

2）基于智能卡的认证方式

智能卡是一种内置集成电路的芯片，芯片中存有与用户身份相关的数据，即个人身份识别码（Personal Identification Number，PIN），智能卡由专门的厂商通过专门的设备生产，是不可复制的硬件。智能卡由合法用户持有，认证时须将智能卡插入专用的读取设备读取其中的信息，智能卡认证 PIN 成功后，用户的身份认证成功。基于智能卡的认证方式通过智能卡硬件的不可复制来保证用户身份不被仿冒，有较高的安全性，但由于每次从智能卡中读取的数据是静态的，通过内存扫描或网络监听等技术很容易截取到用户的身份验证信息，因此还是存在安全隐患。

3）基于数字证书的认证方式

数字证书是以数字形式表示的用于鉴别用户身份的证书信息，以一定的格式存放在证书载体中。系统通过检验证书信息实现对实体的身份鉴别。数字证书的技术体系包括生成、存储、分发、撤销等几个环节的全寿命管理。数字证书的生成可遵循 X. 509 标准，采用自主研制核心密码技术，生物特征识别技术、数字时间戳技术实现。数字证书的存储按照分类存储的原则，人员数字证书采用 USBKey 智能卡和数字化身份证存储，设备证书可采用 IC 智能卡、SIM 卡来存储，软件证书可采用光盘和硬盘存储。数字证书的分发可实行两级签发中心和两级注册中心相结合的层次结构模型体系架构。数字证书的查询与撤销，采用目录服务、轻量级目录通道协议、在线证书状态协议、证书撤销列表、无线传输层安全、短期证书等技术实现。

4）基于生物特征的认证方式

生物特征认证方式是指通过计算机利用每个人独一无二的生理特征或者行为特征来进行身份鉴定的过程，如指纹、掌型、视网膜、虹膜、人体气味、脸型、手的血管和 DNA、签名、语音、行走步态等。由于基于生物特征的认证方式利用每个人所独有的生理特征或者行为特征进行身份鉴别，其他人无法仿冒，因此，该技术具有很强的安全性和可靠性，与其他身份认证方式相比，具有唯一性好和难以伪造等优点。

3. 身份认证协议

信息系统对用户的身份认证是通过一种特殊的通信协议，即身份认证协议实现的。身份认证协议定义了参与认证服务的所有通信方在身份认证过程中需要交换的所有消息的格式和这些消息发生的次序以及消息的语义，通常通过密码学机制（生物识别除外）确保消息的保密性和完整性。常用的身份认证协议是 Kerberos 认证协议。

Kerberos 使用被称为密钥分配中心（Key Distribution Center，KDC）的“可信赖第三方”进行认证。密钥分配中心 KDC 由认证服务器（Authenticator Server，AS）和票据授权服务器（Ticket Granting Server，TGS）两部分组成，它们同时连接并维护一个存放用户口令、标识等重要信息的数据库。Kerberos 实现了集中的身份认证和密钥分配，用户只需输入一次身份验证信息，就可以凭借此验证获得的票据授权票据（Ticket-Granting Ticket，TGT）

访问多个服务。Kerberos 认证的工作过程如图 6-1 所示。

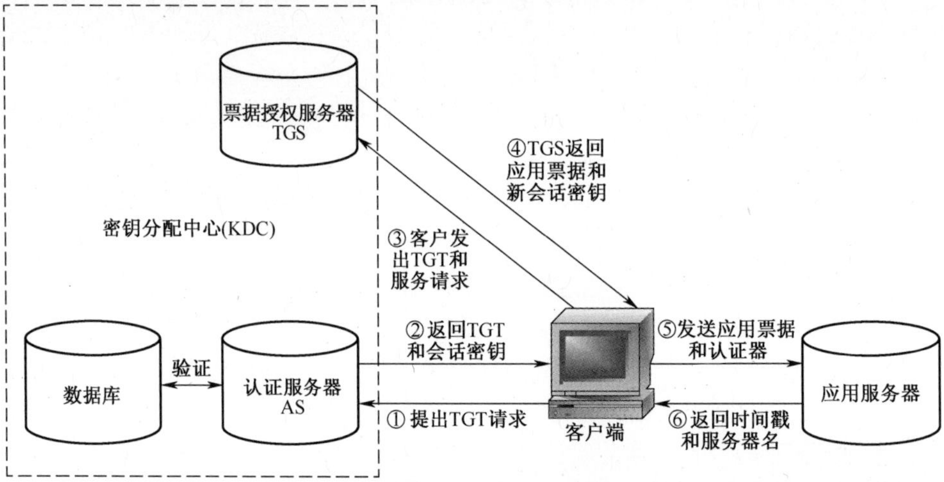

图 6-1　Kerberos 认证的工作过程

在协议工作之前,客户与 KDC,KDC 与应用服务之间就已经商定了各自的共享密钥,Kerberos 认证的过程包括下列步骤。

(1) 客户向 Kerberos 认证服务器 AS 发送自己的身份信息,提出“授权票据”请求。

(2) Kerberos 认证服务器返回一个 TGT 给客户,这个 TGT 使用客户与 KDC 事先商定的共享密钥加密。

(3) 客户利用这个 TGT 向 Kerberos 票据授权服务器 TGS 请求访问应用服务器的票据。

(4) TGS 为客户和应用服务生成一个会话密钥,并将这个会话密钥与用户名、用户 IP 地址、服务名、有效期、时间戳一起包装成一个票据,用 KDC 之前与应用服务器之间协商好的密钥对其加密,然后发给客户。同时,TGS 用其与客户共享的密钥对会话密钥进行加密,随同票据一起返回给客户。

(5) 客户将刚才收到的票据转发给应用服务器,同时将会话密钥解密出来,然后加上自己的用户名、用户 IP 地址打包成一个认证器用会话密钥加密后,也发送给应用服务器。

(6) 应用服务器利用它与 TGS 之间共享的密钥将票据中的信息解密出来,从而获得会话密钥和用户名,用户 IP 地址等。再用会话密钥解密认证器,也获得一个用户名和用户 IP 地址,将两者进行比较,从而验证客户的身份;应用服务器返回时间戳和服务器名来证明自己是客户所需要的服务。

(二) 访问控制

如果说用户身份认证是网络安全防护的第一道防线,那么访问控制就是网络安全防护的第二道防线。虽然用户身份认证可以将非法用户拒之于网络之外,但合法用户进入网络后,也不能不受任何限制地访问网络中的所有资源。从安全的角度出发,需要对用户进入网络后的访问活动进行限制,使合法用户只能在其访问权限范围内活动,非法用户即使通过窃取或破译口令等方式混入网络也不能为所欲为。用户能够访问的范围,一般要通过授权进行限定,确保用户能够按照权限访问资源,访问控制技术就是这一安全需求的有力保证,通过授权进行限定用户能够访问的范围,实现对网络信息资源访问的控制,能够确保信息资源访问的安全可控,避免网络资源受到非法使用。

1. 访问控制概述

访问是使信息在主体和客体之间流动的一种交互方式,包括读取数据、更改数据、运行程序、发起连接等。

访问控制是用于保护网络资源和核心数据的一系列方法和组件。为避免非法用户的入侵及合法用户误操作对网络资源造成破坏,访问控制限定了能够访问网络的合法用户范围、被访问的网络资源范围以及不同用户对不同资源的不同操作权限。

访问控制是依据一定的规则来决定不同用户对不同资源的操作权限的,在用户身份认证和授权后,访问控制机制将根据预先设定的规则对用户访问某项资源(目标)进行控制,只有规则允许时才能访问,违反预定安全规则的访问行为将被拒绝。资源可以是信息资源、处理资源、通信资源或者物理资源,访问方式可以是获取信息、修改信息或者完成某种功能,一般情况可以理解为读、写或者执行。

访问控制由主体、客体、访问操作以及访问策略四部分组成。

1) 主体

主体指访问活动的发起者。主体可以是普通的用户,也可以是代表用户执行操作的进程。例如,进程 A 打开一个文档。在此访问过程中,进程 A 是访问活动的主体。通常而言,作为主体的进程将继承用户的权限,即某个用户运行了进程,进程就拥有该用户的权限。

2) 客体

客体指访问活动中被访问的对象。客体通常是被调用的进程以及要访问的数据记录、文件、内存、设备、网络系统等资源。主体和客体都是相对于活动而言,用于标识访问的主动方和被动方。这也意味着主体和客体的关系是相对的,不能简单地说系统中的某个实体是主体还是客体。例如,进程 A 调用进程 B 对文档 a. doc 进行访问。在进程 A 调用进程 B 的过程中,进程 A 是访问活动的主体;进程 B 是访问活动的客体;进程 B 访问文档 a. doc 的过程中,进程 B 充当的是访问活动的主体,文档 a. doc 是访问活动的客体。在该示例中,进程 B 在一次访问活动中充当客体的角色,在另外一次访问活动中又充当了主体的角色。

3) 访问操作

访问操作指的是对资源的各种操作,主要包括读、写、修改、删除等操作。

4) 访问策略

访问策略体现了网络资源的授权行为,表现为主体访问客体时需要遵守的约束规则。合理的访问控制策略目标是只允许授权主体访问被允许访问的客体。引用监视器模型是最为著名的描述访问控制的抽象模型,它由 Anderson 在 1972 年提出。引用监视器模型如图 6-2 所示。

主体创建一个访问网络资源的访问请求,然后将这个请求提交给引用监视器。引用监视器向授权服务器进行查询,根据其中存储的访问策略决定主体对客体的访问是否被允许。如果主体的访问请求符合访问策略,主体就被授权按照一定的规则访问客体。在

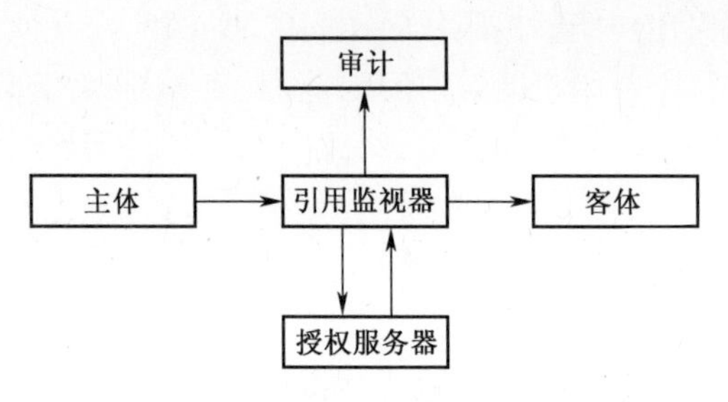

图 6-2 引用监视器模型

该模型中,有一个负责审计的功能模块,它是访问控制的必要补充。审计将记录与访问有关的各类信息,包括访问中主体、客体、访问的许可情况以及访问时间、执行的是哪一类访问操作等信息。审计是以流水账的形式记载访问活动,管理员查看审计记录,能够详尽了解网络访问活动的具体情况。

2. 访问控制规则的制定原则

制定合理的访问控制规则是访问控制有效实施的基础,对保护网络接入安全起着重大作用。在制定访问控制规则时一般要遵循三条原则。

1) 最小特权原则

最小特权原则是指主体只被允许对完成任务所必需的那些客体资源进行必要的操作,此外不能对这些资源进行任何其他的操作,同时也不能访问其他更多的资源。最小特权原则有助于确保资源受控、合法地使用,可以有效防范用户滥用权限带来的风险。

2) 职责分离原则

在访问控制系统中,不能让一个管理员拥有对所有主客体的管理权限。要把整个系统分为几个不同的部分,把每个部分的管理权限交予不同的人员。这样可以避免一个人由于权力集中,而滥用职权对系统造成威胁。一般系统可以设置系统管理员,系统安全员和安全审计员,使其相互监督、相互制约。

3) 多级安全原则

系统应该对访问主体及客体资源进行安全分级分类管理,以保证系统的安全性。在实施访问控制的时候,只有主体的安全等级比客体的安全等级高时,才有权对客体资源进行访问。

3. 访问控制策略

访问控制策略是指进行访问控制所采用的基本思路和方法。不同的访问控制策略提供不同的安全水平,安全管理员应根据实际情况选择最适合的访问控制来提供适合的安全级别。下面介绍几种常见的访问控制策略。

1) 自主访问控制

自主访问控制是一种最普遍的访问控制方式,它是由客体资源的所有者自主决定哪些主体对自己所拥有的客体具有访问权限以及具有何种访问权限。自主访问控制是基于用户身份进行的。当某个主体请求访问客体资源时,需要对主体的身份进行认证,然后根据相应的访问控制规则赋予主体访问权限。信息资源的所有者在没有系统管理员介入的情况下,能够动态设定资源的访问权限。但是,自主访问控制也存在一些明显的缺陷,具体表现为以下几点:

（1）由资源的所有者自主管理资源导致资源管理过于分散，容易出现纰漏。

（2）用户之间的等级关系不能在系统中体现出来。

（3）自主访问控制提供的安全保护容易被非法用户绕过而获得访问。

例如，某个用户A具备读取文档a. doc的权限，而用户B不具备读取文档a. doc的权限。如果用户A读取a. doc的内容后再传送给用户B，则用户B也获得了文档a. doc的内容。因此，主体获得客体信息分发给不具备读取权限的其他主体，造成了信息泄露。此外，自主访问控制不能有效防范特洛伊木马在系统中进行破坏。计算机系统中，每个进程继承运行该进程的用户访问权限。如果木马程序进入系统，以合法用户的身份活动，操作系统无法区分相应活动是用户的合法操作还是木马程序的非法操作。在这种情况下，系统难以对木马程序实施有效限制。

2）强制访问控制

由于自主访问控制的资源所有者对资源的访问策略具有决策权，因此，是一种限制比较弱的访问控制策略，为了加强访问控制，在强制访问控制中，不允许一般的主体进行访问权限的设置，主体和客体被赋予一定的安全级别，普通用户不能改变自身或任何客体的安全级别，通常只有系统的安全管理员可以进行安全级别的设定。系统通过比较主体和客体的安全级别来决定某个主体是否能够访问某个客体。例如，在军事信息系统中，主体和客体可按照保密级别从高到低分为绝密、机密、秘密三个级别，当主体访问客体时，访问活动必须符合安全级别的要求。

下读和上写两项原则是在强制访问控制中广泛使用的两项原则，两项原则的具体内容如下。

（1）下读原则，主体的安全级别必须高于或者等于被读客体的安全级别，主体读取客体的访问活动才被允许。

（2）上写原则，主体的安全级别必须低于或者等于被写客体的安全级别，主体写客体的访问活动才被允许。

下读和上写两项原则限定了信息只能在同一层次传送或者由低级别的对象流向高级别的对象。

强制访问控制能够弥补自主访问控制在安全防护方面的很多不足，特别是能够防范利用木马等恶意程序进行的窃密活动。从木马防护的角度看，由于主体和客体的安全属性已经确定，用户无法修改，所以木马程序在继承用户权限运行以后，也无法修改任何客体的安全属性。此外，强制访问控制对客体的创建有严格限制，不允许进程随意生成共享文件，同时能够防止进程通过共享文件将信息传递给其他进程。

强制访问控制通过无法回避的访问限制来防止某些对系统的入侵，用户不能改变自身、其他用户或任何资源的安全级别和访问类型，用户也不能把资源访问权授予其他用户。其优点是安全性强，缺点是配置和使用过于麻烦，不利于信息共享。

3）基于角色的访问控制

自主访问控制和强制访问控制都属于传统的访问控制策略，需要为每个用户赋予客体的访问权限。采用自主访问控制策略，资源的所有者负责为其他用户赋予访问权限；采用强制访问控制策略，安全管理员负责为用户和客体授予安全级别。如果系统的安全需求动态变化，授权变动将非常频繁，管理开销高昂，更主要的是在调整访问权限的过程中容易出现配置错误，造成安全漏洞。

1992年美国国家标准技术研究所提出了基于角色的访问控制（Role-based Access Control，RBAC）模型，系统管理员根据系统内的不同任务划分角色，不同的角色赋予不同的操作权限，用户根据所完成的任务不同被赋予不同的角色。系统管理员可以添加、删除角色并对角色的权限进行更改，这种访问控制策略有效降低了安全管理的复杂度。

RBAC中用户、角色、操作以及客体等基本元素的关系如图6-3所示。操作覆盖了读、写、执行等各类访问活动。双向箭头表示多对多的关系，许可将操作和客体联系在一起，表明允许对一个或者多个客体执行何种操作。一个角色可以拥有多种许可，一种许可也可以分配给多个角色。角色进一步将用户和许可联系在一起，反映了一个或者一群用户在系统中获得的许可的集合。在RBAC中，一个用户可以被赋予多个角色，一个角色也可以分配给多个用户。RBAC中的许可决定了对客体的访问权限。角色可以看作用户和许可之间的代理层，解决了用户和访问权限的关联问题。采用RBAC访问控制的系统，用户的账号或者ID号之类的身份标识仅仅对身份认证有意义，真正决定访问权限的是用户拥有的角色。

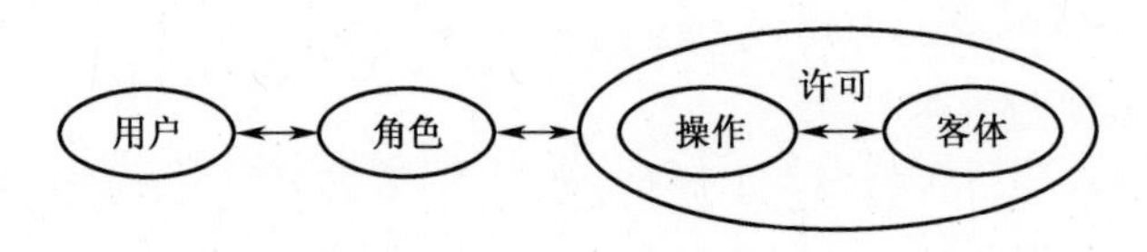

图6-3 用户和角色之间的关系

二、网络内容安全

2016年4月19日召开的网络安全和信息化工作座谈会上，习主席强调指出："依法加强网络空间治理，加强网络内容建设，营造一个风清气正的网络空间。"随着无线网络、大数据等技术的发展，其在军队信息化领域的网络应用范围越来越广，只有充分做好军队网络信息的内容管理，把好内容关，才能够真正确保军队网络信息资源为军队战斗力提升发挥有益作用。

（一）网络内容安全的内涵

网络内容安全（Network Content Security）是研究如何利用计算机从动态网络的海量信息中，对与特定安全主题相关的信息进行自动获取、识别和分析的技术。网络内容安全，要在网络服务可用的前提下，保证网络中数据的内容符合既定的安全策略，避免数据遭到滥用，保证传输内容的安全性。网络内容安全属于TCP/IP五层模型中应用层有关信息安全的部分，以物理安全、链路安全、网络安全以及传输安全为基础，其范围主要涵盖了六类层面。

（1）政治性层面：防范敌对势力发起的网络攻击和政权颠覆。

（2）健康性层面；对网络滋生的暴力、黄色和邪教等内容进行过滤。

（3）保密性层面；保护相关部口的机密信息。

（4）隐化性层面；保护公众隐私。

（5）知识产权层面：保护相关的知识产权和专利。

（6）防护性层面：保护网络带宽等资源不被垃圾信息、网络病毒等侵蚀。

（二）网络内容安全的关键技术

通过建立一套功能完善、性能较好且易于维护和扩展的网络内容安全技术体系，可以显著增强网络信息在传播过程中的控制和管理。而现有的网络内容安全技术体系中，信息内容采集和信息内容过滤是不可或缺的两项关键技术。

1. 信息内容采集技术

信息内容的采集是网络信息传播管控的首要任务。主要指从本地数据库、军事信息网等数据源导入数据，包括数据的提取、转换和加载。信息内容采集技术主要包括 Web 信息采集技术、网络爬虫技术等。

1）Web 信息采集技术

Web 信息采集通过分析网页的 HTML 代码，获取网内的超级链接信息，使用广度优先搜索算法和增量存储算法，实现自动地连续分析链接、抓取文件、处理和保存数据的过程。目前的 Web 信息采集基本上可分为以下几种。

（1）个性化 Web 信息采集。

个性化的信息采集是一个轻量级的采集系统，通过用户兴趣定制或与用户交互等手段，采集满足用户不同需求的各类信息。根据用户的习惯进行分析和根系统提供的接口进行设置是最常见的两种获取个性化信息采集的方法。

（2）面向主题的 Web 信息采集。

只选择性地采集与某个主题相关的页面，并不采集与主题无关的页面信息。这种采集方式有很强的针对性，极大地节省了资源。与基于整个 Web 的信息采集系统不同，基于主题的信息采集对每一个提取出的页面信息都做个是否与主题相关的判断，不相关的就舍弃。

（3）增量式 Web 信息采集。

在进行信息采集的时候，必须要对 Web 页面进行定期更新与优化，一般是通过增量式 Web 信息采集来实现的。增量式采集器只需要采集新增加的网页和发生改变的网页，对没有发生变化的页面不采集，简单来说就是系统只采集增量。它极大地缩减了时空开销，只需要定时采集新增加的相对很小的信息，高采集效率是其具备的典型特征。

（4）以全部 Web 为基础的信息采集。

基于整个 Web 范围的信息采集是目前应用最广泛的信息采集方式。以最初设定的 URL 为入口沿着网页中的链接采集。它虽然占用大量时间和空间资源，但是采集到的信息数量大、覆盖全面，能够满足用户的各种搜索需求。在硬件系统的允许的条件下这种信息采集方式的范围可以覆盖整个互联网，所以这样的爬行策略十分适合大型门户网站，最典型的代表就是 Google。

（5）分布式 Web 信息采集。

这种信息采集方式是分布式技术在 Web 信息采集中的应用，主要通过多个 Web 信息采集器在某种机制的协调下共同采集整个目标页面。与其他采集方式对比，分布式 Web 信息采集最大的优势在于信息采集的速度更快、范围更广。

(6) 迁移的信息采集。

通过 Web 搜集器上传到目标区域的手段进行信息收集,然后把最终的结果反馈至本地。其典型优势在于大幅度减少了对本地资源的要求。不足之处在于,该模式能够让目标区域遭遇到病毒侵袭的威胁。在对其模式进行推广的过程中需要十分严格的评估和鉴定。

2) 网络爬虫技术

军事信息的采集主要依托于网络爬虫,又称为网络蜘蛛或者 Web Spider,一般是能够按照某种规则自动遍历网页的脚本或程序。Web Spider 的工作原理可以描述为:首先选取一个 URL 作为种子、读取初始界面网页的内容、提取网页中其他超链接,然后通过这些超链接获取下一层页面内容,如此循环,直到达到某种遍历条件便停止抓取。常用的网络爬虫技术包括:通用网络爬虫、聚焦网络爬虫和增量式网络爬虫。

(1) 通用网络爬虫。

通用网络爬虫也称为 Scalable Web Crawler,结构上包括六个组成部分,即:页面采集模块、页面研究模块、URL 过滤模块、页面数据库、原始初始 URL 抓取、URL 队列。通用网络爬虫的页面爬行速度较小,需要很长时间刷新页面,但它适用于搜索引擎的多种主题搜索,具有很强的应用价值。常规网络爬虫主要通过广度优先方案和深度优先方案两种特定的爬行方案增加工作效率。

(2) 聚焦网络爬虫。

聚焦网络爬虫也称为主题网络爬虫,能够有选择性地爬取与主题相关的网页链接。聚焦网络爬虫通过解析锚文本等网页内容对抓取的 URL 进行过滤,筛选出与主题相关的 URL 并将其添加到待抓取队列,而不是尽可能多的抓取所有链接。与通用网络爬虫相比,聚焦网络爬虫更具有针对性,因而大大节省了网络资源,减小了保存开销,提高了爬取效率。聚焦网络爬虫所采用的爬行方案包括:以内容评估为基础的爬行方案、以 URL 结构评估为基础的爬行方案、以加强学习为基础的爬行方案和以语境图为基础的爬行方案。

(3) 增量式网络爬虫。

增量式网络爬虫通过对已经下载页面进行增量式更新,确保所爬行的页面尽量是全新的。这种方式可以有效地节省硬盘空间,在时间和空间上的耗费大大降低,但是爬行算法的复杂度大大增加。爬行模块、顺序模块、变化模块、本地页面集、待爬行链接集、本地页面链接集均包含在此类爬虫的系统结构内。

2. 信息内容过滤技术

信息内容过滤是根据用户的信息需求,运用一定的标准和工具,从大量的动态网络信息流中选取相关的信息或剔除不相关信息的过程。信息过滤技术能够从海量动态信息中提取出符合用户个性化需求的信息,不仅自动化程度较高,还具有一定的智能性,是网络信息传播管控的重要环节。

1) 信息内容过滤的原理

一个典型的信息内容过滤系统,主要由信源、过滤器、用户和用户需求模板四部分组成,其基本结构图如图 6-4 所示。信源向过滤器提供待检索信息,过滤器基于用户需求模板检测待检索信息,并将过滤结果传送给用户。用户在得到过滤结果信息后,也可向过滤器进行信息反馈,使过滤器通过不断学习优化自身的过滤操作,进而为用户提供更优质的过滤服务。

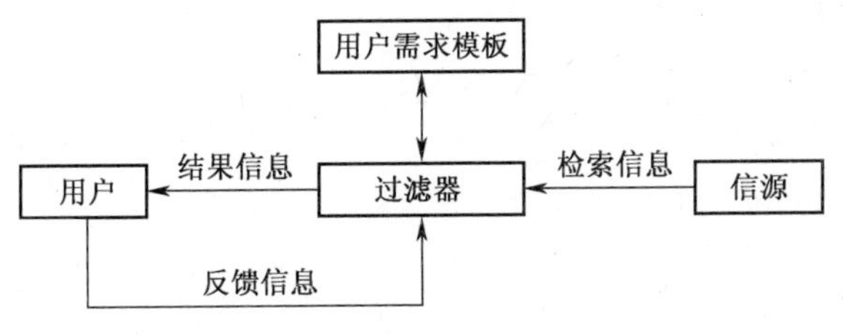

图 6-4　信息内容过滤的基本结构图

2）网络信息过滤的一般流程

用户在工作、学习、生活中需要大量信息，用户信息需求主要有两种：一种是希望得到的信息；另一种是希望剔除的信息。这两种信息需要以计算机能够识别的形式进行表示，即用户需求模板。当动态的信息流经过系统时，系统会采用一定的算法进行信息揭示。信息揭示、用户需求模板通过过滤或比较算法相互联系，将过滤结果输出给用户。用户得到过滤信息结果后结合自身的需求进行过滤结果评价，系统再将用户评价反馈至用户需求模板，使用户逐渐学会如何更为准确、具体地描述用户需求模板。在整个网络信息过滤过程（图 6-5）中，用户需求模板的生成、信息揭示、过滤或比较算法以及反馈机制是最为关键的部分。

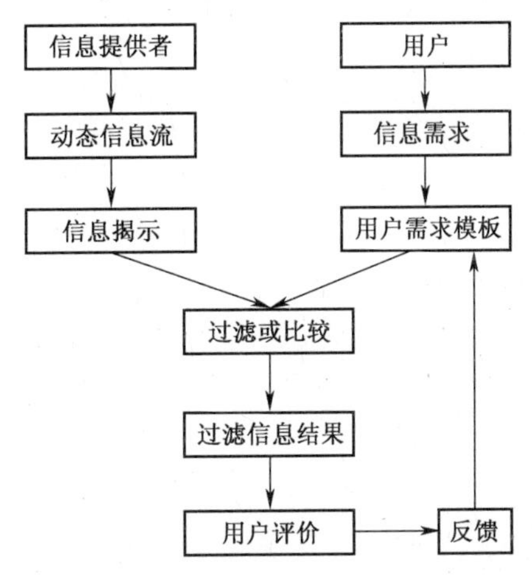

图 6-5　网络信息过滤的一般流程

3）信息内容过滤技术的分类

信息内容过滤的分类方式有很多，具体而言有下列几种。

（1）基于过滤方法划分为两类。

第一类是基于内容的过滤，又称为认知过滤，是利用用户需求模板与信息的相似程度进行的过滤，能够为用户提供其感兴趣的相似信息，但不能为用户发现新的感兴趣的资源。第二类是协作过滤，又称为社会过滤，使利用用户需求之间的相似性或用户对信息的评价进行的过滤。

（2）根据操作的主动性分为两类。

第一类是主动过滤，即系统主动为网络用户寻找他们需要的信息。第二类是被动过滤，即系统不对网络信息进行预处理，当用户访问时才对地址、文本或图像等信息进行分析，以解决是否过滤及如何过滤。

(3) 根据过滤位置分为两类。

第一类是上游过滤,又称为中间服务器过滤,这种过滤技术为了减小服务器端和客户端的负荷,将过滤系统放在信息提供者与用户之间的专门的中间服务器上。第二类是下游过滤,也称为客户端过滤,这种过滤技术将用户需求模板存放在客户端上。

(4) 按照过滤不同应用分为三类。

第一类是专门过滤软件,第二类是网络应用程序,第三类是其他过滤工具。

三、网络行为审计

网络行为审计是一个安全的网络必须支持的功能特性,通过对用户使用网络资源过程的记录和还原,可以更迅速和系统地识别异常网络行为,在监控和处理网络内部用户访问外网、预防用户泄露重要资料、为网络犯罪行为及泄密行为提供取证等方面发挥着重要作用。

(一) 网络行为审计概述

网络行为审计是对信息系统的各种事件及行为实行监测、信息采集、分析并针对特定事件及行为采取相应的比较动作。网络行为审计为评估信息系统的安全性和风险、完善安全策略的制定提供审计数据和审计服务支撑,从而达到保障信息系统正常运行的目的。信息系统网络行为审计对信息系统各组成要素进行事件采集,将采集数据进行自动综合和系统分析,能够提高信息系统安全管理的效率。

计算机领域的网络行为审计与传统的商业、管理审计的过程是完全相同的,但它们各自关注的问题有很大不同。计算机网络行为审计是通过一定的策略,利用记录和分析历史操作事件发现系统漏洞并改进系统的性能和安全。计算机网络行为审计需要达到的目的包括:对潜在的攻击者起到震慑和警告的作用;对于已经发生的系统破坏行为提供有效的追究责任的证据;为系统管理员提供有价值的系统使用日志,帮助系统管理员及时发现系统入侵行为或潜在的系统漏洞。

网络行为审计涉及四个基本要素:目标、漏洞、措施和检查。目标是安全控制要求;漏洞是指系统的薄弱环节;措施是为实现目标所制定的技术、配置方法及各种规章制度;检查是将各种措施与安全标准进行一致性比较,确定各项措施是否存在、是否得到执行、对漏洞的防范是否有效以及评价安全措施的可依赖程度。

(二) 网络行为审计的功能

网络行为审计主要对信息系统中的网络设备、操作系统、应用系统和用户活动所产生的一系列计算机安全事件进行记录和分析的过程。通过信息系统构建的网络行为审计系统可以对系统文件的访问进行严密的监控并生成日志,而且能记录哪台设备的哪个用户已经或者试图访问了哪些文件,通过这些信息可以获取可能存在的攻击行为的证据。专业的网络行为审计人员可以通过审计系统对系统的状态和用户活动进行监视,通过对日志文件的分析可以及时发现系统中存在的安全问题。总体来看,网络行为审计系统具有以下四个方面的功能。

(1) 对潜在的攻击者起到震慑和警告的作用。

(2) 对信息系统中所发生的安全事件提供有效的追查证据。

(3) 为系统管理员提供有价值的系统使用日志,帮助系统管理员及时发现系统入侵行为和存在的安全漏洞。

(4) 为系统管理员提供系统运行的统计日志,使系统管理员能够发现系统安全上的漏洞或需要改进与加强的地方。

网络行为审计主要用于防止内部犯罪和事故后的调查取证,通过对一些重要事件的记录以发现系统所存在的错误及在受到攻击时能够定位错误和了解遭受攻击的方法。审计信息应该具有防止非法删除和修改的措施。

网络行为审计要实现的目标如下:

(1) 基于每个目标或用户,审查其访问模式,并使用系统的保护机制。

(2) 能够发现试图绕过保护机制进行非法访问的外部人员或内部人员。

(3) 能够发现用户访问权限由低级提升至高级的行为。

(4) 能够制止用户试图绕过系统保护机制的尝试行为。

(5) 作为另一种机制能够确保记录并发现用户试图绕过保护机制的尝试行为,为损失控制提供更多的证据信息。

(三) 网络行为审计的模型

根据网络行为审计的主要功能及主要的防护对象,一个典型的网络行为审计系统分为以下几个主要部分:

(1) 事件产生单元。

(2) 事件分析单元。

(3) 安全响应单元。

(4) 事件数据库。

图 6-6 给出了一个典型的审计系统的构成及原理示意图。在审计系统中,事件就是对所要分析数据的统称,既包括了网络中的数据报,也包括计算机系统中的系统日志和由其他途径得到的信息等。事件产生单元能够从整个 IT 系统中获得事件,并能够进行事件的鉴别,以供其他系统使用。事件分析单元作为网络行为审计的主要模块,对所捕获和记录的数据进行分析,并输出分析结果。响应单元则是对事件检测和审计分析结果做出反应的单元,具体的反应措施可以是断开链接和改变文件属性,也可以是简单的报警。事件数据库保存用户各类活动及事件所产生的中间及最终记录信息。

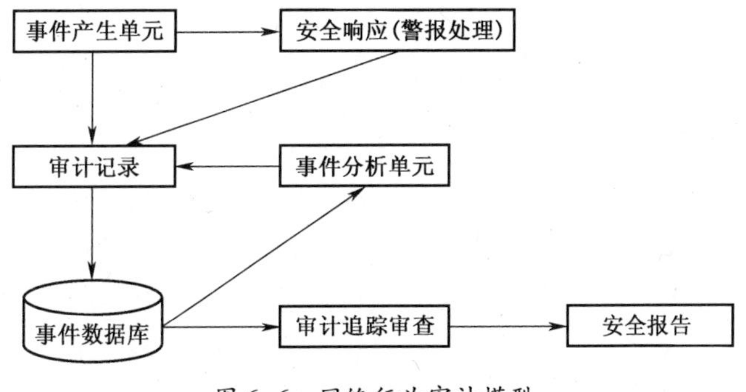

图 6-6 网络行为审计模型

(四) 网络行为审计的内容

根据网络行为审计系统所收集的不同信息和处理事件,审计内容分为四个部分:操作系统、应用系统、数据库系统和网络应用。

(1) 操作系统的审计主要包括对系统的系统启动、用户登录、系统运行和操作情况以及系统的配置更改等情况进行记录。同时,操作系统会对重要文件的访问、计算机的CPU 和内存使用情况以及系统内部事件等进行审计。

(2) 应用系统的审计主要通过应用日志实现,主要对应用系统的运行、用户的权限及操作等行为进行审计,同时对一些重要的应用进程,如 WWW 服务器和邮件服务器等运行情况进行审计。对于 Web 服务器,主要通过通用访问日志和扩展日志对访问用户的用户名、主机名、时间及访问的 URI 等信息进行记录。

(3) 数据库系统的审计主要对数据库的运行情况、数据库的非法直接访问、数据库配置的更改、资料操作、备份操作和其他维护管理操作、重要数据的访问与修改及完整性进行审计。

(4) 网络应用审计主要包括对网络流量进行协议分析、识别和判断记录,对流量进行监控,对异常流量进行识别与报警。许多的网络安全设备都有各自的活动日志,如防火墙、路由器和认证服务器等,这些信息可以提高 IT 系统的安全审计性能。

按照审计信息的来源,可以将审计数据源分为基于主机和基于网络两类:前者主要包括主机的操作系统日志、系统日志和应用日志;后者则是网络的数据报,再者就是来自网络安全设备的日志,对这些复杂格式的日志,网络行为审计系统一般通过集中式管理平台实现,可以支持对日志的查询,能够高效地管理海量日志数据,同时有利于日志的综合分析,以便及时发现安全问题。

(五) 网络行为审计的程序

网络行为审计的程序是安全监督活动的具体规程,主要包括了三个阶段。

(1) 审计准备阶段。准备阶段需要了解审计对象的具体情况、企业的安全目标、组织结构、规章制度、一般控制和应用控制等情况,并对审计工作制定出具体的工作计划。在这个阶段要重点把握审计对象的安全需求、审计重点、可能的漏洞及减少漏洞的控制措施。

(2) 审计实施阶段。实施阶段的主要任务是对企业现有的安全防护措施进行测试,以明确企业是否采取了正确而适当的控制措施,评估这些防控措施的作用。在这个阶段,审计人员应该充分利用现有的各种安全技术和工具,如网络安全测试产品、网络监视产品和网络行为审计分析器等。

(3) 终结阶段。终结阶段主要是评估企业现存的安全控制系统,并提出整改和完善的方法和其他意见。根据系统的完善程度、漏洞的数量和存在问题的性质评估出危险、不安全和基本安全等不同的级别。

第二节　信息安全等级保护

信息安全等级保护制度是国家在国民经济和社会信息化的发展过程中,提高信息安全保障能力和水平,维护国家安全、社会稳定和公共利益,保障和促进信息化建设健康发展的一项基本制度。实行信息安全等级保护制度能够充分调动国家、法人和其他组织及公民的积极性,发挥各方面作用,达到有效保护的目的,增强安全保护的整体性、针对性和实效性,使信息安全建设更加突出重点、统一规范、科学合理。信息安全等级保护是军队信息安全管理的重要手段,对规范军队信息安全建设和管理、全面提高军队信息安全防护能力具有重要意义。

一、信息安全等级保护的内涵

信息系统安全等级保护的核心要义是围绕信息系统的安全防护需求,统筹配置安全资源,实施有针对性的防护,使信息系统安全防护强度与其重要性相匹配;基本方法是根据信息系统的重要程度区分防护等级,针对不同等级确立防护标准,按照标准采取防护措施,通过检查、测评保证防护措施落实;根本目的是规范信息系统安全防护建设和管理,提升整体安全防护能力。

与传统信息安全管理制度相比较,等级保护主要有三个方面的特点。

一是分等级防护,针对信息系统安全防护需求,区分安全保护等级,优化安全资源配置,实现按需保护、重点保护。

二是按标准实施,从技术和管理两个角度分别明确基线要求,围绕物理、网络、主机、应用和数据安全等方面制定技术标准,围绕系统建设、运维细化管理要求,使信息安全工作有操作性较强的标准依据。

三是全过程监管,建立覆盖系统立项、建设、入网、运维及废止的全生命周期监管机制,通过常态化检查监督,落实安全防护要求,提升信息安全管理的科学化水平。

二、信息安全等级保护的意义

建立具有军队特色的信息系统安全等级保护制度,对于规范信息安全建设管理,提升我军信息安全整体水平具有重要现实意义。

一是有利于规范信息安全建设。实行等级保护,将划定信息安全建设的“硬杠杠”,把达到什么能力、符合什么标准明确下来,指导各级规范组织建设,确保安全防护能力“达标”。

二是有利于优化信息安全投入。实行等级保护,把信息系统防护需求作为确定防护等级和防护标准的基本依据,科学配置人力、物力资源,重点保护影响作战、关系全局的重要信息系统安全,从而确保“把好钢用在刀刃上”。

三是有利于强化信息安全监管。实行等级保护,将围绕系统立项、建设、验收、入网等“关口”,建立完善的监管机制,明确相应的监管要求,组建专业的监管队伍,确保安全监管有效落地、科学实施。

三、信息安全等级保护的组织实施

等级保护工作主要分为五个环节,分别是网络定级、网络备案、等级测评、网络安全建设整改、安全自查和监督检查。

（一）信息系统定级

信息系统定级时等级保护工作的首要环节和关键环节，是开展信息系统备案、建设整改、等级测评、监督检查等工作的重要基础。信息安全保护等级由两个定级要素决定：等级保护对象受到破坏时所侵害的客体和对客体造成侵害的程度。信息安全保护等级是网络本身的客观自然属性，不是以已采取或将采取的安全保护措施为依据。定级时主要考虑网络被破坏对国家安全、社会稳定的影响以及境内外各种敌对势力、敌对分子针对重要网络入侵攻击破坏和窃取秘密等因素。

定级工作流程包括：摸底调查、掌握网络底数；确定定级对象；初步确定网络的安全保护等级；专家评审；主管部门核准；公安机关备案；公安机关审核。

（二）信息系统备案

信息安全等级保护备案是对各类信息系统及其安全防护基本情况进行统一登记管理，以标准化数据格式进行收集、汇总和存储的工作过程，包括备案、受理、审核和备案信息管理等工作。具体按照《关于开展全国重要信息系统安全等级保护定级工作的通知》要求开展。

网络运营者或其主管部门应当在安全保护等级确定后30日内，向备案机构申请备案，提交备案材料，在建设验收、整改和废止后，及时提交备案变更材料。信息系统重新定级后应当重新提交备案申请。

（三）等级测评

等级测评是测评机构依据国家信息安全等级保护制度规定，按照有关管理规范和技术标准，对非涉及国家秘密的信息安全等级保护状况进行检测评估的活动，是信息安全等级保护工作的重要环节。等级测评包括标准符合性评判活动和风险评估活动，是依据信息安全等级保护的国家标准或行业标准，按照特定方法对网络的安全保护能力进行科学、公正的综合评判过程。

开展等级测评工作时，应聘请《全国信息安全等级保护测评机构推荐目录》中的测评机构，对已定级备案的网络开展等级测评，查找与相关标准要求之间的差距，分析网络在安全管理、安全技术措施等方面存在的安全问题，确定网络安全建设整改需求，为开展网络安全建设整改提供依据。

等级测评的目的在于，一是发现网络存在的安全问题，掌握网络的安全状况、排查网络的安全隐患和薄弱环节、明确网络安全建设整改需求；二是衡量网络的安全保护管理措施和技术措施是否符合等级保护的基本要求、是否具备相应的安全保护能力；三是为公安机关等安全监管部门进行监督、检查、指导提供参照。

等级测评业务按照“流程规范、方法科学、结论公正”的要求进行。等级测评过程包含四个基本测评活动：测评准备活动；方案编制活动；现场测评活动；分析及报告编制活动。测评双方之间的沟通与洽谈应贯穿整个等级测评过程。

（四）安全建设整改

安全建设整改工作是信息安全等级保护制度的核心和落脚点，信息系统定级、等级测评和监督检查等工作最终都要服从和服务于安全建设整改工作。主要以国家标准《网络安全等级保护基本要求》为依据,从管理和技术两方面进行安全建设整改,是提高信息安全保护能力的主要措施。

安全建设整改的工作目标如下:

(1)网络安全管理水平明显提高。

(2)网络安全防范能力明显增强。

(3)网络安全隐患和安全事故明显减少。

(4)有效保障信息化健康发展。

(5)有效维护国家安全、社会秩序和公共利益。

各级网络通过安全建设整改后,应达到以下安全保护能力目标。

第一级网络:经过安全建设整改,网络具有抵御一般性攻击的能力以及防范常见计算机病毒和恶意代码危害的能力;遭到损害后,具有恢复主要功能的能力。

第二级网络:经过安全建设整改,网络具有抵御小规模、较弱强度恶意攻击的能力,抵抗一般的自然灾害的能力以及防范一般性计算机病毒和恶意代码危害的能力;具有检测常见的攻击行为,并对安全事件进行记录的能力;系统遭到损害后,具有恢复系统正常运行状态的能力。

第三级网络:经过安全建设整改,网络在统一的安全保护策略下具有抵御大规模、较强恶意攻击的能力,抵抗较为严重的自然灾害的能力以及防范计算机病毒和恶意代码危害的能力;具有检测、发现、报警、记录入侵行为的能力;具有对安全事件进行响应处置,并能够追踪安全责任的能力;遭到损害后,具有能够较快恢复正常运行状态的能力;对于服务保障性要求高的网络,应该能快速恢复正常运行状态;具有对网络资源、用户、安全机制等进行集中控管的能力。

第四级网络:经过安全建设整改,网络在统一的安全保护策略下具有抵御敌对势力有组织的大规模攻击的能力,抵抗严重的自然灾害的能力以及防范计算机病毒和恶意代码危害的能力;具有检测、发现、报警及记录入侵行为的能力;具有对安全事件进行快速响应处置,并能够追踪安全责任的能力;遭到损害后,具有能够较快恢复正常运行状态的能力;对于服务保障性要求高的系统,应能迅速恢复正常运行状态;具有对网络资源、用户、安全机制等进行集中控管的能力。

(五) 安全自查和监督检查

备案单位、行业主管部门、公安机关分别建立并落实检查机制,定期开展安全自查和监督检查。

公安机关的监督检查的主要包括以下内容:

(1)日常网络安全防范工作。

(2)重大网络安全风险隐患整改情况。

(3)重大网络安全事件应急处置和恢复工作。

(4)重大活动网络安全保卫工作落实情况。

(5)其他网络安全工作情况。

第三节 网络安全解决方案

军事信息已成为一种不可忽视的战略资源。传播和共享是信息的固有特性,但同时又要求信息的传播是可控的,共享是授权的。因此,信息的安全性和可靠性越来越引起人们的高度重视。当前,已经有了非常多的方法和手段来保证信息的安全传输和授权访问,但是一个全面准确的网络安全一体化防护方案能系统地指导人们完成信息的安全防护,实现军事信息的传播可控、授权共享。

一、网络安全一体化思想

(一) 指导思想

以打赢信息化条件下的高技术战争为主导思想,以现代战争信息安全保障及各军兵种联合作战对军事信息网安全防护需求为依据,按照"经得起用""经得起侦""经得起查""经得起攻""经得起扰"的要求,建立广域监察、局域管控、纵深防御、分级保护的军事信息网安全防护体系。

(二) 基本原则

1. 统一领导,分级负责

各战区、各军兵种通信部门,在上级指导下,负责所属单位军事信息网的安全防护工作。军级以下单位通信处(科)和信息通信旅(团、营)是军事信息网安全防护工作的具体组织实施单位,在上级通信部门的业务指导下开展工作。

2. 广域监察,局域管控

建立军事信息网广域安全监察机制,监督、检查各级网络节点和用户网络安全策略的配置执行情况,监测骨干网络流量,预警网络攻击和入侵行为,形成网络安全实时态势。在各级网络节点和用户网络建立局域安全管控机制,对网络节点和用户网络的安全设备、主机系统的安全策略和安全事件进行集中统一管理,实现网内各类资源的可控可管,实现安全设备的联防联动,提高系统整体防护能力和维护管理效率。

3. 纵深防御,分级保护

在网络骨干网、地区网、用户网等节点,实施分层防护;对担负不同保障任务和安全防护强度需求的网络实施分级保护。

4. 区域自治,联防联动

各网络节点及用户网络对本系统的安全防护负责,根据上级下发的安全策略,结合自身特定的安全需求,实施本系统的安全防护和管理。依托全网安全监察体系,建立广域网上下一体的预警响应和联防联动机制;依托局域网安全管理系统,建立局域网内各安全设备之间的检测响应和联防联动机制;在安全防护中心、一线值勤台站、用户网络之间建立安全事件响应和应急协调机制。

（三）建设建议

1. 网络安全规范化管理

制定健全的安全管理体制是军事信息网安全的重要保证。只有通过网络管理人员与使用人员的共同努力，运用一切可以使用的工具和技术，尽一切可能去控制、减少一切非法的行为，尽可能地把不安全的因素降到最低。同时，要不断加强军事信息网的安全规范化管理力度，大力加强安全技术建设，强化使用人员和管理人员的安全防范意识。

2. 网络安全产品控制权

目前我军网络建设的软、硬件产品虽然看起来是国内产品，但核心技术和芯片大多数仍然是依赖于国外进口，在没有自主权和自控权的情况下使用，潜伏着很大的风险。安全产品的隐性通道和可恢复密钥的密码等威胁因素，可能给军队的安危带来很大危害，我军必须认真对待，采取措施，加快研发步伐，尽快开发出拥有自主产权和自控权的安全产品。

3. 关注重要部门"关键因素"的安全

在军事重要部门的联网工程建设中，必须把信息安全提上重要议事日程。为了提高自身的工作效率，大部分机关部门已将自己的关键业务放入信息网络，另外又将自己的内部局域网联入军事综合信息网，形成一个快捷的无缝系统工程。因此，如何更好地制定安全策略，解决重要部门"关键因素"的安全问题，事关重大，必须认真加以解决。

4. 提高自我防护能力

我军目前很多部门和人员的信息安全意识较为淡薄，认为信息安全只是安装防火墙，或者安装杀毒软件就万事大吉了，缺乏相应的严格的信息安全管理措施，一旦出现信息安全事故，其后果不堪设想。专家们认为，当前我军信息网络安全方面的状况是：基础设施依赖进口、自我防护能力弱、专项投入严重不足，应尽快改变这种现状，提高自我安全防护能力。

二、网络安全方案设计

（一）需求分析

军事信息网的运用给人们带来了无尽的好处，但随着网络应用的扩大，网络风险也变得更加严重和复杂。原来由单个计算机安全事故引起的损害可能传播到其他系统和主机，引起大范围的瘫痪和损失；另外加上缺乏安全控制机制和对网络安全政策及防护意识的认识不足，这些风险正日益加重。

因此，网络安全问题的解决势在必行。网络安全方案的设计，就是为了在保障军事信息网正常运行的基础之上，从各方面提出针对性的防御及解决措施，提升整个网络的安全性。

（二）设计原则

在进行军事信息网系统安全方案设计、规划时，应遵循以下原则。

1. 需求、风险、代价平衡分析的原则

对任一网络，绝对安全难以达到，也不一定是必要的。对一个网络要进行实际的研究

(包括任务、性能、结构、可靠性、可维护性等),并对网络面临的威胁及可能承担的风险进行定性与定量相结合的分析,然后制定规范和措施,确定系统的安全方案。

2. 综合性、整体性原则

应运用系统工作的观点、方法,分析网络的安全及具体措施。安全措施主要包括:行政法律手段、各种管理制度(人员审查 、工作流程、维护保障制度等)以及专业技术措施(访问控制、加密技术、认证技术、攻击检测技术、容错、防病毒等)。一个较好的安全措施往往是多种方法适当综合的应用结果。

军事信息网的各个环节,包括个人、设备、软件、数据等,在网络安全中的地位和影响作用,也只有从系统整体的角度去看待、分析,才能得到有效、可行的措施。不同的安全措施其代价、效果对不同网络 并不完全相同。军事信息网安全就遵循整体安全性原则,根据确定的安全策略制定出合理的网络安全体系结构。

3. 一致性原则

一致性原则主要是指网络安全问题应与整个网络的工作周期同时存在,制定的安全方案必须与网络的安全需求相一致。

4. 易操作性原则

安全方案具体的措施需要人去完成,如果措施过于复杂,对人的要求过高,本身就降低了安全性;其次,措施的采用不能影响系统的正常运行。

5. 适应性及灵活性原则

安全方案必须能随着网络性能及安全需求的变化而变化,要容易适应、容易修改和升级。

6. 多重保护原则

任何安全措施都不是绝对安全的,都可能被攻破。因此,需要制定一个多重保护安全方案,各层保护相互补充,当一层保护被攻破时,其他层仍可保护网络的安全。

三、网络安全体系架构

通过对信息系统的安全需求分析,我们将采用"统一规划、分步实施"的原则,先对网络做一个比较全面的安全体系规划,然后,根据网络的实际应用状况,建立一个基础的安全防护体系,保证基本的、应有的安全性。随着今后应用的种类和复杂程度的增加,再在原来基础防护体系之上,建立增强的安全防护体系。

(一) 物理安全

保证军事信息系统各种设备的物理安全是保障整个网络安全的前提。物理安全是保护信息网络设备、设施以及其他媒体免遭地震、水灾、火灾等环境事故以及人为操作失误或错误及各种计算机犯罪行为导致的破坏过程。它主要包括以下三个方面:

1. 环境安全

对系统环境的安全保护,如区域保护和灾难保护。

2. 设备安全

主要包括设备的防盗、防毁、防电磁信息辐射泄漏、防止线路截获、抗电磁干扰及电源保护、设备冗余备份等。

3. 媒体安全

为防止系统中的信息在空间上的扩散,通常是在物理上采取一定的防护措施,来减少或干扰扩散出去的空间信号。

(二) 系统安全

1. 操作系统安全

主要对终端操作系统采取如下策略:系统漏洞修补策略、系统访问控制策略等。

2. 应用系统安全

应用服务器尽量不要开放一些不经常用的协议及协议端口号;加强登录身份认证;严格限制用户的操作权限等。

(三) 网络安全

网络安全是整个安全方案的关键,主要包括以下几种:

1. 逻辑隔离

在军事信息网内部,主干网、骨干网、地区网节点要安装防火墙设备与各用户网逻辑隔离。用户网内部不同部门之间可采用虚拟局域网(VLAN)技术进行逻辑隔离,必要时可采取交换机端口与MAC地址绑定等措施。

2. 链路安全

网络信道加密是防止网络线路被搭线窃听的有效手段。采取信道加密措施对骨干网络进行保护,防止通信链路被非法旁路或违规接入,防止网络流量信息、路由控制信息、网络管理信息等被窃听、分析和篡改,防止非法插入虚假路由控制信息、网络管理信息,防止骨干信道和链路设备遭受网络攻击和破坏。

3. 设备安全

在不影响正常通信的情况下,尽可能利用设备自身的安全措施,以提高节点网络设备的安全性。按照相关要求进行日常维护并及时安装设备厂家提供的版本更新或补丁包。

4. 接入安全

设置严格的接入控制策略,严防非法接入和越级接入。各类用户网络必须满足军事信息网安全防护总体要求,经审查通过后方可入网。

5. 访问控制

访问控制是网络安全防范和保护的主要策略,它的主要任务是保证网络资源不被非法使用和非常访问,也是维护网络系统安全、保护网络资源的重要手段。主要包括入网访问控制、明确网络和网络服务的使用策略、严格对外部连接的用户认证、控制对诊断接口的访问、防火墙的控制。

6. 安全监控

对骨干链路上传输的通信流量和信息内容应进行安全监测,及时发现骨干链路上出现的异常流量,对具有攻击特性的数据报进行阻断,及时发现和过滤骨干网上传播的非法言论信息。以骨干网节点为中心,通过网络入侵检测、漏洞扫描、防病毒系统等技术和手段,防止网络攻击扩散和病毒蔓延。

(四) 应用安全

主要指办公网络中的应用系统安全,包括数据库系统、通用应用系统和专用应用系统等方面的安全。应用安全依赖于网络层和系统层安全的保护,但应用层安全状况也同样影响到网络层和系统层的安全。

1. 数据库安全

数据库是建立在主机硬件、操作系统和网络上的系统,因此要保证数据库安全,首先应该确保数据库存在安全。预防因主机掉电或其他原因引起死机、操作系统内存泄漏和网络遭受攻击等不安全因素是保证数据库安全不受威胁的基础。数据库安全主要是指使用方面的安全,即数据库的完整性、保密性和可用性。主要包括用户认证与授权、审计、数据备份、数据加密以及漏洞检测和修补。

2. 通用应用系统安全

通用应用系统指除了办公网络外,在其他公众网络中也被大量使用的应用程序,主要包括网络浏览器、电子邮件系统、WWW 服务软件、office 办公软件等。此类应用程序使用范围广、用户多,漏洞被发现和利用的概率很大,最容易成为非法用户破坏办公网络的工具。因此,需要特别注意这些方面,包括应用系统的漏洞是否定时检测与修补、安全设置是否严谨、管理员是否有良好的安全使用意识等。

3. 专用应用系统安全

专用应用系统是指办公网络中特有的应用软件系统,包括办公自动化系统和各类信息管理系统等。应用系统研制和建设过程中,必须充分考虑安全性设计,解决身份认证、数字签名、应用授权和安全审计等问题。

应用系统入网必须经过相应部门的审批,并按照规定使用统一分配的协议或端口号,未经批准的应用系统不允许在军事信息网上运行。

(五) 管理安全

制定健全的安全管理体制将是网络安全得以实现的重要保证。主要包括安全设备与技术的有效管理以及安全管理制度等。

本章小结

本章介绍了网络安全防护体系中网络接入控制、网络内容安全、网络行为审计和信息安全等级保护所涉及的关键技术和方法,讲解了军事信息网建设中进行网络安全设计的基本思想和基本方法。重点是:网络接入控制、网络内容安全、网络行为审计的原理和方法;网络安全解决方案的基本思想。难点是综合运用多种网络安全设备进行网络安全方案设计。

作业题

一、单项选择题

1. 网络行为审计涉及的基本要素包括目标、(　　)、措施和检查。

A. 病毒　　B. 漏洞　　C. 威胁　　D. 权限

2. 网络运营者或其主管部门应当在安全保护等级确定后(　　)日内,向备案机构申请备案,提交备案材料,在建设验收、整改和废止后,及时提交备案变更材料。

A. 10　　B. 15　　C. 20　　D. 30

二、多项选择题

1. 信息系统中用户的身份认证方式主要有(　　)。

A. 基于口令的认证方式　　B. 基于智能卡的认证方式

C. 基于数字证书的认证方式　　D. 基于生物特征的认证方式

2. 常见的访问控制策略包括(　　)。

A. 基于角色的访问控制　　B. 强制访问控制

C. 基于特权的访问控制　　D. 自主访问控制

三、填空题

1. 网络内容安全是__________。

2. 一个典型的网络行为审计系统主要包括________、________、________、________。

3. ________是网络信息传播管控的首要任务。

4. 网络行为审计系统的审计内容包括________、________、________、________四个部分。

四、简答题

1. 访问控制规则的制定原则是什么?

2. 等级保护工作主要包括哪几个环节?

3. 网络安全一体化思想的基本原则是什么?

第七章　军事信息网信息服务

随着网络技术的发展,分布式存储、并行计算、虚拟化、互联网技术的成熟,基于互联网提供包括弹性的 IT 基础设施、大数据、云计算等服务成为可能。云计算技术已经从新兴技术发展成为热门技术,并对人们的工作生活产生了巨大的影响。

本章中以信息服务和云计算为主,学习和理解服务器的基本概念、分类以及作用、了解磁盘阵列技术,掌握 RAID 相关配置,了解服务器虚拟化技术;掌握常用公共信息服务的部署方法;理解云计算技术架构和原理,掌握云计算网络平台构建等内容。通过本章相关知识点的学习,使读者初步掌握军事信息网信息服务中服务器配置与使用。

第一节　基础设施服务

本节基础设施服务主要讲述服务器的基本概念、分类以及作用,磁盘阵列概念、原理、分类以及相关技术,服务器虚拟化技术以及实现虚拟化技术的主要技术手段,常用虚拟化软件等。

一、服务器概述

服务器(Server)是指在互联网环境下运行相应的服务软件,为上网用户提供共享信息资源和各种应用服务的一种高性能计算机。

广义上来说,服务器是指网络中能够对其他用户机器提供某些服务的计算机系统。

狭义上来说,服务器是专指某些高性能计算机,能够通过互联网,对外提供应用服务。相对于家庭微机或者办公微机来说,在安全性、稳定性、高可靠性等方面都要求更高。

服务器作为互联网的节点,主要处理互联网上大量数据、信息,因此也称为互联网的灵魂,是网络上一种为客户端计算机提供各种服务的高性能的计算机,也能为互联网用户提供信息发表、分布式计算及数据管理等应用服务。

服务器的高性能主要体现在高速度的运算能力、长时间的可靠运行、强大的外部数据吞吐能力等方面。

(一) 服务器与台式机的区别

服务器的构成与微机基本相似,有处理器、硬盘、内存、系统总线等,它们是针对具体的网络应用特别制定的,因而服务器与微机在处理能力、稳定性、可靠性、安全性、可扩展性、可管理性等方面存在差异很大。

服务器最重要的并不是高速和高性能,而是高稳定性,即长时间正确运行的能力。而台式机主要用于个人的简单应用和家庭娱乐,因此更注重性能。

(二) 服务器分类

1. 按照体系架构分类

1) x86 服务器

x86 服务器又称为 CISC(复杂指令集)架构服务器,即通常所讲的 PC 服务器,它是基于 PC 机体系结构,使用 Intel 或其他兼容 x86 指令集的处理器芯片和 Windows 操作系统的服务器。廉价、系统兼容性好、稳定性较差、安全性太高,主要用在中小企业或者非关键业务当中。

2) 非 x86 服务器

非 x86 服务器主要包括大型机、小型机和 UNIX 服务器,它们是使用 RISC(精简指令集)或 EPIC(并行指令代码)处理器,并且主要采用 UNIX 和其他专用操作系统的服务器,这种服务器价格昂贵、体系封闭,但是稳定性好、性能强,主要用在金融、电信等大型企业的核心系统中。

2. 按照应用层次分类

按应用层次划分通常也称为“按服务器档次划分”或“按网络规模”划分,是服务器最为普遍的一种划分方法,目前主要根据服务器在网络中应用的层次(或服务器的档次来)来划分的。按这种划分方法,服务器可分为:入门级服务器、工作组级服务器、部门级服务器、企业级服务器。

1) 入门级服务器

这类服务器是最基础的一类服务器,也是最低档的服务器。随着 PC 技术的日益提高,许多入门级服务器与 PC 机的配置差不多,所以也有部分人认为入门级服务器与“PC 服务器”等同,通常只具备以下几方面特性。

(1) 有一些基本硬件的冗余,如硬盘、电源、风扇等,但不是必须的。

(2) 通常采用 SCSI 接口硬盘,也有采用 SATA 串行接口的。

(3) 部分部件支持热插拔,如硬盘和内存等,这些也不是必须的。

(4) 通常只有一个 CPU,但不是绝对。

这类服务器主要采用 Windows 或者 Linux 网络操作系统,可以充分满足办公室型的中小型网络用户的文件共享、数据处理、互联网接入及简单数据库应用的需求。

2) 工作组服务器

工作组服务器是一个比入门级高一个层次的服务器,但仍属于低档服务器之列。适用于网络规模较小,服务器的稳定性以及其他性能方面的要求相对低一些的工作环境当中。工作组服务器具有以下几方面的主要特点。

(1) 通常仅支持单或双 CPU 结构的应用服务器(但也不是绝对的,特别是 SUN 的工作组服务器就有能支持多达四个处理器的工作组服务器)。

(2) 可支持大容量的 ECC 内存和增强服务器管理功能的 SM 总线。

(3) 功能较全面、可管理性强,且易于维护。

(4) 采用 Intel 服务器 CPU 和 Windows/Linux 网络操作系统,但也有一部分是采用 UNIX 系列操作系统的。

(5) 可以满足中小型网络用户的数据处理、文件共享、互联网接入及简单数据库应用的需求。

3）部门级服务器

这类服务器是属于中档服务器之列，一般都是支持双 CPU 以上的对称处理器结构，具备比较完全的硬件配置。部门级服务器的特点就是，除了具有工作组服务器全部服务器特点外，还集成了大量的监测及管理电路，具有全面的服务器管理能力。

部门级服务器可连接 100 个左右的计算机用户、适用于对处理速度和系统可靠性要求高一些的中小型企业网络，其硬件配置相对较高，其可靠性比工作组级服务器要高一些，当然其价格也较高。

4）企业级服务器

企业级服务器是属于高档服务器行列，一般具有独立的双 PCI 通道和内存扩展板设计，具有高内存带宽、大容量热插拔硬盘和热插拔电源、超强的数据处理能力和群集性能等。企业级服务器产品除了具有部门级服务器全部服务器特性外，最大的特点就是它还具有高度的容错能力、优良的扩展性能、故障预报警功能、在线诊断和 RAM、PCI、CPU 等具有热插拔性能。

3. 按照应用功能分类

（1）域控制服务器（Domain Server）。

（2）文件服务器（File Server）。

（3）打印服务器（Print Server）。

（4）数据库服务器（Database Server）。

（5）邮件服务器（E-mail Server）。

（6）Web 服务器（Web Server）。

（7）多媒体服务器（Multimedia Server）。

（8）通信服务器（Communication Server）。

（9）终端服务器（Terminal Server）。

（10）基础架构服务器（Infrastructure Server）。

（11）虚拟化服务器（Virtualization Server）。

4. 按照外形分类

1）塔式

塔式服务器因为它的外观以及结构都跟平时使用的立式 PC 外形差不多，当然，由于服务器的主板扩展性较强、插槽也多出一些，所以体型比普通主板大一些，所以塔式服务器的主机机箱也比标准的 ATX 机箱要大，为日后进行硬盘和电源的冗余扩展提供足够空间。

2）机架式

机架式服务器主要安装和使用在机柜里面，外观形似路由器。目前有 1U（1U = 1.75 英寸 = 4.445cm）、2U、4U 等规格。

选择服务器时应当首要考虑服务器的耗能、体型、散热量等物理参数，因为专用机房使用空间有限成本较高，如何在有限的空间内合理的部署更多的服务器直接关系到用户的成本。通常选用机械尺寸符合 19 英寸工业标准的机架式服务器。就目前来说 1U 的机架式服务器最节省空间，但性能和可扩展性较差，适合一些业务相对固定的使用领域。

4U 以上的产品性能较高,可扩展性好,一般支持四个以上的高性能处理器和大量的标准热插拔部件,管理也十分方便,适合大访问量的应用,但体积较大,空间利用率不高。

3) 刀片服务器

刀片服务器是在标准高度的机柜内可插装多个卡式的单元,实现高可用和高密度。每一块"刀片"实际上就是一块系统主控板。它们可以通过"板载"硬盘启动自己的操作系统,一块"刀片"类似于一个独立的服务器,在这种模式下,每一块主控板运行自己的系统,服务于指定的不同用户群,相互之间没有关联,因此,相较于机架式服务器和机柜式服务器,单片主控板的性能较低。不过,管理员可以使用系统软件将这些主控板集合成一个服务器集群。在集群模式下,所有的主控板可以连接起来提供高速的网络环境,并同时共享资源,为相同的用户群服务。在集群中插入新的"刀片",就可以提高整体性能。而由于每块"刀片"都是热插拔的,所以,系统可以轻松地进行替换,并且将维护时间减少到最小。

二、磁盘阵列技术

磁盘阵列(Redundant Array of Independent Disks,RAID),目前磁盘阵列应用非常广泛,是当前数据备份的主要方法之一。

由于 CPU 的性能不断提升,内存的存取速度亦大幅增加,而数据储存装置——主要是磁盘的存取速度增长缓慢,形成计算机系统的瓶颈,降低了计算机系统的整体性能。如何改进 CPU、内存及磁盘之间的不平衡?提升磁盘存取速度,是目前的主要方式。

目前改进磁盘存取速度的方式主要有两种。

第一种是磁盘快取控制(Disk Cache Controller)。它将从磁盘读取的数据存在快取内存(Cache Memory)中以减少磁盘存取的次数,数据的读写都在快取内存中进行,大幅增加存取的速度。如要读取的数据不在快取内存中,或要写数据到磁盘时,才做磁盘的存取动作。

第二种是使用磁盘阵列的技术。磁盘阵列是把多个磁盘组成一个阵列,当作单一磁盘使用,它将数据以分段(Striping)的方式储存在不同的磁盘中。存取数据时,阵列中的相关磁盘一起动作,大幅减低数据的存取时间,同时有更佳的空间利用率。磁盘阵列所利用的不同的技术针对不同的系统及应用,以解决数据使用和安全的问题。

(一) 磁盘阵列原理

磁盘阵列中针对不同的应用使用的不同技术,称为 RAID level(Redundant Array of Inexpensive Disks,每一 level 代表一种技术),目前业界公认的标准是 RAID 0~RAID 5。这个 level 并不代表技术的高低,level 5 并不高于 level 3,level 1 也不低于 level 4。至于要选择哪一种 RAID level,视用户的操作环境(Operating Environment)及应用而定,与 level 的高低没有必然的关系。RAID 0 及 RAID 1 适用于小型的网络服务器及需要高磁盘容量与快速磁盘存取的工作站等;RAID 2 及 RAID 3 适用于大型网络服务器及影像、CAD/CAM 等处理;RAID 5 多用于联机事务处理(Online Transaction Processing,OLTP),因有金融机构及大型数据处理中心的广泛使用故而较有名气,但也因此形成很多人对磁盘阵列的误解,以为磁盘阵列只有用到 RAID 5 不可;RAID 4 较少使用,因为两者有其共同之处,而

RAID 4 有其先天的限制。其他如 RAID 6,RAID 7,乃至 RAID 10 等,都是厂商各做各的,并无一致的标准,在此不作说明。

介绍各个 RAID level 之前,先了解形成磁盘阵列的两个基本技术。

1. 磁盘延伸

Disk Spanning 译为磁盘延伸,如图 7-1 所示,磁盘阵列控制器连接了四个磁盘,这四个磁盘形成一个阵列(Array),而磁盘阵列的控制器(RAID Controller)是将此四个磁盘视为单一的磁盘。磁盘因为磁盘阵列将同一阵列的多个磁盘视为单一的虚拟磁盘(Virtual Disk),所以其数据是以分段(Block or Segment)的方式顺序存放在磁盘阵列中,如图 7-1 所示。

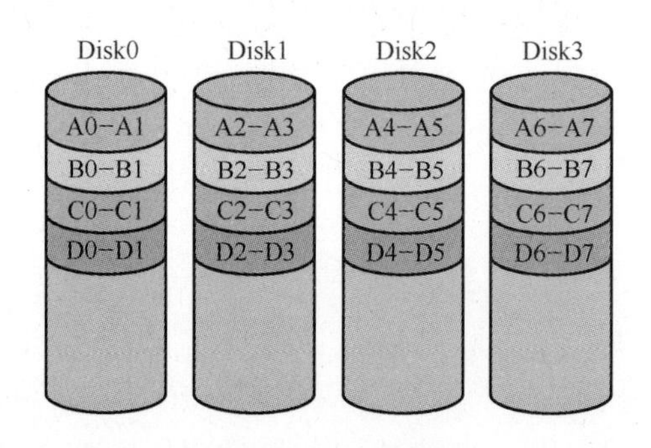

图 7-1 磁盘分段

数据按需要分段,从第一个磁盘开始放,放到最后一个磁盘再回到第一个磁盘放起,直到数据分布完毕。至于分段的大小视系统而定,有的系统或以 1kB 最有效率,或以 4kB,或以 6kB,甚至是 4MB 或 8MB 的,但除非数据小于一个扇区(Sector,即 512Bytes),否则其分段应是 512Byte 的倍数。因为磁盘的读写是以一个扇区为单位,若数据小于 512Bytes,系统读取该扇区后,还要做组合或分组(视读或写而定)的动作,浪费时间。从图 7-1 中可以看出,数据分段存放在不同的磁盘,整个阵列的各个磁盘可同时做读写,故数据分段使数据的存取有最好的效率,理论上本来读一个包含四个分段的数据所需要的时间约=(磁盘的 access time + 数据的 transfer time)×4 次,现在只要一次就可以完成。

2. 磁盘条带

磁盘条带(Disk Striping)也称为 RAID 0,此模式下磁盘的读取具有最高的效率。而磁盘阵列有更好效率的原因除数据分段外,它可以同时执行多个读取的要求,因为阵列中的每一个磁盘都能独立动作,分段放在不同的磁盘,不同的磁盘可同时作输入输出,而且能在快取内存及磁盘作并行存取(Parallel Access)的动作,但只有硬件的磁盘阵列才有此性能表现。

从以上两个方式可以看出,Disk Spanning 定义了 RAID 的基本形式,提供了灵活、便宜、高效的系统结构,而磁盘条带(Disk Striping)解决了数据的存取效率和磁盘的利用率等问题,RAID 1 至 RAID 5 是在此基础上提供磁盘安全的其他方案。

(二) 磁盘阵列技术方案

1. RAID 1

RAID 1 是使用磁盘镜像(Disk Mirroring)的技术。它的方式是在工作磁盘(Working

Disk)之外再加一组备份磁盘(Backup Disk),两组磁盘所储存的数据完全一样,数据写入工作磁盘的同时也写入备份磁盘。

RAID 1 的磁盘是以磁盘延伸的方式形成阵列,而数据是以数据分段的方式作储存,因而在读取时,它几乎和 RAID 0 有同样的性能。图 7-2 为 RAID 1,为每一笔数据都储存两份。

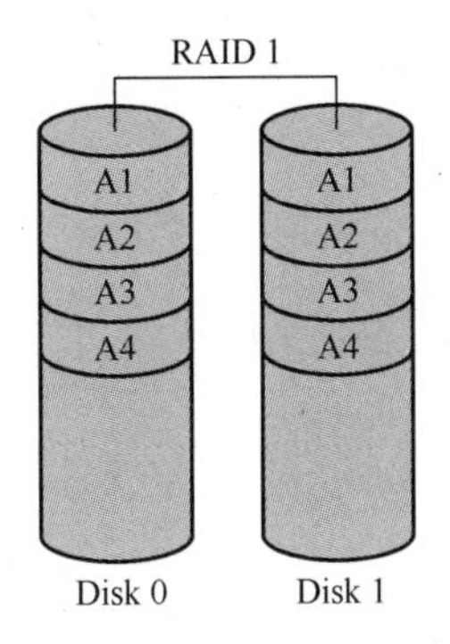

图 7-2　RAID 1

读取数据时可用到所有的磁盘,充分发挥数据分段的优点;写入数据时,因为有备份,所以要写入两个磁盘,其效率是(磁盘数/2),磁盘空间的使用率也只有全部磁盘的一半。

2. RAID 2

RAID 2 是把数据分成为位元(bit)或块(block),加入海明码(Hamming Code)写入到每个磁盘中,而且地址都一样,也就是在各个磁盘中,其数据都在相同的磁道(Cylinder or Track)及扇区中。RAID 2 的安全采用内存阵列(Memory Array)的技术,使用多个额外的磁盘作单位错误校正(Single-bit Correction)及双位错误检测(Double-bit Detection);至于需要多少个额外的磁盘,则视其所采用的结构及方法而定。

3. RAID 3

RAID 3 的数据储存方式和 RAID 2 一样,但在安全方面以奇偶校验(Parity Check)取代海明码做错误校正及检测,所以只需要一个另外的校检磁盘(Parity Disk)。奇偶校验值的计算是以各个磁盘的相对应位作 XOR 的逻辑运算,然后将结果写入奇偶校验磁盘,任何数据的修改都要做奇偶校验计算,如图 7-3 所示。

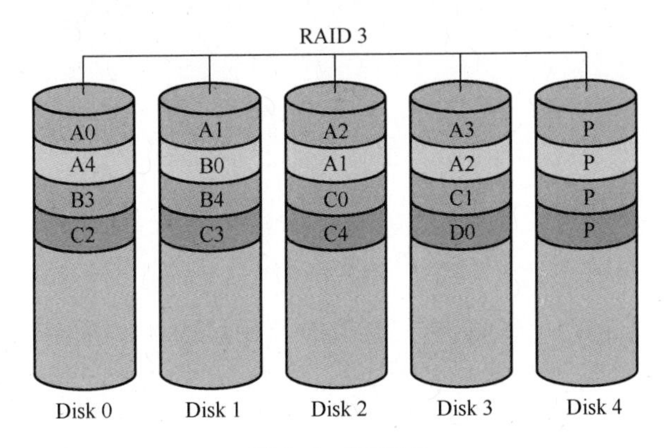

图 7-3　RAID 3

如果磁盘当中有一块故障,换上新的磁盘后,整个磁盘阵列(包括奇偶校验磁盘)需重新计算一次,将故障磁盘的数据恢复并写入新磁盘中;如奇偶校验磁盘故障,则重新计算奇偶校验值,以达到容错的要求。

4. RAID 4

RAID 4 也使用一个校验磁盘,但和 RAID 3 不一样,如图 7-4 所示。

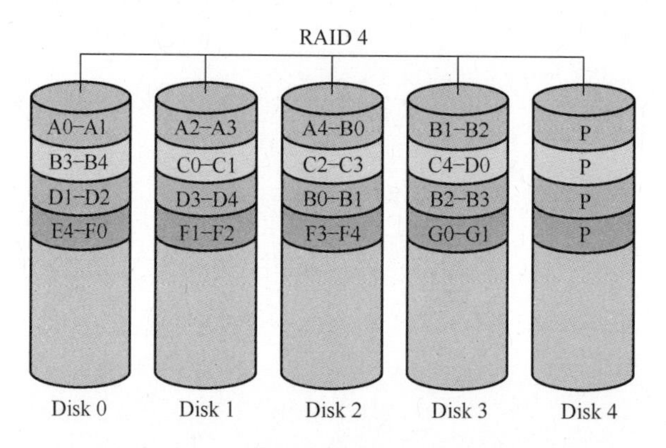

图 7-4 RAID 4

RAID 4 是以扇区作数据分段,各磁盘相同位置的分段形成一个校验磁盘分段(Parity Block),放在校验磁盘。这种方式可在不同的磁盘平行执行不同的读取命令,大幅度提升磁盘阵列的存储性能,但当写入数据时,因受限于校验磁盘,同一时间只能做一次,启动所有磁盘读取数据形成同一校验分段的所有数据分段,与要写入的数据做好校验计算再写入。

5. RAID 5

RAID 5 避免了 RAID 4 的瓶颈,方法是不用校验磁盘而将校验数据以循环的方式放在每一个磁盘中,如图 7-5 所示。

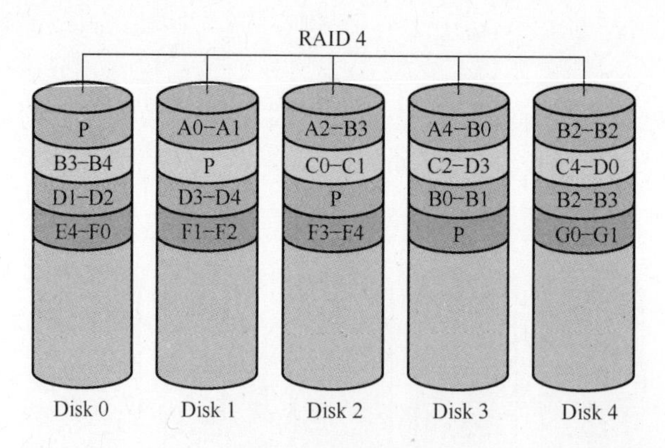

图 7-5 RAID 5

磁盘阵列的第一个磁盘分段是校验值,第二个磁盘至后一个磁盘再折回第一个磁盘的分段是数据,然后第二个磁盘的分段是校验值,从第三个磁盘再折回第二个磁盘的分段是数据,以此类推,直到放完为止。图 7-5 中的第一个 Parity Block 是由 A0,A1…,B1,B2 计算出来,第二个 Parity Block 是由 B3,B4,…,C4,D0 计算出来,也就是校验值是由各磁盘同一位置的分段的数据所计算出来。这种方式能大幅增加小档案的存取性能,不但可同时读取,甚至有可能同时执行多个写入的动作,如可写入数据到磁盘 1 而其 Parity Block 在磁盘 2,同时写入数据到磁盘 4 而其 Parity Block 在磁盘 1,这对联机交易处理(on-lineTransaction Processing,OLTP)或大型数据库的处理提供了最佳的解决方式,因为这些应用的每一笔数据量小,磁盘输出入频繁而且必须容错。

事实上 RAID 5 的性能并无如此理想,因为任何数据的修改,都要把同一 Parity Block 的所有数据读出来修改后,做完校验计算再写回去,正因为此牵一发而动全身。

(三) RAID 特点对比

表 7-1 所列是 RAID 的一些性质。

表 7-1 RAID 比较

RAID 级别	工作模式	最少硬盘需求量	可用容量
RAID 0	磁盘延伸和数据分布	2	T
RAID 1	数据分布和镜像	2	$T/2$
RAID 2	共轴同步,并行传输,ECC	3	$T\times(n-1)/n$
RAID 3	共轴同步,并行传输,Parity	3	$T\times(n-1)/n$
RAID 4	数据分布,固定 Parity	3	$T\times(n-1)/n$
RAID 5	数据分布,固定 Parity	3	$T\times(n-1)/n$

三、服务器虚拟化技术

(一) 虚拟化概述

虚拟化技术主要通过两种方法来帮助服务器更加合理的分配资源。一种方法是多虚一,把若干个分散的物理服务器虚拟为一个大的逻辑服务器,这个方向典型的代表就是集群。另一种方法是一虚多,就是把一个物理服务器虚拟成若干个逻辑服务器,这是云计算技术研究的重点。

将服务器物理资源抽象成逻辑资源,让一台服务器变成几台甚至上百台相互隔离的虚拟服务器,不再受限于物理上的界限,而是让 CPU、内存、磁盘、I/O 等硬件变成可以动态管理的“资源池”,从而提高资源的利用率,简化系统管理。同时硬件辅助虚拟化技术还能够提升虚拟化效率,增加虚拟机的安全性。

1. 裸金属架构

Hypervisor 使用裸金属架构,直接在硬件上安装虚拟化软件,将硬件资源虚拟化,可为用户带来接近服务器性能、高可靠和可扩展的虚拟机。

2. CPU 虚拟化

将物理服务器的 CPU 虚拟成虚拟 CPU(VCPU),供虚拟机运行时使用。当多个 VCPU 运行时,在各 VCPU 间动态调度物理 CPU。

3. 内存虚拟化

内存硬件辅助虚拟化技术能够降低内存虚拟化开销,提升内存访问性能。

4. 内存复用技术

内存复用技术包括:内存气泡、内存交换、内存共享。

内存气泡:系统主动回收虚拟机暂时不用的物理内存,分配给需要复用内存的虚拟机。内存的回收和分配都是动态的,虚拟机上的应用无感知。整个物理服务器上的所有虚拟机使用的分配内存总量不能超过该服务器的物理内存总量。

内存交换:将外部存储虚拟成内存给虚拟机使用,将虚拟机上暂时不用的数据存放到外部存储上。系统需要使用这些数据时,再与预留在内存上的数据进行交换。

内存共享:多台虚拟机共享数据内容为零的内存页。

5. GPU 直通

将物理服务器上的 GPU(Graphic Processing Unit)直接关联给特定的虚拟机,来提升虚拟机的图形视频处理能力,以满足客户对于图形视频等高性能图形处理能力的需求。

6. iNIC 网卡直通

将物理服务器上的 iNIC 网卡虚拟化后关联给多个虚拟机,以满足用户对网络带宽的高要求。关联了 iNIC 网卡的虚拟机仅支持在同一集群内使用 iNIC 网卡的主机上手动迁移。

7. USB 设备直通

将物理服务器上的 USB 设备直接关联给特定的虚拟机,以满足用户在虚拟化场景下对 USB 设备的使用需求。

(二) 实现虚拟化技术的主要技术手段

服务器虚拟化主要包括 CPU、存储、网络等的虚拟化。

CPU 虚拟化技术就是单 CPU 模拟多 CPU 并行,允许一个平台同时运行多个操作系统,并且应用程序都可以在相互独立的空间内运行而互不影响,从而显著提高计算机的工作效率。虚拟化技术与多任务以及超线程技术是完全不同的。多任务是指在一个操作系统中多个程序同时并行运行;而在虚拟化技术中,则可以同时运行多个操作系统,而且每一个操作系统中都有多个程序运行,每一个操作系统都运行在一个虚拟的 CPU 或者是虚拟主机上;而超线程技术只是单 CPU 模拟双 CPU 来平衡程序运行性能,这两个模拟出来的 CPU 是不能分离的,只能协同工作。

CPU 虚拟化分为全虚拟化和半虚拟化。

全虚拟化主要是在客户操作系统和硬件之间获取和处理那些对虚拟化敏感的特权指令,使客户操作系统无须修改就能运行,速度会根据不同的代码实现而不同,但大致能满足用户的需求。这种方式是目前最成熟和最常见的。它是一种采用二进制代码翻译技术。即在虚拟主机运行的时候,将陷入指令(访管指令)插入到特权指令的前面,把执行陷入虚拟主机的监视器里面去,然后虚拟主机监视器动态地把这些系统指令转换成为能够实现相同功能的指令的序列之后再去执行。不用修改客户操作系统就能实现全虚拟化技术,但是动态转换指令的步骤将需要使用一定量的性能开销。

半虚拟化与完全虚拟化有一些类似,它也利用 Hypervisor 来实现对底层硬件的共享访问,但是由于在 Hypervisor 上面运行的 GuestOS 已经集成与半虚拟化有关的代码,使得 GuestOS 能够非常好地配合 Hyperivosr 来实现虚拟化。通过这种方法将无须重新编译或捕获特权指令,使其性能非常接近物理机,其最经典的产品就是 Xen,而且因为微软的 Hyper-V 所采用技术和 Xen 类似,所以也可以把 Hyper-V 归属于半虚拟化。具体来说,通过修改客户操作系统实现的,把虚拟化层的超级调用作为特权指令,以此来解决虚拟主机运行特权指令的相关问题。

1. CPU 硬件辅助虚拟化

CPU 硬件辅助虚拟化当前主要有 Intel 的 VT-x 和 AMD 的 AMD-V 这两种技术。其主要核心思想都是通过引入新的指令和运行模式,使 VMM 和 Guest OS 分别运行在不同模式(ROOT 模式和非 ROOT 模式)下,且 Guest OS 运行在 Ring 0 下。通常情况下,Guest OS 的核心指令可以直接下达到计算机系统硬件执行,而不需要经过 VMM。当 Guest OS 执行到特殊指令的时候,系统会切换到 VMM,让 VMM 来处理特殊指令。

1) Intel VT-x 技术

为弥补 x86 处理器的虚拟化缺陷,市场的驱动催生了 VT-x,Intel 推出了基于 x86 架构的硬件辅助虚拟化技术 Intel VT(Intel Virtualization Technology)。

目前,Intel VT 技术包含 CPU、内存和 I/O 三方面的虚拟化技术。CPU 硬件辅助虚拟化技术,分为对应安腾架构的 VT-i(Intel Virtualization Technology for ltanium)和对应 x86 架构的 VT-x(Intel Virtualization Technology for x86)两个版本。内存硬件辅助虚拟化技术包括 EPT(Extended Page Table)技术。I/O 硬件辅助虚拟化技术的代表是 Intel VT-d (Intel Virtualization Technology for Directed I/O)。

Intel VT-x 技术解决了早期 x86 架构在虚拟化方面存在的缺陷,可使未经修改的 Guest OS 运行在特权级 0,同时减少 VMM 对 Guest OS 的干预。Intel VT-d 技术通过使 VMM 将特定 I/O 设备直接分配给特定的 Guest OS,减少 VMM 对 I/O 处理的管理,不但加速数据传输,且消除了大部分性能开销。图 7-6 所示为 CPU 硬件辅助虚拟化技术简要流程图。

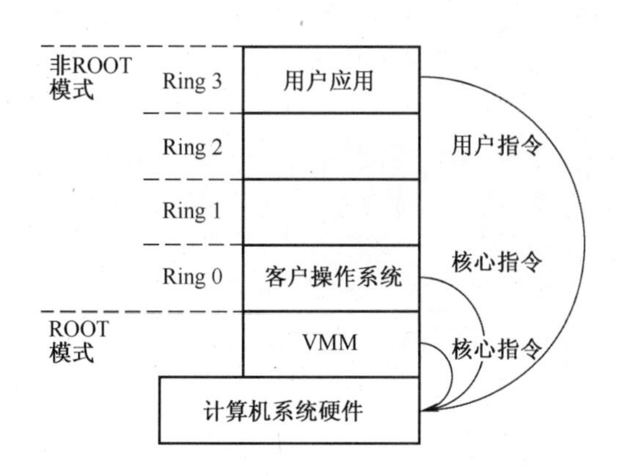

图 7-6 CPU 硬件辅助虚拟化技术流程图

2) AMD-V 技术

AMD 从 2006 年便开始致力于硬件辅助虚拟化技术的研究,AMD-V 全称是 AMD Virtualization,AMD-V 从代码的角度分别称为 AMD 和 SVM,AMD 开发这项虚拟化技术时的内部项目代码为 Pacifica,是 AMD 推出的一种硬件辅助虚拟化技术。

Intel VT-x 和 AMD-V 提供的特征大多功能类似,但名称可能不一样,如 Intel VT-x 将用于存放虚拟机状态和控制信息的数据结构称为 VMCS,而 AMD-V 称为 VMCB; Intel VT-x 将 TLB 记录中用于标记 VM 地址空间的字段为 VPID, 而 AMD-V 称为 ASID; Intel VT-x 将二级地址翻译称为 EPT, AMD 则称为 NPT,等等一些区别。尽管其相似性,Intel VT-x 和 AMD-V 在实现上对 VMM 而言是不兼容的。

2. 存储虚拟化

存储虚拟化(Storage Virtualization)通俗的理解就是对存储硬件资源进行抽象化表现。通过将一个(或多个)目标(Target)服务或功能与其他附加的功能集成,统一提供有用的全面功能服务。典型的虚拟化包括如下一些情况:屏蔽系统的复杂性,增加或集成新的功能,仿真、整合或分解现有的服务功能等。虚拟化是作用在一个或者多个实体上的,而这些实体则是用来提供存储资源和服务的。

存储虚拟化是一种贯穿于整个 IT 环境、用于简化本来可能会相对复杂的底层基础架构的技术。存储虚拟化的思想是将资源的逻辑映像与物理存储分开,从而为系统和管理员提供一幅简化、无缝的资源虚拟视图。

对于使用者来说,虚拟化的存储资源就像是一个巨大的“存储池”,用户不会看到具体的磁盘、磁带,也不必关心自己的数据经过哪一条路径通往哪一个具体的存储设备,将存储作为池子一样,存储空间如同一个流动的池子的水一样,可以任意地根据需要进行分配。

目前存储虚拟化主要有以下三种方法。

1) 基于主机的虚拟存储

基于主机的虚拟存储依靠代理或应用管理软件,将它们配置在一个或多个终端上,实现存储虚拟化的管理和控制。由于控制软件是运行在终端上,这就会占用终端的处理时间。因此,这种方法的可扩充性较差,实际运行的性能不优。

基于主机的方法也有可能造成系统的稳定性和安全性较差,主要是因为不经意间越权访问到受保护的数据或者主机的故障都可能影响整个存储(SAN)系统中数据的完整性。软件控制的存储虚拟化还可能由于不同产品厂商软硬件的差异性而带来不必要的互操作性开销,所以这种方法的灵活性也比较差。但是,由于不需要任何附加硬件,基于主机的虚拟化方法最容易实现,其设备成本最低。

2) 基于存储设备的虚拟化

基于存储设备的存储虚拟化方式依靠于提供相关功能的存储模块。如果没有其他的虚拟软件,基于存储的虚拟化经常只能提供一种不完整的存储虚拟化解决方案。对于多厂商存储设备的存储系统,这种方式的效果并不理想。依赖于存储供应商的功能模块将会在系统中排斥简单的硬盘组(Just a Bunch of Disks,JBOD)和简单存储设备的使用,因为这些设备并没有提供存储虚拟化的功能。当然,利用这种方法意味着最终将锁定某一家单独的存储供应商。

3) 基于网络的虚拟存储

基于网络的虚拟化方法是在网络设备之间实现存储虚拟化功能,具体在网络虚拟化当中介绍。

3. 网络虚拟化

传统的网络虚拟化一般指虚拟专用网络(VPN)。VPN对网络连接的概念进行了抽象,允许远程用户访问组织的内部网络,就像物理上连接到该网络一样。网络虚拟化可以帮助保护用户使用环境,防止来自互联网的威胁,同时使用户能够快速安全的访问应用程序和数据。

现在提到的基于网络的虚拟化方法是在网络设备之间实现存储虚拟化功能,具体有下面几种方式。

1）基于互联设备的虚拟化

基于互联设备的虚拟化方法能够在专用服务器上运行,使用标准操作系统,如Linux、Windows、SunSolaris或供应商提供的操作系统。这种方法运行在标准操作系统中,具有基于主机方法的诸多优势——操作简单、性价比高。许多基于设备的虚拟化提供商也提供附加的功能模块来改善系统的整体性能,能够获得比标准操作系统更好的性能和更完善的功能,但需要更高的硬件成本,但是,基于设备的方法也继承了基于主机虚拟化方法的一些缺陷,比如它仍需在一个运行主机上的代理软件或基于主机的适配器,任何主机的不当操作或故障都可能导致访问到不被保护的数据。同时,在异构操作系统间的互操作性仍然是一个问题。

2）基于路由器的虚拟化

基于路由器的方法是在路由器固件上实现存储虚拟化功能。通常也提供运行在主机上的附加软件来进一步增强存储管理能力。在此方式中,路由器被放置于每个主机到存储网络的数据通道中,用来获取网络中任何一个从主机到存储系统的命令。由于路由器为每一台主机服务,大多数控制模块存在于路由器的固件中,相对于基于主机和大多数基于互联设备的方式,这种方式的性能更好、效果更佳。

(三) 虚拟化技术的发展趋势以及所面临的问题

伴随着虚拟化技术的不断扩展,虚拟化迁移技术逐渐得到了业界关注和广泛的认可。显然,虚拟化迁移技术能够极大地增加应用的灵活性,尤其在系统备份和零停机维护等方面有用武之地。

第一,数据库备份:备份数据对于大型数据库而言是一项复杂而艰巨的工作。在虚拟机上运行数据库时,保存整个虚拟机就如同备份了整个数据库,而且这样还能将虚拟机中数据库的所有数据以及数据库的状态同时做好备份。

第二,运行环境还原:重现故障或测试时的运行环境在日常的服务器性能测试或者调试工作时尤为重要,使用虚拟化技术可以很轻松地做到这一点,我们能够随时保存当前的运行环境和状态,等到需要时只需要恢复保存的虚拟机状态即可重现当时的运行环境。

第三,系统维护:服务器硬件设备大多需要定期进行维护,必须关闭电源,势必会影响到用户的使用。利用虚拟机动态迁移技术,可以方便快速地将需要维护的服务器迁移到另外一台备用服务器上,等维护完毕之后再从备机上迁移回来,对于用户来说这一过程是透明的,不会影响任何系统服务的正常使用。

随着虚拟化技术的广泛应用也会引起一些问题。比如虚拟化管理有两大问题:第一如何保持恒定的部署速度,第二如何管理不可见的资源。虚拟化技术具有两面性,一方面企业可以据此实现高速生产、精益运行和高效容灾;另一方面虚拟化管理方法论、工具集和可参考最佳实践的缺失,会让企业深陷很大的误区而不能自拔。但是信息化产业的高速发展使得服务器硬件技术有了巨大的改变,高端服务器所承载的软件应用环境已经逐步发展成熟,所以虚拟化技术会由于其具有提高资源利用率以及节能环保、可进行大规模数据整合等特点,而成为信息化技术发展的又一项具有战略意义的新技术。

(四) 常用虚拟化软件

1. VMware workstation 简介

"威睿工作站"(VMware Workstation)是一款功能强大的桌面虚拟计算机软件,提供用户可在单一的桌面上同时运行不同的操作系统以及进行开发、测试、部署新的应用程序的最佳解决方案。VMware Workstation 的开发者为 VMware(中文名"威睿",VMware Workstation 就是以开发商 VMware 为开头名称,Workstation 的含义为"工作站",因此,VMware Workstation 中文名称为"威睿工作站"),近年来,VMware 开发的 VMware Workstation 产品一直受到广大用户的认可,它可以使用户在一台机器上同时运行两个或更多 Windows、DOS、Linux、Mac 系统。

2. VMware Player 简介

很多微软用户都想尝试一下其他操作系统的魅力,但又怕安装麻烦,使用虚拟机就成了最佳选择。提起虚拟机,VMware Workstation 就是其中的佼佼者,但其也有很多不足。比如价格昂贵、使用太灵活等。VMware 推出了免费绿色小巧的 VMware Player,最大的优点就是省去了制作虚拟机的功能,就像其名字一样,它只是一个系统"播放器",而不能用于创建虚拟系统。

3. VMware vSphere 简介

VMware vSphere 是 IT 界领先且最可靠的虚拟化平台。vSphere 将应用程序和操作系统从底层硬件分离出来,从而简化了操作。现有的应用程序可以看到专用资源;而服务器则可以作为资源池进行管理。因此,业务将在简化但恢复能力极强的环境中运行。vSphere 是 VMware 公司推出一套服务器虚拟化解决方案。

4. VMware ESX 简介

VMware ESX 服务器是在通用环境下分区和整合系统的虚拟主机软件。它是具有高级资源管理功能高效,灵活的虚拟主机平台。

VMware ESX 服务器为适用于任何系统环境的企业级的虚拟计算机软件。大型机级别的架构提供了更高性能和操作控制。它能提供完全动态的资源可测量控制,适合各种要求严格的应用程序的需要,同时可以实现服务器部署整合,为企业未来发展所需提供扩展空间。

5. KVM 简介

KVM(Kernel-based Virtual Machine)是一个开源的系统虚拟化模块,自 Linux 2.6.20 之后集成在 Linux 的各个主要发行版本中。

(五) 虚拟化服务

随着虚拟化应用服务的不断发展,从使用的需求来看,单独的解决方案不能满足信息化建设发展,各种各样应用服务已经不能简单地满足到远程接入这个基础作用,而是全面的虚拟化的应用服务、虚拟化的管理等角度来实现。

虚拟化,从整个 IT 环境发展的长远角度看,“应用虚拟化”理念得以成熟,技术上得到提高,应用实践上获得检验。虚拟化以前所未有的发展,站在了信息化时代的前沿。应用服务是最终目标,推动着应用程序虚拟化技术的高速发展,各大企业都在积极研发,推动着技术革新。在目前使用上,一些远程接入企业和应用接入企业不断积极在转型,加入应用虚拟化领域,各种现象表明,远程接入技术和应用接入技术必将过渡到应用虚拟化技术领域。

在整个 IT 环境应用高度发展的当前,应用虚拟化技术,以崭新的架构和强大的功能,突破了应用瓶颈问题,满足了巨大而迫切的市场需求。但是,随着虚拟化技术发展,其产品和技术上的成熟度有待考量。目前很多人认为,应用虚拟化这项前瞻性技术,要继续深入企业并最终形成成熟的信息化基础平台,性能优化、本地化输入、安全策略和虚拟打印四大参数将成为衡量这一技术的决定性因素。

第二节 公共应用服务

本节公共应用服务主要讲述域名服务、网站服务、文件服务以及其他服务。在域名服务当中,主要学习和了解 DNS 服务器概念、工作过程、三种解析方式以及如何构建 DNS 服务器;网站服务了解和掌握 Web 服务器原理、工作流程以及构建 Web 服务器;文件服务了解和掌握 FTP 服务器的原理及构建;其他服务掌握 Email 邮件服务和 DHCP 服务原理及作用。

一、域名服务

DNS 服务器所提供的服务是完成将主机名和域名转换为 IP 地址的工作。为什么需要将主机名和域名转换为 IP 地址的工作呢?这是因为,当网络上的一台客户机访问某一服务器上的资源时,用户在浏览器地址栏中输入的是便于识记的域名。而网络上的计算机之间实现连接却是通过每台计算机在网络中拥有的唯一的 IP 地址来完成的,这样就需要用户记忆网络中拥有的唯一 IP 地址(如 http://192.168.100.89/、ftp://192.168.100.89/等),既枯燥又很难将这些服务器与其提供什么样的服务联系起来。用户已经很熟悉的一些访问网络服务器的方式,如访问百度网站 http://www.baidu.com/、中央电视台网站 http://www.cctv.com/等,就是用一个一个容易记忆的域名来代替枯燥数字代表的网络服务器的 IP 地址的。

很显然,在网络上必须有一种由计算机来完成 IP 地址的“计算机域名→IP 地址”的转换工作,称为域名解析,而完成这种功能的计算机就称为域名服务(Domain Name Service,DNS)服务器。

(一) DNS 服务的工作过程

一个完整的域名解析过程如图 7-7 所示。

(1) 在 Web 浏览器中输入地址 http://www.mynet.com(为了说明原理而虚构的域名),Web 浏览器将域名解析请求提交给自己计算机上集成的 DNS 客户机软件。

(2) DNS 客户机软件向指定 IP 地址的 DNS 服务器发出域名解析请求:“请问 www. mynet. com 代表的 Web 服务器的 IP 地址是什么”。

(3) DNS 服务器在自己建立的域名数据库中查找是否有与“www. mynet. com”相匹配的记录。域名数据库存储的是 DNS 服务器自身能够解析的数据。

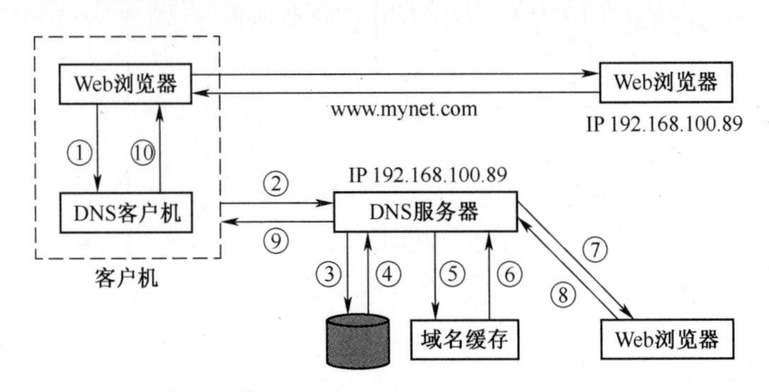

图 7-7　域名解析过程

(4) 域名数据库将查询结果反馈给 DNS 服务器。如果在域名数据库中存在匹配的记录 www. mynet. com 对应的是 IP 地址为 192. 168. 100. 89 的 Web 服务器,则转入第(9)步。

(5) 如果在域名数据库中不存在匹配的记录,DNS 服务器将访问域名缓存。域名缓存存储的是从其他 DNS 服务器转发的域名解析结果。

(6) 域名缓存将查询结果反馈给 DNS 服务器,若域名缓存中查询到指定的记录,则转入第(9)步。

(7) 若在域名缓存中也没有查询到指定的记录,则按照 DNS 服务器的设置转发域名解析请求到其他 DNS 服务器上进行查找。

(8) 其他 DNS 服务器将查询结果反馈给 DNS 服务器。

(9) DNS 服务器将查询结果反馈回 DNS 客户机。

(10) DNS 客户机将域名解析结果反馈给浏览器。若反馈成功,Web 浏览器就按照指定的 IP 地址访问 Web 服务器,否则将提示网站无法解析或不可访问的信息。

通过上面详细的 DNS 域名解析过程的介绍,读者明白了域名是怎样解析的,这对于构建自己的 DNS 服务器是很必要的。

(二) DNS 域名系统的层次结构

互联网上的 DNS 域名系统采用层次结构,如同一棵倒置的树,如图 7-8 所示。

第 1 层称为根域,一个名为 InterNIC 的机构既负责划分全世界的 IP 地址范围,又负责分配互联网上的域名结构。根域 DNS 服务器只负责处理一些顶级域名 DNS 服务器的解析请求。

第 2 层称为顶级域,是由常见的 com、org、gov、net 和国家代码等组成的域名体系。

第 3 层是在顶级域下划分的二级域。

第 4 层是二级域下的子域,子域下面可以继续划分子域或者挂接主机。

第 5 层是主机。常见的 www 代表的是一个 Web 服务器,ftp 代表的是 FTP 服务器,

smtp 代表的是电子邮件发送服务器,pop 代表的是电子邮件接收服务器等。

通过这样层次式的结构的划分,互联网上的服务器的含义就非常清楚了。例如,www. pku. edu. cn 代表的是中国的一个名为 pku(北京大学的缩写)教育机构的 WWW 服务器。

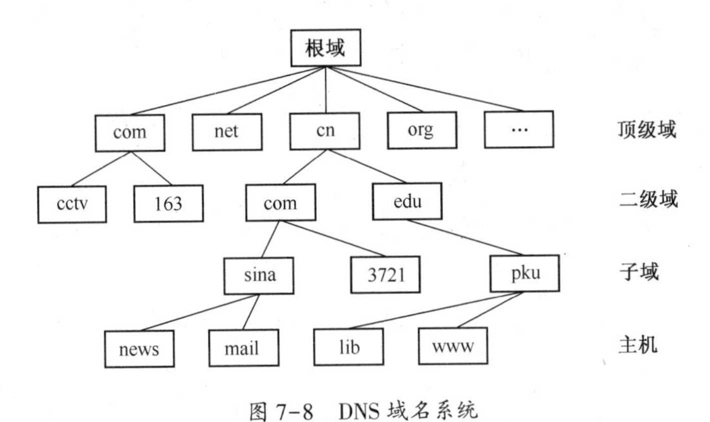

图 7-8 DNS 域名系统

(三) DNS 的三种解析方式

1. 递归查询

域名解析过程完毕后,无论是否解析到服务器的 IP 地址,都要求 DNS 服务器最后要给予 DNS 客户机一个明确的结果,要么成功要么失败。DNS 服务器向其他 DNS 服务器转发请求域名解析请求的过程对 DNS 客户机来讲是不可见的,也就是说,DNS 服务器自己完成域名的转发请求,与客户机无关。

递归查询的 DNS 服务器的工作量大,担负解析的任务重,因此,域名缓存的作用就十分明显,只要域名缓存中已经存在解析的结果,DNS 服务器就不必要向其他 DNS 服务器发出解析请求。但如果域名缓存的结果无法访问,将重新向 DNS 服务器发出请求。目前 DNS 客户机自身也支持域名结果缓存,其作用和原理与 DNS 服务器的域名缓存是一样的。

2. 叠代查询

为了克服递归查询中所有的域名解析任务都落在 DNS 服务器上的缺点,可以想办法让 DNS 客户机也承担一定的 DNS 域名解析工作,这就是叠代查询。具体的做法是:DNS 服务器如果没有解析出 DNS 客户机的域名,就将可以查询的其他 DNS 服务器的 IP 地址告诉 DNS 客户机,DNS 客户机再向其他 DNS 服务器发出域名解析请求,直到有明确的解析结果。如果最后一台 DNS 服务器也无法解析,则返回失败信息。

叠代查询中 DNS 客户机也承担域名解析的部分任务,DNS 服务器只负责本地解析和转发其他 DNS 服务器的 IP 地址,因此又称为转寄查询。域名解析的过程是由 DNS 服务器和 DNS 客户机配合自动完成的。

3. 反向查询

递归查询和叠代查询都是正向域名解析,即从域名查找 IP 地址。DNS 服务器还提供反向查询功能,即通过 IP 地址查询域名。

(四) 构建 DNS 服务器

默认情况下，Windows Server 2008 系统中没有安装 DNS 服务器，可按照以下步骤安装和配置。安装之前需要修改系统的 IP 地址和 DNS 服务器地址。本实验要求将首选 DNS 服务器配置为本机 IP 地址，以方便测试。

1）步骤一：DNS 服务器安装

（1）在“服务器管理器”控制台中运行“添加角色向导”。连续单击“下一步”按钮，在“选择服务器角色”对话框中，用于选择要安装的角色。

（2）单击“下一步”，进入 DNS 服务器安装向导。

（3）单击“安装”按钮，向导会自动安装 DNS 服务器，随后，DNS 服务会在服务器重启后自动运行，若没有运行，可手工将其启动。

（4）安装好 DNS 服务器后，可以从管理工具菜单中打开 DNS 控制台。

2）步骤二：创建正向查找区域

配置步骤如下。

（1）在 DNS 控制台中，展开目标服务器节点。右击“正向查找区域”菜单项，从弹出的快捷菜单中选择“新建区域”命令，打开“新建区域向导”，单击“下一步”。

（2）选择创建“主要区域”，单击“下一步”。

（3）在“区域名称”界面中输入该区域的完整 DNS 名称，单击“下一步”。

（4）在“区域文件”界面中可以创建新的区域文件，或使用现有的区域文件，单击“下一步”。

（5）选择动态更新配置方式，由于本案例中并不集成 Active Directory，此处选中“不允许动态更新”，单击“下一步”。

（6）单击“完成”按钮，完成对正向查找区域的创建，退出向导。

3）步骤三：创建反向查找区域

此步骤为可选操作。如果希望 DNS 服务器能够提供反向解析功能，以便客户机根据已知的 IP 地址来查询主机域名，就需要创建反向查找区域，配置步骤如下。

（1）在 DNS 控制台中，展开目标服务器节点。右击“反向查找区域”菜单项，在弹出的快捷菜单中选择“新建区域”命令，打开新建区域向导，单击“下一步”。

（2）在“区域类型”界面上，选择要创建的区域类型“主要区域”，单击“下一步”。

（3）在指定需要创建的是 IPv4 反向查找区域，然后单击“下一步”。

（4）在“区域文件”界面中，使用现有区域文件，然后单击“下一步”。

（5）选择“不允许动态更新”，单击“下一步”。

（6）在向导的最后一步，单击“完成”，完成反向区域建立。

4）步骤四：添加资源记录

新建正向区域和反向区域后，可在区域内建立主机等相关数据，这些数据被称为“资源记录”，其中较为常见的数据包括主机（A 和 AAAA）记录、别名（CNAME）记录、邮件交换器（MX）记录、指针资源记录等。

（1）新建主机（A 和 AAAA）资源记录。

主机地址（A）记录中包含主机的名称和对应的 IPv4 地址；主机地址（AAAA）记录包

含主机名称和对应的 IPv6 地址。对于多个网络接口或 IP 地址的计算机,会有多个地址记录。

在 DNS 控制台中,展开相应的正向查找区域节点,右击想要添加记录的域,从弹出的快捷菜单中选择“新建主机(A 或 AAAA)”命令。输入主机名“Web”,然后输入对于服务器的 IP 地址:“192.168.100.10”,单击“添加主机”按钮,完成主机创建。

(2) 新建主机别名(CNAME)资源记录。

别名(CNAME)记录可以为主机名创建别名,这样一台主机在 DNS 中可以使用多个名称代表。要为主机名在 DNS 控制台中创建别名,可展开相关的正向查找区域子节点,右击要添加记录的域,选择“新建别名(CNAME)”命令。

在打开的“新建资源记录”对话框,输入别名,如 www,然后单击“浏览”按钮,选择对应区域中与别名对应的主机名。

(3) 新建邮件交换器(MX)记录。

邮件交换器(MX)记录可以用于域中的小型邮件交换服务器,并能让邮件传递到域中正确的邮件服务器中。

在 DNS 控制台中,展开相应的正向查找区域节点,右击想要添加记录的域,从弹出的快捷菜单中选择“新建邮件交换器(MX)”命令。

在“新建资源记录”对话框中,可将“主机或子域”文本框留空,空的项目代表邮件交换器的名称等同于交换域的名称。在“邮件服务器的完全合格的域名(FQDN)”文本框中输入邮件交换服务器的 FQDN 名称(或通过“浏览”按钮选择已有的邮件交换服务器)。指定和域中其他邮件服务器相比该邮件服务器发出的邮件的优先级。如果邮件需要被路由到域中的邮件服务器,具有低优先级数字的邮件服务器上的邮件会被优先处理。

(4) 新建指针资源记录。

指针(PTR)资源记录主要用来记录在反向搜索区域内 IP 地址及主机,用户可以通过该类源记录把 IP 地址映射成主机域名。

在 DNS 控制台中,展开相应的反向查找区域节点,右击想要添加记录的域,从弹出的快捷菜单中选择“新建指针”命令。

在“新建资源记录”对话框中,在“主机 IP 地址”文本框中输入主机 IP 地址,在“主机名”文本框中输入 DNS 主机的域名,或单击“浏览”按钮,从对应的正向查找区域中,选择指针对应的主机名,单击“确定”完成指针创建。

5) 步骤五:测试 DNS 服务器

打开 CMD 命令行窗口,使用 Ping 命令测试本机到所配置域名的连通性。如果返回正确的结果,说明配置成功。

还可以通过使用 NSLOOKUP 命令进行详细地测试。具体过程为:打开 CMD 命令行窗口,使用 NSLOOKUP 命令进入 NSLOOKUP 查询模式,再输入 IP 地址或者域名,即可实现查询。

(五) 多个 DNS 服务器互通

1) 方法一:设置转发器

在 DNS 控制台中,双击“转发器”,出现转发器设置界面。单击右下方的“编辑”,出现编辑转发器的界面,输入需要互通的其他 DNS 服务器 IP 地址。可以根据需要输入多个 DNS 服务器的 IP,单击确定。然后再在转发器设置界面单击确定,此时,多个 DNS 服务器之间就建立了互相解析的关系,如果本 DNS 服务器遇到无法解析的域名,就会依次向转发器列表中的 IP 转发 DNS 解析请求。

2) 方法二:设置条件转发器

在 DNS 控制台中,双击"条件转发器",进入条件转发器视图。然后在空白区域右键,选择"新建条件转发器",出现"新建条件转发器"界面。

如果需要 IP 地址为 192.168.1.100 的 DNS 服务器来解析域名后缀"baidu.com",则在"DNS 域"中输入"baidu.com",然后在下方的 IP 地址栏中输入对应的 DNS 服务器 IP 地址"192.168.1.100"单击确定,即可完成设置。

二、网站服务

在 Web 应用环境中,有两种角色,一种角色是 Web 客户机,另一种角色是 Web 服务器。经常使用的 IE 浏览器就是一种 Web 客户机软件。而一个一个的网站对应的就是一个一个的 Web 服务器,比如 www.baidu.com、www.cctv.com 等对应的实际上都是 Web 服务器。

Web 客户机和 Web 服务器都遵循标准的通信协议 HTTP。通信协议是网络上计算机之间能够进行通信的规则的集合。

此处对 HTTP 协议的细节不用过多深究,只需要明白只要是使用相同的 HTTP 协议,不管计算机的操作系统是什么、浏览器是什么、服务器软件是什么、都能够进行 Web 网站的访问。这就是为什么虽然有的企业的 Web 服务器采用的是 UNIX 操作系统、LINUX 系统或 Windows 系统,但是用户使用 IE 浏览器都可以进行正常访问的原因所在。

一个 Web 页面文件既包括文字,也包括图片、视频和动画,甚至还有背景音乐,为什么有的浏览器能够正常显示这些内容,而有的浏览器会提示错误呢?

Web 浏览器实际上是由 HTML 解析器(负责解析 Web 页面中的文字)、图片解析器(负责解析 Web 页面中的图片)、声音播放器(负责播放声音)和视频播放器(负责播放视频)等构成的总体,如图 7-9 所示。由于版本的原因,有的浏览器版本可能不支持最新的一些数据格式,所以就会出现无法正常解析 Web 页面内容的情况。用户可以在了解清楚 Web 页面使用的声音或者视频的格式后通过下载专门的浏览器插件来扩展浏览器的功能。

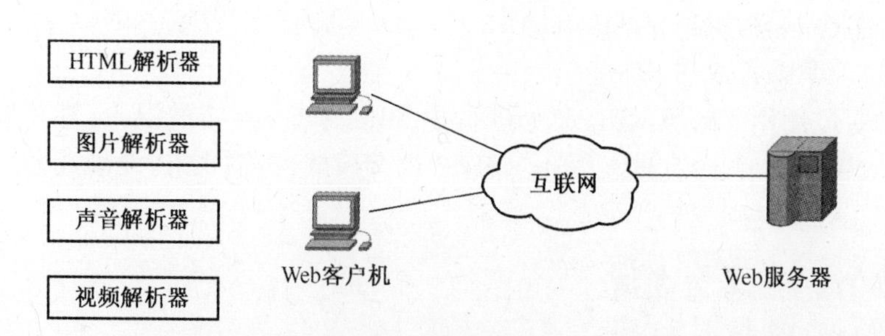

图 7-9 Web 服务

一次在客户机和服务器之间进行的完整的 Web 访问过程包括的步骤，如图 7-10 所示。

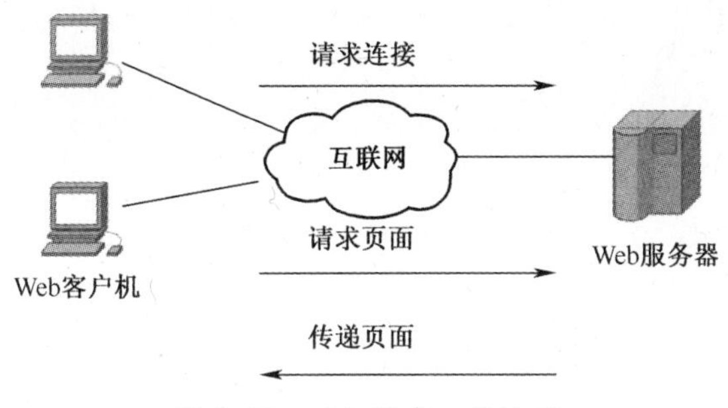

图 7-10　Web 服务工作过程

(一) 安装 Web 服务器

安装 Web 服务器的步骤如下。

(1) 在“服务器管理器”控制台中运行“添加角色向导”。连续单击“下一步”按钮，在“选择服务器角色”对话框中，用于选择要安装的角色。

当选中“Web 服务器(IIS)”复选框时，会显示“是否添加 Web 服务器(IIS)所需的功能”对话框，提示在安装 IIS 时，必须同时安装“Windows 进程激活服务”。单击“添加必需的功能”按钮，选中“Web 服务器(IIS)”复选框。

(2) 单击“下一步”按钮，出现“Web 服务器(IIS)”对话框，列出了 Web 服务器的简介及注意事项。

(3) 单击“下一步”按钮，显示“选择角色服务”对话框，列出了 Web 服务器所包含的所有组件，可由用户手动选择。如果该服务器上还要准备搭建 ASP 和 ASP. NET 网站，则可选中 ASP 和 ASP. NET 复选框。

(4) 单击“下一步”按钮，“确认安装选择”对话框，列出了前面选择的配置。

(5) 单击“安装”按钮，即可开始安装 Web 服务器。安装完成后出现“安装结果”对话框。

(6) 单击“关闭”按钮，Web 服务器安装完成。

依次选择“开始”→“管理工具”→“互联网信息服务(IIS)管理器”选项，打开 IIS 管理器，即可看到已安装的 Web 服务器。Web 服务器安装完成以后，默认会创建一个站点，名称为 Default Web Site。

为了保证 Web 服务成功安装，应进行测试。在网络中的另一台计算机上打开 IE 浏览器，在地址栏中输入 Web 服务器的 IP 地址并按 Enter 键。如果能显示 IIS7 窗口，说明 Web 服务器安装成功。否则，说明安装不成功，需要重新检查服务器及 IIS 设置。

这样，Web 服务器就安装完成了。默认 Web 网站的主目录为 C:\inetpub\wwwroot，用户只要将已做好的网页文件放在该文件夹中，并且将首页命名为 index. htm 或 index. html，就可供网络中的用户访问。

(二) 配置和管理 Web 网站

Web 服务器安装完成以后，默认创建的 Web 站点主目录为 C:\inetpub\wwwroot，端口为80,可以使用Web服务器上的任何IP地址访问。为了保护系统安全,并便于管理和使用,应对Web网站进行配置。

1. 配置DNS域名

为了使网站能够使用DNS域名访问,应先在DNS服务器中为网站添加相应的主机名。这里,在DNS服务器上添加主机名为www的DNS记录,使用户能够以域名的方式访问Web网站。

2. 配置IP地址和端口

配置IP地址和端口的步骤如下。

(1) 在IIS管理器中,选择默认Web站点,“Default Web Site主页”窗口,可以设置默认Web站点的各种配置。

(2) 右击Default Web Site并选择快捷菜单中的“编辑绑定”选项,或者单击右侧“操作”栏中的“绑定”超链接“网站绑定”对话框。默认端口为80,IP地址显示为“ * ”,表示绑定所有IP地址。

(3) 选择该网站,单击“编辑”按钮,在“编辑网站绑定”对话框,“IP地址”中默认为“全部未分配”。在“IP地址”下拉列表中,选择欲指定的IP地址;“端口”文本框中可以设置Web站点的端口号,但不能为空,通常使用默认的80即可。

提示:使用默认值80端口时,用户访问该网站时不需输入端口号,如http://192.168.100.4或http://www.xty.mtn。但如果端口号不是80,那么,访问Web网站时就必须提供端口号,如http://192.168.1.250:8000或http://www.xty.mtn:8000。

另外,如果在“主机名”中输入了域名http://www.xty.mtn,那么在访问时只能使用该域名,而不能再使用IP地址了。

(4) 设置完成以后,单击“确定”按钮保存设置,并单击“关闭”按钮关闭。

此时,将只能使用所指定的IP地址和端口访问Web网站。

3. 配置主目录

主目录也就是网站的根目录,保存着Web网站的网页、图片等数据,默认路径是“C:\Intepub\wwwroot”文件夹。不过,数据文件和操作系统放在同一磁盘分区中,会失去安全保障,并可能影响系统运行,因此应设置为其他磁盘或分区。

打开IIS管理器,选择Web站点,在右侧的“操作”任务栏中单击“基本设置”超链接,显示“编辑网站”对话框。在“物理路径”文本框中输入Web站点的新主目录的路径即可。

4. 配置默认文档

默认文档即默认访问首页,当打开一个网址时自动打开的网页文件,就是默认文档。例如,用户只需输入http://www.xty.mtn即可打开网站,而不需输入http://www.xty.mtn/index.htm。

配置默认文档的步骤如下。

(1) 在IIS管理器中选择默认Web站点,在“Default Web Site主页”窗口中,双击IIS选项区域的“默认文档”图标,显示“默认文档”窗口。系统自带了五种默认文档,分别为Default.htm、Default.asp、index.htm、index.html和iisstart.htm。

(2) 现在要将网站配置为 ASP 网站,添加一个名为 index. asp 的默认文档。单击右侧“操作”任务栏中的“添加”超链接,显示“添加默认文档”对话框,在“名称”文本框中输入主页名称 index. asp。

(3) 单击“确定”按钮,即可添加该默认文档。新添加的默认文档自动排列在最上方。也可以通过“上移”和“下移”超链接来调整各个默认文档的顺序。

当用户访问 Web 服务器时,IIS 会自动按顺序由上至下依次查找与之相对应的文件名。因此,应将设置为 Web 网站主页的默认文档移动到最上面。

5. 配置 MIME 类型

IIS 中的 Web 网站默认支持大部分的文件类型。但是,如果文件类型不为 Web 网站所支持,如 ISO 类型,那么,在网页中运行该类型的程序或者从网站下载该类型的文件时,将会提示“找不到文件或目录”,需要在 Web 网站添加相应的文件类型,即 MIME 类型,步骤如下。

(1) 在 IIS 管理器中,选择“网站”中的 Web 站点,在主页窗口中双击“MIME 类型”图标,显示“MIME 类型”窗口,列出了系统中已集成的所有 MIME 类型。

(2) 如果想添加新的 MIME 类型,可在“操作”任务栏中单击“添加”按钮,显示“添加 MIME 类型”对话框。在“文件扩展名”文本框中输入欲添加的 MIME 类型,如“. ISO”,“MIME 类型”文本框中输入文件扩展名所属的类型。

提示:如果不知道文件扩展名所属的类型,可以在 MIME 类型列表中选择相同类型的扩展名,双击打开“编辑 MIME 类型”对话框。在“MIME 类型”文本框中复制相应的类型即可。

(3) 单击“确定”按钮,MIME 类型添加完成。

按照同样的步骤,可以继续添加其他 MIME 类型。这样,用户就可以正常访问 Web 网站的相应类型文件了。

(三) 添加虚拟目录

虚拟目录是指向存储在本地计算机或在远程计算机上的共享中的物理内容的指针。使用“添加虚拟目录”和“编辑虚拟目录”对话框,可以在网站和应用程序中添加和编辑虚拟目录,步骤如下。

(1) 在 IIS 管理器中,右键单击需要添加虚拟目录的 Web 站点, 选择“添加虚拟目录”。

(2) 在“别名”中输入目录的名字,客户端可以使用该名称从 Web 浏览器中访问内容。注意,该名字与用户访问相关。例如,如果网站地址为 http://www. xty. mtn/ 并且您为该网站创建了一个名为/news 的虚拟目录,则用户可以通过键入 http://www. xty. mtn/news/从其 Web 浏览器中访问该虚拟目录。

在“物理路径”中键入或导航到存储虚拟目录内容的物理路径。内容既可以驻留在本地计算机上,也可以来自远程共享。如果内容存储在本地计算机上,则输入物理路径,如 C:\news。如果内容存储在远程共享上,则输入远程共享的路径,如\\Server\Share。指定的路径必须存在,否则可能会收到配置错误提示。

从这里可以看到,所指定的文件夹存放位置以及名字与用户访问时用到的“别名”没有关系,这也是“虚拟目录”名字的来源。

三、文件服务

(一) FTP 概述

文件传输协议(Transfer Protocol,FTP)是和 HTTP 协议一样工作在 TCP/IP 协议栈的应用层的。HTTP 协议是提供 Web 访问的协议,而 FTP 协议就是专门用于文件上传下载的协议。可以这样理解,客户机和服务器双方都使用 FTP 协议,就好像是为双方都配备了一个专门用于文件传输的工作人员,专职负责文件的传输工作。

FTP 包括文件下载和文件上传两种主要功能。文件下载就是将远程服务器上提供的文件下载到本地计算机上。

HTTP 的 Web 访问也提供了文件的下载功能,这两者有什么区别呢?

(1) 使用的简便程序:HTTP 比 FTP 简单,只要单击相关网址就可以下载,而有的用户是不知道如何使用 FTP 的。

(2) 使用的原理:采用 HTTP 协议下载,如果不使用专门的断点续传软件,只要连接突然中断,下次下载还得从头开始。而目前的 FTP 客户端都支持断点续传功能,可以在中断后,从中断处续接下载,节省用户的使用时间。

(3) 传输的速率:由于 HTTP 协议并不是专用的文件传输,因此速率较慢,而 FTP 协议是专门为文件传输定制的协议,因此传输速率较快。

文件的上传功能是 FTP 的特色,客户机可以将任意类型的文件上传到指定的 FTP 服务器上。如果仅仅需要提供文件的下载服务,有 HTTP 和 FTP 两种选择方案;如果需要提供文件的上传服务则应该选用 FTP 方案。目前的 FTP 服务器软件都支持文件的上传下载功能。

(二) FTP 的工作原理

一个完整的 FTP 网络由 FTP 服务器和 FTP 客户机组成,其工作的原理如图 7-11 所示。

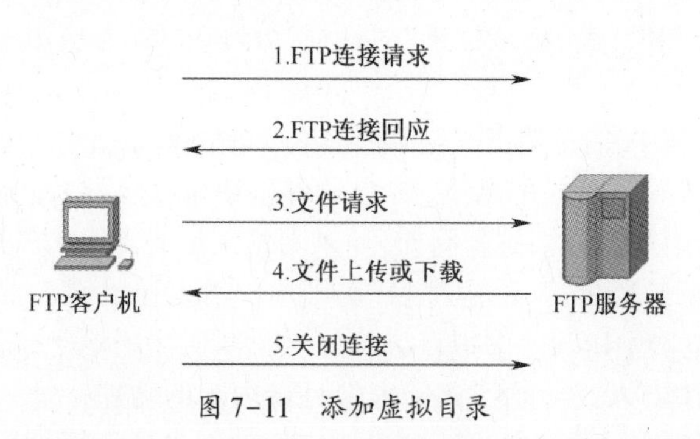

图 7-11 添加虚拟目录

FTP 协议的底层通信协议是 TCP/IP,客户机和服务器必须打开一个 TCP/IP 端口用于进行 FTP 客户机发送请求和 FTP 服务器回应请求。

FTP 服务器默认设置两个端口 21 和 20。端口 21 用于监听 FTP 客户机的连接请求,在整个会话期间,该端口必须一直打开。端口 20 用于传输文件,只在传输过程中打开,传输完毕后关闭。FTP 的两个端口好比是 FTP 服务器的两个工作人员,一个只负责监听网络上有没有对服务器的 FTP 请求(21 端口),因此该工作人员在服务器工作期间不能休息(一直打开);另外一个只负责处理从 21 端口传送来的 FTP 请求(20 端口),只要传送任务完成就可以休息(20 端口可以随时关闭)。

FTP 客户机使用 1024~65535 之间的动态的端口,将由客户机的 FTP 软件自动分配。

FTP 客户机要访问服务器,有两种方式。

【匿名方式】:使用“anonymous”作为用户名,以任意的电子邮件地址作为口令访问 FTP 服务器(也称为 FTP 站点)。目前互联网上有大量匿名 FTP 站点提供免费的软件下载服务。

【用户方式】:某些 FTP 站点限定了使用 FTP 服务的用户,因此,用户需要按照站点提供的用户名和密码登录 FTP 站点,才能获得某些服务。

(三) 安装 FTP 服务

Windows Server 2008 中的 FTP 服务不是一个独立的网络服务,而是 IIS 中的一个组件,并且需要 IIS 7 管理工具的支持。当安装了 FTP 服务器以后,其主目录默认为系统分区,并且允许使用服务器上的任何 IP 地址访问,因此,不利于系统的安全和稳定。应根据实际需要,为 FTP 站点配置 IP 地址、端口和主目录等。

安装 FTP 服务的步骤如下。

(1) 打开“服务器管理器”控制台,选择“角色”选项,在“Web 服务器(IIS)”区域中选择“添加角色服务”选项,“选择角色服务”对话框。选中“FTP 发布服务”复选框。

由于安装 FTP 服务需要 IIS 7 的支持,因此,选中“FTP 发布服务”复选框时会显示如“是否添加 FTP 发布服务所需的角色服务”对话框,单击“添加必需的角色服务”按钮即可。

(2) 单击“下一步”按钮,“确认安装选择”对话框。

(3) 单击“安装”按钮即可开始安装,完成后单击“关闭”按钮即可。

为了使用户可以使用 DNS 域名访问 FTP 站点,还应该在 DNS 服务器上添加名为 ftp 的主机记录,使用户可以使用域名的形式访问 FTP 网站。

(四) 配置和管理 FTP 站点

配置和管理 FTP 站点的步骤如下。

(1) 在 IIS 管理器中,右键单击服务器,在弹出的菜单里选择“添加 FTP 站点”。

(2) 出现“添加 FTP 站点”对话框,输入站点名称,然后选择物理路径,单击下一步。

(3) 选择需要绑定的 IP 地址,端口号取默认的 21,并且 SSL 选择无。

(4) 配置身份验证和授权信息。根据需要,选择匿名或者基本身份验证、授权访问的用户以及读取和写入权限,单击完成,回到 FTP 站点主页。

(5) 添加虚拟目录。具体方法与 Web 服务器添加虚拟目录过程相同。

(6) 测试 FTP。注意匿名、用户名/密码、上传下载等各种功能的设置与测试。

（五）配置 FTP 用户隔离

使用“FTP 用户隔离”功能页可以定义 FTP 站点的用户隔离模式。FTP 用户隔离是用于互联网服务提供商（ISP）的一种解决方案，可以为其客户提供单独的 FTP 目录以供上载内容。FTP 用户隔离将用户限制在其自己的目录中，从而防止用户查看或覆盖其他用户的内容。由于用户的顶级目录显示为 FTP 服务的根目录，因此用户无法沿目录树再向上导航。用户在其特定站点内可以创建、修改或删除文件和文件夹。

具体配置步骤如下。

（1）在 FTP 站点的主页，双击“FTP 用户隔离”图标，进入 FTP 用户隔离配置页面。

（2）根据需要，选择是否隔离用户以及如何隔离用户，这里选择“隔离用户。将用户局限于以下目录：”下的“用户名物理目录(启用全局虚拟目录)”。

这项功能的含义如下。

① 将 FTP 用户会话隔离到与 FTP 用户账户同名的物理目录中。用户只能看见其自身的 FTP 根位置，并因受限而无法沿目录树再向上导航。

② 如果所有 FTP 用户有足够的权限，则这些用户都可以访问在 FTP 站点根级别配置的所有虚拟目录。

选择以后，在右侧的操作栏中单击“应用”。

（3）由于需要将用户锁定在各自的目录下，因此需要为每个用户创建目录。首先必须在 FTP 服务器的根文件夹下创建一个物理目录，该目录以您的域命名，对于本地用户账户则命名为 LocalUser。接下来，必须为将访问 FTP 站点的每个用户账户创建一个物理目录。对于匿名用户，需要创建的目录名为 Public。

例如，现在要为用户 wanger 和 zhangsan 这两个用户创建隔离用户模式的主目录，同时允许匿名用户登录。注意，FTP 的根目录指向的是 C:\FTP。首先需要在 FTP 根目录下创建文件夹 LocalUser，进入 LocalUser 文件夹后，再分别创建 Public、wanger 和 zhangsan 这三个文件夹，分别对应匿名用户、wanger 和 zhangsan。

（4）然后在系统中为 wanger 和 zhangsan 创建用户账号。选择“配置”→“本地用户和组”→“用户”。

在空白区域单击右键，选择“新用户”，出现新建用户界面，输入用户名和密码，并将“用户下次登录时须更改密码”去勾选。按照这个过程分别为 wanger 和 zhangsan 分别创建用户。

（5）现在可以分别使用匿名、wanger 和 zhangsan 这三个用户分别登录 FTP，查看效果。注意，为了明显地区分三个用户的目录，可以分别在这三个目录下创建一个标志性的文件。

四、其他服务

（一）Email 邮件服务

一个完整的邮件系统由两个部分组成：

（1）发送邮件(SMTP 服务)。

(2) 接收邮件(POP 服务)。

图 7-12 所示为邮件收发过程示意图。

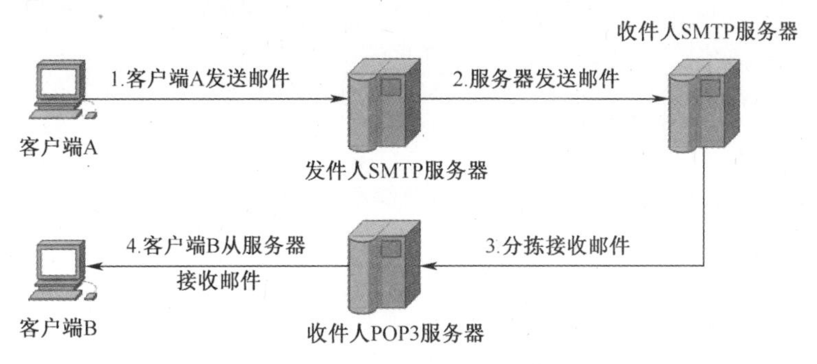

图 7-12 邮件收发过程示意图

目前,发送邮件主要使用 SMTP 协议,所以发送邮件服务器通常称为 SMTP 服务器。许多用户认为 SMTP 服务器只有向外发送邮件的功能,不过这种了解是不全面的,因为 SMTP 服务器事实上具有两个功能:一是将用户的邮件发送到收件者的邮件服务器,二是接收其他用户发送给本域的邮件,并将这些邮件集中保存(Drop)在一个位置。因此,只有一个 SMTP 服务器的邮件系统也可以连接接收邮件,但是无法将接收到的邮件转发给各个客户端。

将邮件转发给各个用户的,其实是邮件系统的另一部分——POP 服务。当 SMTP 收到邮件后,就开始分析邮件;从记录邮件接收、发送数据的 Head 部分中获得收件者的名称,然后再尝试将邮件发送到各个收件者的文件夹中,并在连接时发送用户的邮件给客户端。

(二) DHCP 服务

在基于 TCP/IP 构建的网络中,每个计算机都被分配了一个唯一的 IP 的地址。静态 IP 地址一般用于小型局域网,在中型以上的局域网中一般使用 DHCP 服务来动态分配 IP 地址,可以减轻管理上的负担。

DHCP 服务的结构如图 7-13 所示,在 DHCP 网络中有三种角色:DHCP 服务器、DHCP 客户机和 DHCP 数据库。

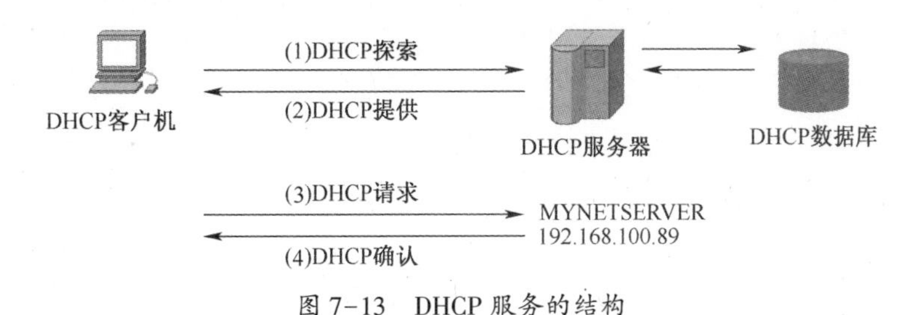

图 7-13 DHCP 服务的结构

DHCP 服务器是安装了 DHCP 服务器软件的计算机,可以向 DHCP 客户机分配 IP 地址。有两种分配方式。

(1) 自动分配:DHCP 客户机从服务器租借到 IP 地址后,该地址就永久地归该客户机使用这种方式也称永久租用,适合 IP 地址资源丰富的网络。

（2）动态分配：DHCP 客户机从服务器租借到 IP 地址后，在租约有效期内，IP 地址归该客户机使用。一旦租约到期，IP 地址将回收，可以供其他客户机使用，客户机必须重新向服务器申请 IP 地址。这就是我们访问互联网的临时 IP 地址分配方式，该方式适合 IP 地址资源紧张的网络。

DHCP 客户机是安装并启用 DHCP 客户机软件的计算机。在 Windows 系统中都内置了 DHCP 客户机软件，不需要单独进行安装。

DHCP 服务器上的数据库存储池 DHCP 服务配置的各种信息如下。

（1）网络上所有 DHCP 客户机的配置参数。

（2）为 DHCP 客户机定义的 IP 地址和保留的 IP 地址。

（3）租约设置信息。

DHCP 服务的工作过程大致如下。

（1）DHCP 客户机设置好 DHCP 服务器的 IP 地址后，因为还没有 IP 地址与其绑定，所以称为"未绑定状态"。这时的 DHCP 客户机只能提供有限的通信能力。可以发送和广播消息，但因为没有自己的 IP 地址，所以自己无法发送单播的消息。

（2）DHCP 客户机试图从 DHCP 服务那里"租借"到一个 IP 地址，这时 DHCP 客户机进入"初始化状态"。这个未绑定 IP 地址的 DHCP 客户机会向网络上发出一个源 IP 地址为 0.0.0.0 的 DHCP 探索消息"请问哪个 DHCP 服务器可以给我分配一个 IP 地址？" DHCP 客户机随后进入"选择状态"，等待 DHCP 服务器的结果。

（3）子网上的所有 DHCP 服务器收到这个探索消息。服务器确定自己是否有权为该客户机分配一个 IP 地址。

（4）DHCP 服务器将向网络广播一个 DHCP 提供消息，包含了未租借的 IP 地址信息以及相关的配置参数"我是 MYNETRSERVER，我可以分配的 IP 地址是 192.168.100.1～192.168.100.100，分配的 IP 地址只能使用 8 天"。

（5）DHCP 客户机会评价收到 DHCP 服务器提供的消息，有两种选择。一是认为该服务器提供的对 IP 地址的使用约定（称为"租约"）可以接受，就发送一个请求消息，该消息中指定了自己选定的 IP 地址并请求服务器提供该租约。"我同意你的要求，我选择使用的 IP 为：192.168.100.10，请给我发送租约吧"，这时客户机处于"请求状态"。还有一种选择是拒绝服务器的条件，发送一个拒绝消息"你的条件太苛刻了，我不能接受"。然后客户机返回到"未绑定状态"，继续从第（1）步开始执行。

（6）DHCP 服务器对 DHCP 客户机的请求消息发送一个确认消息，其中包含了该 IP 地址应具有的 DHCP 配置选项。

（7）客户机接收到确认消息后，绑定该 IP 地址，进入"绑定状态"。这样客户机就有了自己的 IP 地址，就可以在网络上进行通信了。

第三节 云计算服务

纵观整个计算机与互联网发展史，任何一项新技术的快速发展，必然显示了该技术能够改变人们的生活方式，或是能够很大程度上影响人们的生活。云计算概念诞生以来，已逐渐走入人们的生活。本节内容就从基本概念出发，介绍云计算的相关技术。

一、云计算概述

(一) 云计算产生背景

随着社会的进步,越来越多的资源以基础设施的形式被提供给人们使用,如电、水、天然气,人们只需要有一个连接口,就可以在任意时刻根据自己需求来调度这些基础设施,并按照使用情况付费。当今,计算资源在平常生活中逐渐变得越来越重要,于是如何以更好地形式给大众提供计算资源受到了很多 IT 业界人员的关注。

在经济快速发展的当今社会,人们每天需要处理的数据正以几何倍数的速度快速增长。目前计算机依然是人们日常生活、工作中信息处理的重要工具。每个人拥有自己的软件、硬件,可以本地保存数据,而网络只是让信息获取和交流变得容易。这样,无论是单位还是个人,都不得不面对海量的数据。因此软、硬件配置不断部署、维护、升级的需求越来越大,而且越来越难以承载,迫切需要一种以低成本的投入就能获取高效、方便的社会公共海量的计算资源。

随着高速网络的发展,互联网已连接全世界各地,网络承载和带宽巨大提升,大量数据可以被快速传递。伴随着芯片和磁盘的产品在性能上的增强和价格的降低,拥有大量计算机的数据中心具备了快速处理复杂问题的能力。互联网上一些大规模数据中心的计算和存储能力出现冗余,特别是一些大型的互联网公司具备了出租计算资源的条件。技术上,并行计算、分布式计算、网格计算的日益成熟和应用,提供了很多利用大规模计算资源的方式。基于互联网服务存取技术的逐渐成熟,各种计算、存储、软件、应用都可以服务的形式提供给用户。

计算能力和资源利用率的急切需求、资源的集中化和各项技术的进步化,推动了云计算(Cloud Computing)的产生。所以云计算的产生是技术进步、需求推动、商业模式转变共同的结果。

1. 云计算的概念

维基百科对云计算的解释是:云计算是一种互联网上的资源利用新方式,可为大众用户依托互联网上异构、自治的服务进行按需付费的计算。由于资源是在互联网上,而在计算机流程图中,互联网常以一个云状图案来表示,因此可以形象地类比为云计算。“云”同时也是对底层基础设施的一种抽象概念。

狭义云计算指 IT 基础设施的交付和使用模式,指通过网络以按需、易扩展的方式获得所需资源;广义云计算指服务的交付和使用模式,指通过网络以按需、易扩展的方式获得所需服务。这种服务可以是 IT 和软件、互联网相关,也可是其他服务。它意味着计算能力也可作为一种商品通过互联网进行流通。终端用户不需要了解“云”中基础设施的细节,不必具有相应的专业知识,也无须直接进行控制,只关注自己真正需要什么样的资源以及如何通过网络来得到相应的服务。

2. 云计算的演进历程

云计算是网格计算(Grid Computing)、分布式计算(Distributed Computing)、并行计算(Parallel Computing)、网络存储(Network Storage Technologies)、虚拟化(Virtualization)、负

载均衡(Load Balance)等传统计算机和网络技术发展融合的产物,或者说是这些计算机科学概念的商业实现。

并行计算一般是指许多指令得以同时进行的计算模式。在同时进行的前提下,可以将计算的过程分解成小部分,之后以并发方式来加以解决。

分布式计算是一门计算机科学,它研究如何把一个需要非常巨大的计算能力才能解决的问题分成许多小的部分,然后把这些部分,分配给许多计算机进行处理,最后把这些计算结果综合起来得到最终的结果,整个处理流程是集中管理。

网格计算是跨区域的,乃至跨国家、跨大洲的一种独立管理的资源结合。资源在独立管理,并不是进行统一布置、统一安排的形态。网格这些资源都是异构的,不强调有什么统一的安排。

(二) 云计算五大特征

(1) 按需自助服务。用户无需同服务提供商交互就可以自动的使用计算资源的能力,如服务器的时间、网络存储等。

(2) 无所不在的网络访问。借助于不同的客户端来通过标准的应用对网络访问的可用能力。

(3) 划分独立资源池。根据用户的需求来动态地划分或释放不同的物理和虚拟资源,这些池化的供应商计算资源以多租户的模式来提供服务。用户经常并不控制或了解这些资源池的准确划分,但可以知道这些资源池在哪个行政区域或数据中心,包括存储、计算处理、内存、网络带宽以及虚拟机个数等。

(4) 快速弹性。一种对资源快速和弹性提供和同样对资源快速和弹性释放的能力。对消费者来讲,所提供的这种能力是无限的(随需的、大规模的计算机资源),并且在任何时间以任何量化方式可购买的。

(5) 服务可计量。云系统对服务类型通过计量的方法来自动控制和优化资源使用。(如存储、处理、带宽以及活动用户数)。资源的使用可被监测、控制以及对供应商和用户提供透明的报告(即付即用的模式)。

(三) 云计算的三种部署模式

云计算部署模式:私有云计算、公有云计算、混合云计算。

私有云计算:一般由一个组织来使用,同时由这个组织来运营。在我军建立大型数据中心提供部队使用从广义来说也是构建了私有云。

公有云计算:就如共用的交换机一样,电信运营商去运营这个交换机,但是它的用户可能是普通的大众,这就是公有云。

混合云计算:它强调基础设施是由两种或更多种的云来组成的,但对外呈现的是一个完整的实体。企业正常运营时,把重要数据保存在自己的私有云里面,把不重要的信息放到公有云里,两种云组合形成一个整体,就是混合云。比如说电子商务网站,平时业务量比较稳定,自己购买服务器搭建私有云运营,但到了圣诞节促销的时候,业务量非常大,就从运营商的公有云租用服务器,来分担节日的高负荷;但是可以统一的调度这些资源,这样就构成了一个混合云。

（四）云计算三种服务类型

1. IaaS：Infrastructure-as-a-Service（基础设施即服务）

第一层称为IaaS，有时候也称为Hardware-as-a-Service，在以前如果需要网络上部署应用服务就必须要买服务器或者其他高昂的硬件来控制本地应用，让你的功能业务运行起来。但是现在有IaaS，你可以将硬件外包到别的地方去。IaaS公司会提供场外服务器，存储和网络硬件，可以租用，节省了购买和人员维护成本。

2. PaaS：Platform-as-a-Service（平台即服务）

第二层就是PaaS，某些地方也称为中间件，所有的开发都可以在这一层进行，节省了时间和资源。

PaaS公司在网上提供各种开发和应用的解决方案，比如虚拟服务器和操作系统。这节省了你在硬件上的费用，也让分散的工作室之间的合作变得更加容易。

目前一些大的PaaS公司有Google App Engine、Microsoft Azure、Force.com、Heroku、Engine Yard。最近兴起的公司有Standing Cloud、Mendix和AppFog。

3. SaaS：Software-as-a-Service（软件即服务）

第三层也就是SaaS。这一层是和用户的生活接触最多的一层，大多是通过网页（Web）浏览器来接入。任何一个远程服务器上的应用都可以通过网络来运行，就是SaaS了。

目前一些用作商务的SaaS应用包括Citrix的GoToMeeting、Cisco的WebEx、Salesforce的CRM、ADP、Workday和SuccessFactors。

云计算的三种服务类型可以简要总结如下。

IaaS：将硬件设备等基础资源封装成服务供用户使用。

PaaS：对资源的抽象层次更进一步，提供用户应用程序运行环境。

SaaS：针对性更强，它将某些特定应软件功能封装成服务。

（五）云计算的价值

1. 资源整合、提高资源利用率

利用虚拟化技术，实现资源的弹性伸缩。

每台服务器虚拟出多台虚拟机，避免原来的服务器只能给某个业务独占的问题。

可通过灵活调整虚拟机的配置（CPU、内存等），增加或减少虚拟机，快速满足业务对计算资源需求量的变化。

利用虚拟化计算，将一定量的物理内存资源虚拟出更多的虚拟内存资源，可以创建更多的虚拟机。

2. 快速部署、弹性扩容

在业务开设的早期，由于业务规模较小，可部署少量的服务器。在后续需要扩容时变得十分简单，只需要通过PXE或者ISO新装几台计算节点，然后通过操作维护Portal将服务器添加到系统即可。

基于云的业务系统可使用虚拟机模板批量部署；短时间实现大规模资源部署，快速响应业务需求，省时高效；根据业务需求可以弹性扩展/收缩资源满足业务需要；人工操作较少，以自动化部署为主；客户不再因为业务部署太慢而失去市场机会；传统业务部署周期以月为计划周期，基于云的业务部署周期缩短到以分钟/小时为计时周期。

3. 数据集中、信息安全

传统计算机平台,数据分散主要在各个专用服务器上,可能存在某节点有安全漏洞的风险;部署云系统后,所有数据集中在系统内存放和维护,并提供以下安全保障。

网络传输:数据传输采用 HTTPS 加密;

系统接入:需要证书或者账号;

数据安全:架构安全,经过安全加固的 VMM,保证虚拟机间隔离;虚拟机释放时,磁盘被全盘擦除,避免被恢复的风险;系统内账户等管理数据,加密存放;趋势防病毒软件。

4. 自动调度、节能减排

基于策略的智能化、自动化资源调度,实现资源的按需取用和负载均衡,达到节能减排的效果:白天,基于负载策略进行资源监控,自动负载均衡,实现高效热管理;夜晚,基于时间策略进行负载整合,将不需要的服务器关机,最大限度降低耗电量。

节能减排即动态电源管理(DPM)可以优化数据中心的能耗。开启 DPM 后,当集群中虚拟机使用资源比较低时,可以聚合虚拟机到少量主机,并关闭其他无虚拟机运行的主机,实现节能减排。当虚拟机所需资源增加时,DPM 动态上电主机,确保提供足够资源。

5. 降温去噪、绿色办公

个人计算机(Personal Computer,物理 PC)的主机替换为瘦终端(Thin Client,TC,用于云计算环境中虚拟桌面的接入和使用),可以大大降低发热量,改善办公环境。

物理主机的处理资源在本地,需要配置比较强的 CPU、硬盘和风扇等组件,产生较大的噪声污染;替换为 TC 之后,计算等资源在远端的数据中心中,本地 TC 仅仅支持指令输入和页面展示,所以噪声较低,提升办公感受。

6. 高效维护、降低成本

使用传统 PC 办公,从 PC 选型、购买、库房存放、分发和维护等多个流程都需要计算机管理员参与,可以产生下面几方面的困扰:从立项购买到投入使用所需流程时间较长;传统 PC 能耗较高,导致企业成本增加;传统 PC 出现故障,从报修到重新可以使用,所需时间较长,影响企业办公;传统 PC 一般三年需要更新换代,无法利旧;传统 IT 环境下,PC 数量多并且分布于各个办公地点,所需维护人力较多,提升人力成本。

使用桌面云办公场景,处理资源数量较少并且集中于数据中心,可以改善企业办公的困扰。

7. 升级扩容不中断业务

管理节点的升级,由于有主备两个节点,可先升级一个节点,做主备切换后再升级另外一个节点。

计算节点的升级,可以先将该节点的虚拟机迁移到其他节点,然后对该节点升级,再将虚拟机(Virtual Machine,VM)迁回,如图 7-14 所示。

8. 软硬件系统统一管理

云解决方案支持对一体机、服务器、存储设备、网络设备、安全设备、虚拟机、操作系统、数据库、应用软件等进行统一的管理。

云解决方案支持异构业界主流的服务器、存储设备。

不仅支持集成本厂商的虚拟化软件,而且支持集成其他第三方的虚拟化软件。

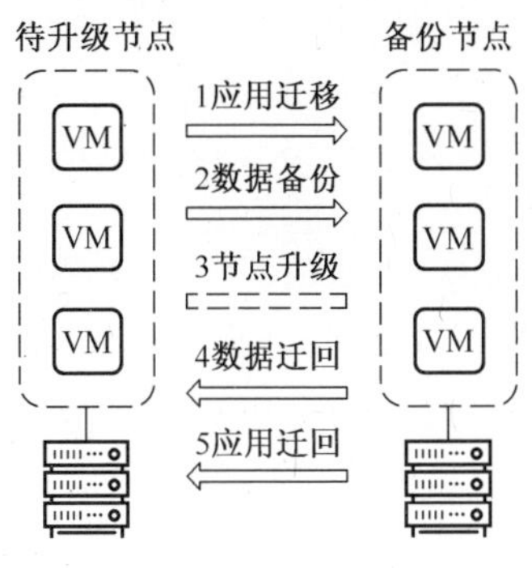

图 7-14　计算节点的升级

从上面内容了解了云计算基本概念、五大特征、四种部署模式、三种服务类型、八种价值，下面学习云计算技术基础。

二、云计算技术基础

云计算的“横空出世”让很多人将其视为一项全新的技术，但事实上它的雏形已出现多年，只是最近几年才开始取得相对较快的发展。确切地说，云计算是大规模分布式计算技术及其配套商业模式演进的产物，它的发展主要有赖于虚拟化、分布式数据存储、数据管理、编程模式、信息安全等各项技术、产品的共同发展。近些年来，托管、后向收费、按需交付等商业模式的演进也加速了云计算市场的转折。云计算不仅改变了信息提供的方式，也颠覆了传统 ICT 系统的交付模式。与其说云计算是技术的创新，不如说云计算是思维和商业模式的转变。

云计算是一种以数据和处理能力为中心的密集型计算模式，它融合了多项 ICT 技术，是传统技术“平滑演进”的产物，如图 7-15 所示。其中以虚拟化技术、分布式数据存储技术、编程模型、大规模数据管理技术、分布式资源管理、信息安全、云计算平台管理技术、绿色节能技术最为关键。

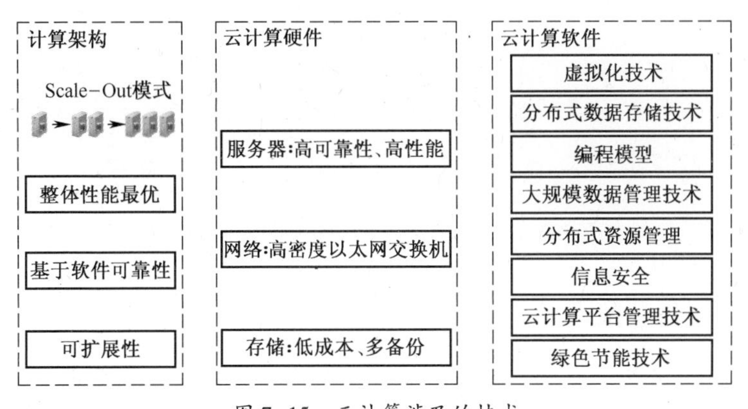

图 7-15　云计算涉及的技术

（一）虚拟化技术

虚拟化是云计算最重要的核心技术之一，它为云计算服务提供基础架构层面的支撑，是 ICT 服务快速走向云计算的最主要驱动力。可以说,没有虚拟化技术也就没有云计算服务的落地与成功。随着云计算应用的持续升温,业内对虚拟化技术的重视也提到了一个新的高度。与此同时,很多人对云计算和虚拟化的认识都存在误区,认为云计算就是虚拟化。事实上并非如此,虚拟化是云计算的重要组成部分但不是全部。

从技术上讲,虚拟化是一种在软件中仿真计算机硬件,以虚拟资源为用户提供服务的计算形式,如图 7-16 所示。旨在合理调配计算机资源,使其更高效地提供服务。它把应用系统各硬件间的物理划分打破,从而实现架构的动态化,实现物理资源的集中管理和使用。虚拟化的最大好处是增强系统的弹性和灵活性,降低成本、改进服务、提高资源利用效率。

从表现形式上看,虚拟化又分两种应用模式:一是将一台性能强大的服务器虚拟成多个独立的小服务器,服务不同的用户;二是将多个服务器虚拟成一个强大的服务器,完成特定的功能。这两种模式的核心都是统一管理,动态分配资源,提高资源利用率。在云计算中,这两种模式都有比较多的应用。

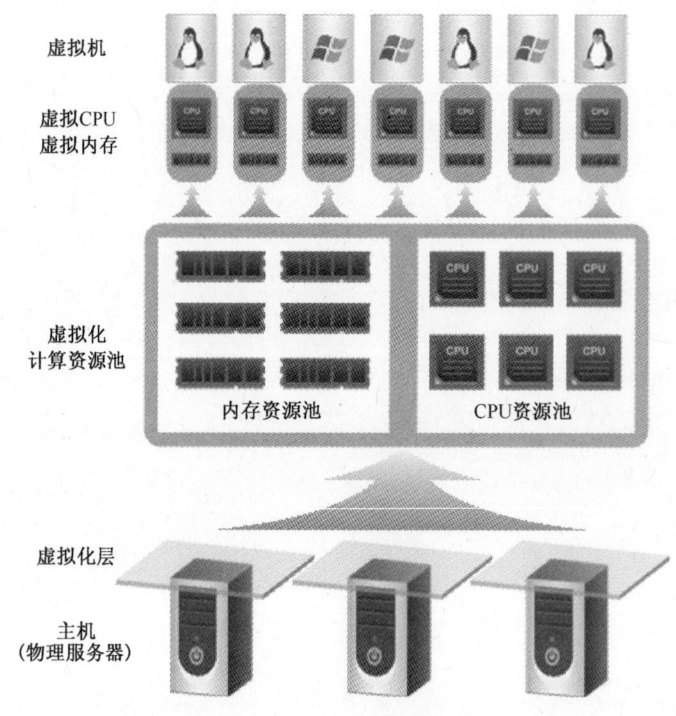

图 7-16 虚拟化技术概念原理

(二) 分布式数据存储技术

云计算的另一大优势就是能够快速、高效地处理海量数据。在数据爆炸的今天,这一点至关重要。为了保证数据的高可靠性,云计算通常会采用分布式存储技术,将数据存储在不同的物理设备中。这种模式不仅摆脱了硬件设备的限制,同时扩展性更好,能够快速响应用户需求的变化。

分布式存储与传统的网络存储并不完全一样,传统的网络存储系统采用集中的存储服务器存放所有数据,存储服务器成为系统性能的瓶颈,不能满足大规模存储应用的需要。分布式网络存储系统采用可扩展的系统结构,利用多台存储服务器分担存储负荷,利用位置服务器定位存储信息,它不但提高了系统的可靠性、可用性和存取效率,还易于扩展。

在当前的云计算领域,Google 的 GFS 和 Hadoop 开发的开源系统 HDFS 是比较流行的两种云计算分布式存储系统。

1. GFS(Google File System)技术

谷歌的非开源的 GFS(Google File System)云计算平台满足大量用户的需求,并行地为大量用户提供服务。使得云计算的数据存储技术具有了高吞吐率和高传输率的特点。

GFS 将整个系统分为三类角色:Client(客户端)、Master(主服务器)、Chunk Server(数据块服务器)。

Client(客户端)是 GFS 提供给应用程序的访问接口,它是一组专用接口,不遵守 POSIX 规范,以库文件的形式提供。应用程序直接调用这些库函数,并与该库链接在一起。

Master(主服务器)是 GFS 的管理节点,主要存储与数据文件相关的元数据,而不是 Chunk(数据块)。元数据包括:命名空间(Name Space),也就是整个文件系统的目录结构,一个能将 64 位标签映射到数据块的位置及其组成文件的表格,Chunk 副本位置信息和哪个进程正在读写特定的数据块等。还有 Master 节点会周期性地接收从每个 Chunk 节点来的更新("Heart- beat")来让元数据保持最新状态。

Chunk Server(数据块服务器)负责具体的存储工作,用来存储 Chunk。GFS 将文件按照固定大小进行分块,默认是 64MB,每一块称为一个 Chunk(数据块),每一个 Chunk 以 Block 为单位进行划分,大小为 64KB,每个 Chunk 有一个唯一的 64 位标签。GFS 采用副本的方式实现容错,每一个 Chunk 有多个存储副本(默认为三个)。Chunk Server 的个数可有多个,它的数目直接决定了 GFS 的规模。

2. HDFS(Hadoop Distributed File System)技术

大部分 ICT 厂商,包括 Yahoo、Intel 的"云"计划采用的都是 HDFS 的数据存储技术。未来的发展将集中在超大规模的数据存储、数据加密和安全性保证以及继续提高 I/O 速率等方面。

HDFS 具有以下优点。

(1) 高容错性。

数据自动保存多个副本。通过增加副本的形式,提高容错性。

某一个副本丢失以后,可以自动恢复,这是由 HDFS 内部机制实现的。

(2) 适合批处理。

把数据位置暴露给计算框架,移动计算而不是移动数据。

(3) 适合大数据处理。

处理数据达到 GB、TB、甚至 PB 级别的数据。

能够处理百万规模以上的文件数量,数量相当之大。

能够处理 10k 节点的规模。

(4) 流式文件访问。

一次写入,多次读取。文件一旦写入不能修改,只能追加,能保证数据的一致性。

(5) 可构建在廉价机器上。

它通过多副本机制,提高可靠性。

它提供了容错和恢复机制。比如某一个副本丢失,可以通过其他副本来恢复。

(三) 编程模式

分布式并行编程模式创立的初衷是更高效地利用软、硬件资源,让用户更快速、更简单地使用应用或服务。在分布式并行编程模式中,后台复杂的任务处理和资源调度对于用户来说是透明的,这样用户体验能够大大提升。MapReduce 是当前云计算主流并行编程模式之一。MapReduce 模式将任务自动分成多个子任务,通过 Map 和 Reduce 两步实现任务在大规模计算节点中的高度与分配。

MapReduce 是 Google 开发的 java、Python、C++编程模型,主要用于大规模数据集(大于 1TB)的并行运算。MapReduce 模式的思想是将要执行的问题分解成 Map(映射)和 Reduce(化简)的方式,先通过 Map 程序将数据切割成不相关的区块,分配(调度)给大量计算机处理,达到分布式运算的效果,再通过 Reduce 程序将结果汇整输出。

从本质上讲,云计算是一个多用户、多任务、支持并发处理的系统。高效、简捷、快速是其核心理念,它旨在通过网络把强大的服务器计算资源方便地分发到终端用户手中,同时保证低成本和良好的用户体验。在这个过程中,编程模式的选择至关重要。云计算项目中分布式并行编程模式将被广泛采用。

分布式并行编程模式创立的初衷是更高效地利用软、硬件资源,让用户更快速、更简单地使用应用或服务。在分布式并行编程模式中,后台复杂的任务处理和资源调度对于用户来说是透明的,这样用户体验能够大大提升。MapReduce 是当前云计算主流并行编程模式之一。MapReduce 模式将任务自动分成多个子任务,通过 Map 和 Reduce 两步实现任务在大规模计算节点中的高度与分配。

MapReduce 是 Google 开发的 java、Python、C++编程模型,主要用于大规模数据集(大于 1TB)的并行运算。MapReduce 模式的思想是将要执行的问题分解成 Map(映射)和 Reduce(化简)的方式,先通过 Map 程序将数据切割成不相关的区块,分配(调度)给大量计算机处理,达到分布式运算的效果,再通过 Reduce 程序将结果汇整输出。

(四) 大规模数据管理

云计算不仅要保证数据的存储和访问,还要能够对海量数据进行特定的检索和分析。数据管理技术必须能够高效地管理大量的数据。

处理海量数据是云计算的一大优势,因此高效地数据处理技术也是云计算不可或缺的核心技术之一。对于云计算来说,数据管理面临巨大的挑战。云计算不仅要保证数据的存储和访问,还要能够对海量数据进行特定的检索和分析。由于云计算需要对海量的分布式数据进行处理、分析,因此,数据管理技术必需能够高效地管理大量的数据。

Google 的 BT(BigTable)数据管理技术和 Hadoop 团队开发的开源数据管理模块 HBase 是业界比较典型的大规模数据管理技术。

1. BT(BigTable)数据管理技术

BigTable 是非关系的数据库,是一个分布式的、持久化存储的多维度排序,Map BigTable 建立在 GFS、Scheduler、Lock Service 和 MapReduce 之上,与传统的关系数据库不同,它把所有数据都作为对象来处理,形成一个巨大的表格,用来分布存储大规模结构化数据。Bigtable 的设计目的是可靠的处理 PB 级别的数据,并且能够部署到上千台机器上。

2. 开源数据管理模块 HBase

HBase 是 Apache 的 Hadoop 项目的子项目,定位于分布式、面向列的开源数据库。HBase 不同于一般的关系数据库,它是一个适合于非结构化数据存储的数据库。另一个不同的是 HBase 基于列的而不是基于行的模式。作为高可靠性分布式存储系统,HBase 在性能和可伸缩方面都有比较好的表现。利用 HBase 技术可在廉价 PC Server 上搭建起大规模结构化存储集群。

(五) 分布式资源管理

云计算采用了分布式存储技术存储数据,那么自然要引入分布式资源管理技术。在多节点的并发执行环境中,各个节点的状态需要同步,并且在单个节点出现故障时,系统需要有效的机制保证其他节点不受影响。而分布式资源管理系统恰是这样的技术,它是保证系统状态的关键。

另外,云计算系统所处理的资源往往非常庞大,少则几百台服务器,多则上万台,同时可能跨越多个地域,且云平台中运行的应用也是数以千计,如何有效地管理这些资源,保证它们正常提供服务,需要强大的技术支撑。因此,分布式资源管理技术的重要性可想而知。

全球各大云计算方案/服务提供商们都在积极开展相关技术的研发工作。其中 Google 内部使用的 Borg 技术很受业内称道。另外,微软、IBM、Oracle/Sun 等云计算巨头都有相应解决方案提出。

(六) 信息安全

调查数据表明,50%以上的组织机构和 53%的 IT 管理者对云计算中的数据安全持怀疑态度,安全已经成为阻碍云计算发展的最主要原因之一。因此,要想保证云计算能够长期稳定、快速发展,安全是首要需要解决的问题。

事实上,云计算安全也不是新问题,传统互联网存在同样的问题。只是云计算出现以后,安全问题变得更加突出。在云计算体系中,安全涉及很多层面,包括网络安全、服务器安全、软件安全、系统安全等。因此,有分析师认为,云安全产业的发展,将把传统安全技术提到一个新的阶段。

现在,不管是软件安全厂商还是硬件安全厂商都在积极研发云计算安全产品和方案。包括传统杀毒软件厂商、软硬防火墙厂商、IDS/IPS 厂商在内的各个层面的安全供应商都已加入云安全领域。相信在不久的将来,云安全问题将得到很好的解决。

(七) 云计算平台管理

云计算资源规模庞大,服务器数量众多并分布在不同的地点,同时运行着数百种应用。如何有效地管理这些服务器,保证整个系统提供不间断的服务是巨大的挑战。云计算系统的平台管理技术需要具有高效调配大量服务器资源,使其更好协同工作的能力。其中,方便地部署和开通新业务、快速发现并且恢复系统故障、通过自动化、智能化手段实现大规模系统可靠的运营是云计算平台管理技术的关键。

对于提供者而言,云计算可以有三种部署模式,即公共云、私有云和混合云。三种模式对平台管理的要求大不相同。对于用户而言,由于企业对于ICT资源共享的控制、对系统效率的要求以及ICT成本投入预算不尽相同,企业所需要的云计算系统规模及可管理性能也大不相同。因此,云计算平台管理方案要更多地考虑到定制化需求,能够满足不同场景的应用需求。

包括Google、IBM、微软、Oracle/Sun等在内的许多厂商都有云计算平台管理方案推出。这些方案能够帮助企业实现基础架构整合、实现企业硬件资源和软件资源的统一管理、统一分配、统一部署、统一监控和统一备份,打破应用对资源的独占,让企业云计算平台价值得以充分发挥。

(八) 绿色节能技术

随着信息化的普及和网络不断发展,未来数据量将快速增长,云计算能耗也将不断增长。到2020年,云计算产业的电能的需求增长将超过60%。因此,不论是从保护环境的角度,还是从云计算运营成本的角度,绿色节能技术都成为云计算未来所需的关键技术。

由于数据中心等云计算系统的部署规模都比较大,因此,如何有效降低能源消耗就成为人们关注的热点问题。从全球范围来看,信息和通信技术的总耗电量大约占全球耗电总量的8%。绿色和平组织估计,如果把全球云计算产业比做一个国家,其能耗排在第六位,介于德国和俄罗斯之间。

目前,谷歌、脸谱和苹果等大型互联网公司已经在使用清洁能源运行互联网基础设施方面取得巨大进步。我国作为一个能源消耗大国,国内企业也需加强在绿色节能技术方面的研发。

因此,云计算基础设施的建设应与云服务、云应用提供能力和需求程度相匹配,避免无序发展和重复建设。

节能环保是全球整个时代的大主题。云计算也以低成本、高效率著称。云计算具有巨大的规模经济效益,在提高资源利用效率的同时,节省了大量能源。绿色节能技术已经成为云计算必不可少的技术,未来越来越多的节能技术还会被引入云计算中来。

三、云计算网络平台构建

云计算网络平台也称为云平台,就是一个“云端”,是服务器端数据存储和处理中心,可以通过客户端进行操作,发出指令,而数据的处理会在服务器进行,然后将结果反馈回来。而“云端”平台数据可以共享,可以在任意地点对其进行操作,这样可以节省大量资源。而且“云端”可以同时对多个对象组成的网络进行控制和协调,“云端”各种数据可以同时被多个用户使用。云计算主要包括三类资源,即计算资源、存储资源和网络资源。计算资源主要包括 CPU 和内存,存储资源主要包括服务器的存储、存储阵列和网络存储等,网络资源包括网卡、交换机和 IP 网段等软硬件。

通过在服务器上部署虚拟化软件,实现服务器的 CPU、内存和网卡等资源的虚拟化,使服务器成为可供并行使用的虚拟化的资源,提高硬件资源利用率,缩短业务上线周期,并能够简化维护复杂度,降低维护成本。

下面以华为 FusionSphere 云计算方案的部署搭建为例,介绍云计算网络平台的构建过程。

(一) 参数规划

云计算网络平台按照功能,可以划分为三个平面:管理平面、存储平面、业务平面。按照管理平面、存储平面和业务平面分离的原则,将云计算网络平台规划为如图 7-17 所示的网络。

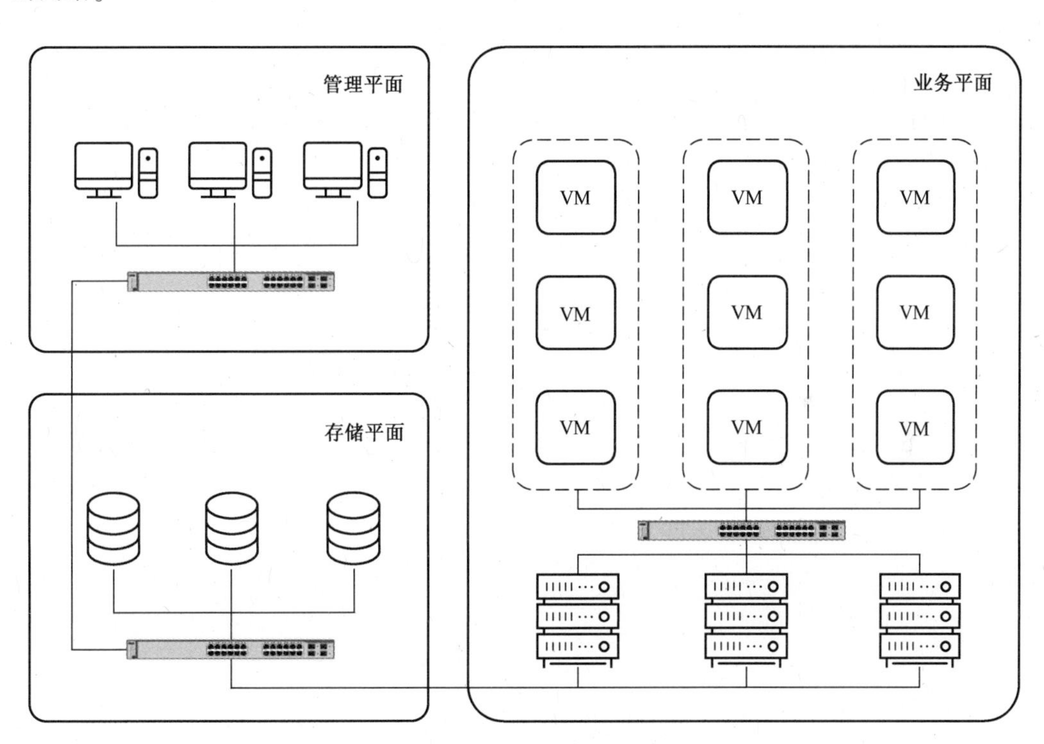

图 7-17　云计算网络平台三个平面物理连接图

1. 云平台三个平面

(1) 管理平面:对平台进行管理维护,仅允许管理员访问。

(2) 存储平面:服务器和存储阵列之间的数据交换通道。

(3) 业务平面:外部用户访问使用,根据业务量确定带宽。

2. 参数配置

(1) 划分 VLAN:确定每个平面所用的 VLAN,通常每个平面划分一个 VLAN。如果业务平面需要进行业务隔离,可以划分多个 VLAN,但要注意路由关系。

（2）划分网段：每个 VLAN 中的主机、虚拟机或存储接口的网段和默认网关参数需要严格对应。

（3）确定带宽：根据虚拟机数量和大致的业务量估算每台服务器所需要的带宽。

（4）跨三层迁移时规划 VXLAN：当虚拟机需要进行跨三层网络进行热迁移时，为保证迁移过程中业务不中断，需要进行 VXLAN 的规划和设计。

（二）线缆连接

根据实验拓扑选择一台华为交换机 S5720-36C-EI，两台 RH2288Hv2 服务器，一台 OceanStorS2200T 存储。

连接拓扑如图 7-18 所示。

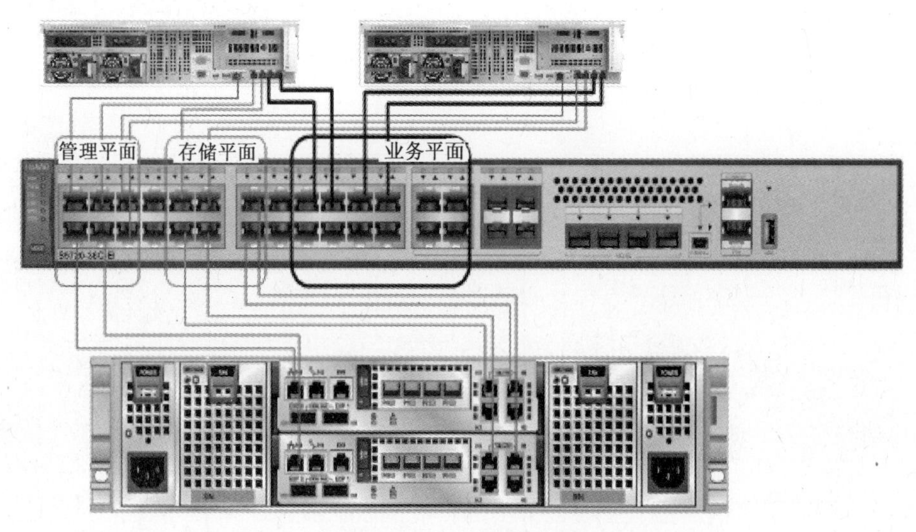

图 7-18 总物理连接图

（三）业务对接

1. 管理平面对接

（1）交换机配置：创建管理平面 VLAN；配置管理平面 VLAN 的 IP 地址；配置路由协议。

（2）服务器配置：配置服务器的 iBMC、管理 IP 和各自网关。

（3）存储阵列配置：配置管理网口的 IP 地址和网关。

2. 存储平面对接

（1）交换机配置：创建存储平面 VLAN；配置存储平面 VLAN 的 IP 地址；配置路由协议。

（2）服务器配置：配置服务器的 iBMC、管理 IP 和各自网关。

（3）存储阵列配置：创建 LUN；创建主机和主机组；创建存储和服务器通过 iSCSI 接口的映射关系。

3. 业务平面对接

（1）交换机配置：创建业务平面 VLAN；配置业务平面 VLAN 的 IP 地址；配置路由协议。

（2）服务器配置：创建 DVS；创建端口组；理清服务器内虚拟机和外部 VLAN 对应关系。

（四）性能优化

在三个平面中，管理平面业务量较小，通常不会产生性能问题。而随着云计算业务的不断扩大，用户访问云计算平台的网络业务流量会逐步加大，计算资源和存储资源之间交互的流量也会不断增加，有必要对业务平面和存储平面进行性能监控和不断优化。

1. 业务平面优化

主要的优化方法包括：提高业务链路带宽；优化业务数据访问路径；多服务器负载均衡；升级业务交换机等。

2. 存储平面优化

主要的优化方法包括：提高存储链路带宽；优化存储数据访问路径；使用存储多路径技术；升级存储交换机等。

本章小结

在本章中，主要学习了基础设施服务、公共基础应用服务、云计算服务三个部分内容。在基础设施服务章节中了解服务器概述、磁盘阵列技术、服务器虚拟化技术；公共应用服务掌握服务器配置包括域名服务、网站服务、文件服务以及其他信息服务；云计算服务了解云计算服务模式、云计算技术基础、云计算网络平台构建。

作业题

一、单项选择题

1. 以下独立磁盘冗余阵列模式中，磁盘容量利用率最高的是？（　　）

A. RAID 0　　B. RAID 1　　C. RAID 5　　D. RAID 6

2. 在 Web 服务器上通过建立（　　），向用户提供网页资源。

A. DHCP 中继代理　　B. 作用域　　C. Web 站点　　D. 主要区域

3. 与 SaaS 不同，（　　）这种“云”计算形式把开发环境或者运行平台也作为一种服务给用户。

A. 软件即服务　　B. 基于平台服务　　C. 基于 WEB 服务　　D. 基于管理服务

4. 云计算是对（　　）技术的发展与运用。

A. 并行计算　　B. 网格计算　　C. 分布式计算　　D. 三个选项都是

5. 将平台作为服务的云计算服务类型是（　　）。

A. IaaS　　B. PaaS　　C. SaaS　　D. 三个选项都是

6. 我们常提到的“Window 装个 VMware 装个 Linux 虚拟机”属于（　　）。

A. 存储虚拟化　　B. 内存虚拟化　　C. 系统虚拟化　　D. 网络虚拟化

7. IaaS 是(　　)的简称。

A. 软件即服务　B. 平台即服务　C. 基础设施即服务　D. 硬件即服务

8. SAN 属于(　　)。

A. 内置存储　B. 外挂存储　C. 网络化存储　D. 以上都不对

9. 下列哪个特性不是虚拟化的主要特征?(　　)

A. 高扩展性　B. 高可用性　C. 高安全性　D. 实现技术简单

二、多项选择题

1. 服务器按照外形可以分为(　　)。

A. 机架式　B. 刀片　C. 塔式　D. 巨型机

2. DNS 解析方式有哪些?(　　)

A. 递归查询　B. 顺序查询　C. 反向查询　D. 迭代查询

3. 云计价部署模式有哪些?(　　)

A. 私有云　B. 公有云　C. 基础云　D. 混合云

4. 云数据中心的特征包括(　　)。

A. 高设备利用率　B. 高可用性　C. 绿色节能　D. 人工化管理

三、填空题

1. RAID 的全称为________________。

2. DNS 域名解析的方法有三种:________,________和________。

3. DHCP 服务工作原理中有四次广播过程是:________、________、________、________。

4. DHCP 服务器在接收到客户机的请求后,有两种分配 IP 地址的方式:________、________。

四、简答题

1. 简述云计算的概念。

2. 云计算的关键特征有哪些?

第八章　军事信息网运维管理

网络运维管理是保证网络系统持续、稳定、安全、可靠和高效地运行而对网络系统设施采取的一系列方法和措施。网络运维管理通过收集、监控网络中各种设备和设施的工作参数、工作状态信息,及时通知管理员并进行处理,从而控制网络中的设备、设施的工作参数和工作状态,以实现对网络的管理。因此,了解并掌握一定的网络运维管理知识,是对网络值勤维护人员的基本要求。本章从网络管理的基本概念、网络运行管理和网络值勤三方面介绍了军事信息网运维管理的相关知识。

第一节　网络管理的基本概念

本节主要介绍网络管理的功能、简单网络管理协议、网络管理系统等相关内容,使读者了解网络管理的概念及功能,理解简单网络管理协议,掌握网络管理系统的使用方法。

一、网络管理的功能

网络管理的目标是最大限度地满足网络管理者和网络用户对计算机网络的有效性、可靠性、开放性、综合性、安全性和经济性的要求。

(1) 网络的有效性:网络要能准确而及时地传递信息,即网络服务要有质量保证,而通信的有效性则是指传递信息的效率。

(2) 网络的可靠性:网络必须要能够持续稳定地运行,要具有对各种故障以及自然灾害的抵御能力和一定的自愈能力。

(3) 网络的开放性:网络要能够兼容各个厂商不同类型的设备。

(4) 网络的综合性:网络不能是单一化的,要从电话网、电报网、数据网分立的状态向综合业务过渡,并且还要进一步加入图像、视频点播等宽带业务。

(5) 网络的安全性:网络必须对所传输的信息具有可靠的安全保障。

(6) 网络的经济性:网络的建设、运营和维护等费用要求尽可能少,即要保证用最少的投入得到最大的收益。

国际化标准组织 ISO 定义的网络管理的关键功能有故障管理、计费管理、配置管理、性能管理和安全管理等五项。此外,还有网络资源管理、地址管理、软件管理、文档管理和容错管理等功能。

(一) 配置管理

网络配置是指网络中各设备的功能、设备之间的连接关系和工作参数等。由于网络配置经常需要进行调整,所以网络管理必须提供足够的手段来支持系统配置的改变。配置管理就是用来支持网络服务的连续性而对管理对象进行的定义、初始化、控制、鉴别和检测，以适应系统要求。计算机网络是由多个厂家提供的产品、设备相互连接而成的，各设备需要相互了解、适应与其发生联系的其他设备的参数、状态等信息。

（二）性能管理

性能管理用于对管理对象的行为和通信活动的有效性进行管理，通过收集有关统计数据和对收集的数据进行分析，获得系统的性能参数，保证网络的可靠、连续通信的能力。性能管理由两部分组成，一部分是用于对网络工作状态的收集和整理的性能监测，另一部分是用于改善网络设备的性能而采取的动作及操作的网络控制。

（三）故障管理

故障管理是用来维护网络正常运行的，主要解决与检测、诊断、恢复和排除设备故障有关的网络管理问题。通过故障管理来及时发现故障，找出故障原因，实现对系统异常操作的检测、诊断、跟踪、隔离、控制和纠正等。故障管理提供的主要功能有：告警报告、事件报告管理、日志控制、测试管理等。

（四）安全管理

由于网络的开放性，安全管理显得非常重要。在网络中主要的安全问题有数据的私密性、身份认证和授权等。一般的安全管理系统包括风险分析功能、安全服务功能、审计功能以及网络管理系统保护功能等。安全管理系统并不能杜绝网络的侵扰和破坏，其作用只能是最大限度地防范。

（五）计费管理

计费管理的主要功能是：测量用户对网络资源的使用情况；网络资源利用率统计；将应该缴纳的费用通知用户；支持用户费用上限的设置；在使用多个通信实体才能完成通信时，能够把使用多个管理对象的费用结合等。

（六）容错管理

容错管理解决硬件设备故障的有效方法是实行系统“热备份”，又称系统冗余备份。主机可以使用双机热备份的方式来提高网络系统的可靠性和稳定性。硬盘通常用硬盘冗余阵列来实现冗余备份。

（七）网络地址管理

动态主机配置协议提供了一种动态分配 IP 配置信息的方法用于网络地址管理。

（八）软件管理

软件管理包括软件计量管理、软件发布管理、软件核查管理。

（九）文档管理

网络文档管理包括：硬件配置文档、软件配置文档和网络连接拓扑结构图。

(十) 网络资源管理

网络资源包括与网络有关的设备、设施以及网络操作、维护和管理人员。网络资源管理就是对网络资源进行登记、维护和查阅等一系列管理工作,通常以设备记录和人员登记表的形式对网络的物理资源和人员实施管理。

二、简单网络管理协议

简单网络管理协议(Simple Network Management Protocol,SNMP)为不同种类、不同厂家和不同型号设备的管理提供了统一的接口和协议,使大型网络的管理更加高效和便捷。

(一) SNMP 概述

SNMP 是目前 TCP/IP 网络中应用最广泛的网络管理协议,由 IETF 于 1988 年在 RFC1067 中提出。1989 年 IETF 正式公布 SNMPv1(RFC1157),1993 年 IETF 发布了 SNMPv2(RFC1441),1998 年 IETF 发布了 SNMPv3(RFC2571-2575)。目前 SNMP 已成为计算机网络管理事实上的工业标准。

SNMP 的基本思想是:为不同种类的设备、不同厂家的设备、不同型号的设备,定义一个统一的接口和协议,使得管理系统可以使用统一的外观对需要管理的网络设备进行管理。通过 SNMP 协议,一个管理系统可以同时管理位于不同物理空间的多个设备,大大提高网络管理的效率,简化网络管理员的工作。网络管理的典型示意图如图 8-1 所示。广义上来讲,SNMP 是指采用这个协议的整个网络管理框架——互联网标准网络管理框架,它包括四个关键性组件:管理者、代理、网络管理协议和管理信息库。

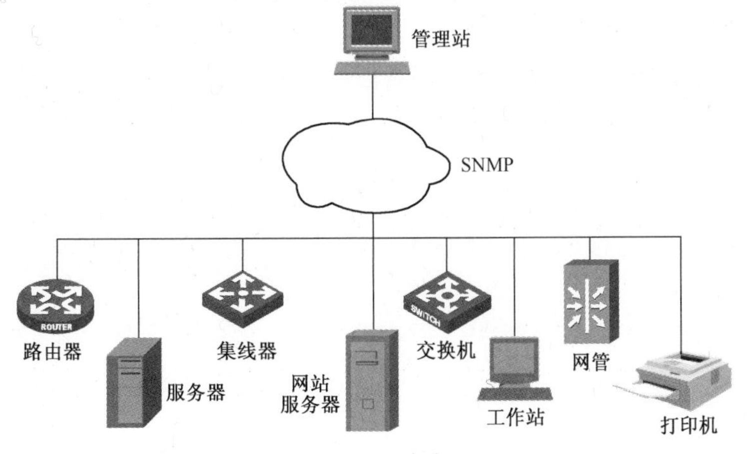

图 8-1 SNMP 参考模型

SNMP 协议定义了管理者和代理交换信息的方法、消息格式等。SNMP 位于应用层,利用 UDP 的两个端口(161 和 162)实现管理员和代理之间的管理信息交换。UDP 端口 161 用于数据收发,UDP 端口 162 用于代理报警(即发送 Trap 报文)。

(二) SNMP 通信模型

SNMP 协议是连接管理者(Manager)和代理(Agent)的桥梁,是管理者监控被管设备的状态、向被管设备施加操作的纽带。为了使被管设备的状态、参数与管理站获取的被管设备的状态、参数保持一致,SNMP 采用了轮询和陷阱(Trap)的通信机制。

轮询是指管理者周期性地主动查询整个网络设备的工作状态和参数,其查询周期称作轮询周期。如果网络设备发生故障,管理者都能够在一定的时间内检测到并进一步采取措施,使得设备故障而引起的服务质量下降减少到最低。轮询的主要缺点是故障发现的时效性差,不能在设备出现故障的第一时间获取设备的状态。

为了弥补以上缺陷,SNMP 设计了陷阱机制。陷阱是指网络设备的状态和参数发生变化后,代理及时以主动的方式向管理者报告此事件,这种报告称为事件报告。在某些情况下,设备或网络故障将导致代理不能将 Trap 报文发送出去,使得管理者也无法获取被管设备的状态或参数。

由此可见,轮询所掌握的网络状态和参数虽然全面,但时延较大。在任何时刻,网络管理系统中记录的网络设备的状态和参数,与网络设备的实际状态和参数不可能做到完全相同,细微、短时的差别总是存在的,但这并不会影响到管理系统的工作。

(三) SNMP 版本

从 1989 年 SNMPv1 正式公布,到目前 SNMPv3 的大量使用,SNMP 协议的功能、效率和安全性不断加强。

1. SNMPv1

SNMPv1 充分体现了简单的特点,只采用了五种基本操作实现网络管理,采用团体名这个形同虚设的功能保障通信安全等。SNMPv1 的缺点如下。

(1) 安全功能形同虚设,不能对管理消息进行认证,也不能防止监听。消息头中的团体名没有被加密,可以被轻易的观测,监听者可以知道并获得相应的权限。

(2) 缺少管理站到管理站的通信机能,使管理站之间不能有效协作,只能采用集中式网络管理模式,系统抗攻击能力弱。

(3) 用户对大量数据读取的需求比较高,而 SNMPv1 缺少对应的读取操作。

SNMPv1 适用于:用户的网络规模较小,网络设备较少,且网络设备环境本身比较安全时(比如校园网)。

2. SNMPv2

SNMPv2 的常用版本为 SNMPv2c。由于发布时间紧迫,在安全机制上没有达成一致,不得不放弃了安全管理部分,但在后续的第三版中这部分功能得到了完全加强。SNMPv2 的优点如下。

(1) 定义了上下级管理站间通信的功能。对上级管理站而言,下级管理站既有管理站的功能,也有代理的功能。

(2) SNMPv2 提供了 GetBulkRequest 操作,能够有效地检索大块的数据,特别适合在表中检索多行数据,提高了大量数据读取的效率。

(3) 对 SNMPv1 的 SMI 和 MIB 进行了增强。

SNMPv2 适用于:用户的网络规模较大,网络设备较多,对网络安全性要求不高或者网络环境本身比较安全(比如 VPN 网络),但业务比较繁忙,有可能发生流量拥塞时。

3. SNMPv3

SNMPv3 没有定义其他新的 SNMP 操作,只为 SNMPv1 和 SNMPv2 提供了安全方面的功能。SNMPv3 提供的安全性主要是数据的加密和认证,借助于密码学相关的加密和摘要算法实现。

(1) 认证。数据完整性和数据发送源认证,保证消息是该发送源发送的,不是别人伪造的数据报、传输过程中没有被篡改过。使用 HMAC、MD5 或 SHA-1 对数据进行摘要,从而认证数据有没有被篡改。

(2) 加密。对数据进行加密,保证不能使用网络数据报截获技术将监听包直接解读。使用 DES 的 CBC 模式来加密数据,既保证了加解密的效率,又保证了足够的强度。

SNMPv3 适用的场景是:用户网络对安全性要求较高,只有合法的管理员才能对网络设备进行管理,并且传输的网络数据需要保证其安全性和准确性。

(四) 管理信息库(MIB)

被管设备的许多信息是网络管理系统所关心的,如被管设备的类型、接口数量、接口状态、IP 地址信息等。为了方便地管理这些设备,代理需要从被管设备收集这些信息并向网络管理系统提供访问这些信息的接口,其中代理收集的这些与网络管理密切相关的信息被称作管理信息。IETF 规范了标准的管理信息,称作管理信息库(Management Information Base,MIB)。网络设备厂商可以根据设备具体情况有选择地实现 MIB 中定义的管理信息。根据 SNMP 协议规范,每个被管设备的代理需要维护该设备的管理信息库,其管理信息库是由该设备定义的管理信息构成的。

SNMP 包括两个版本的管理信息库,按先后顺序分别称为 MIB-I 和 MIB-II。MIB-II 对 MIB-I 进行了扩展和修改,现在的 SNMP 都以 MIB-II 为基准。

1. 管理信息结构

网络管理需要解决的一个关键问题是管理信息的表示、标识和传输。将管理信息表示为管理对象,是 MIB 的主要目的。每个管理对象被分配一个唯一的对象标识符(OID),它由国际组织 IANA 统一管理,以保证它的全球唯一性。传输时使用 ASN. 1 的 BER 规则。因此,每个管理对象有自己的对象标识符、类型、权限和编码。

(1) 对象标识符:对象标识符可以唯一地识别对象。对象名字更直观,而对象标识符则更简洁。在 SNMP 报文中需要使用对象标识符,因为标识符是数值型,更容易编码,编码更小。在 MIB 中,所有管理对象都按照一种层次式树型结构排列,每个管理对象的 OID 由它在管理信息树中所处的位置来确定,被写成一个点号分隔的整数序列,其名字结构类似于域名。

(2) 类型:定义对象的类型。SNMP 支持的数据类型包括 INTEGER、OCTET STRING、SEQUENCE、SEQUENCE OF、NetworkAddress、IpAddress、TimeTicks 和 Counter 等。

(3) 权限:网络管理系统对管理对象的访问权限,取值为只读(Read-only)、读写(Read-write)、只写(Write-only)、不能访问(Not-accessible)这四个值。

(4) 编码:描述如何对对象实例按对象类型进行编码,以使数据在网络上传输。使用 ASN. 1 的 BER 编码规则将数据从 ASN. 1 编码为字节流以在网络上传输。

2. MIB-II 的组成

管理信息库在组织这些管理信息时,采用树型结构,称为管理信息树(MIT)。为了规范设备厂商的管理行为,IETF 定义了一系列的 MIB 资源。在 MIT 中,多个相关的管理信息被放在相同的子树中,称为管理信息组。MIB-II 定义了 system(设备基本信息)、interfaces(设备的网络接口)、at(地址转换表)、ip、icmp、tcp、udp、egp 和 snmp 等 11 个管理信息组,每个组又有自己的管理信息。

在 MIB-II 的组中,除了 system 组存放的是设备的基本信息、snmp 存放的是应用层数据之外,其他的组都是网络层和数据链路层信息的分组。通过对这些组的实现,可以对设备的网络层、数据链路层及设备基本信息实施监视和管理。

3. 浏览器

除了公有 MIB 外,IETF 还允许设备厂商定义自己特殊的管理信息,以便更好地扩展 SNMP 的功能,称为私有的 MIB。每个网络设备都可以向 ISO 申请一个位于 enterprises 子树下的编号,如 Cisco 在该子树下的编号为 9,华为的编号为 2011,H3C 的编号为 25506。

三、网络管理系统

目前常用的国产网络管理系统有 H3C iMC 网络管理系统、华为 iManager U2000 统一网络管理系统和 eSight 网络管理系统、锐捷 SNC 网络管理系统等。由于我军目前使用较多的网络管系统是 H3C iMC 网络管理系统,因此,本书主要介绍 H3C iMC 网络管理系统。H3C iMC 网络管理系统是华三公司开发的综合网络管理系统,它以网络管理为核心,为网管人员提供资源、用户和网络业务相融合的网络管理解决方案,实现对网络的端对端管理。

(一) H3C iMC 网络管理系统介绍

1. H3C iMC 系统简介

H3C iMC 网络管理系统是华三(H3C)公司推出的基于 iMC(Intelligent Management Center)智能管理中心统一平台的综合网络管理产品和解决方案。H3C iMC 网络管理系统(以下简称 iMC 系统)以网络管理为核心,重点关注网络中的各种资源、用户以及网络业务,目的是为网络管理员提供资源、用户和网络业务相融合的网络管理解决方案。iMC 系统融合了当前多个网络管理软件,为用户提供了实用、易用的网络管理功能,在网络资源的集中管理基础上,实现拓扑、故障、性能、配置、安全等管理功能。

iMC 智能管理平台(以下简称 iMC 平台)是整个 iMC 系统的基础管理平台,是其他业务管理组件的承载平台,与组件共同实现了管理的深入融合联动。iMC 系统的各个业务组件都必须安装在这个公共的平台上才能使用。iMC 平台不仅为系统各业务组件的集成提供了包括统一权限控制、SOA 框架、统一操作日志管理、统一 License 控制、分布式安装等基本功能,而且还为用户提供了丰富的网络管理和用户管理功能,其中包括操作员管理、拓扑管理、性能管理、告警管理及操作日志管理等。

2. H3C iMC 系统整体架构

H3C iMC 系统采用了面向服务的 SOA 架构,整体分为三个层次,每一层可以对外提供接口,具备系统集成能力,如图 8-2 所示。最底层为平台框架,是整个 iMC 系统的基础框架,提供统一的资源访问和基础资源管理,负责设备/终端的数据访问适配,文件的导入/导出以及数据库的连接。中间层为 iMC 的基础网络管理功能和其他业务功能组件,基础网络管理包括拓扑管理、性能管理等;这些组件主要用于基础功能的扩展和特殊功能的支持。最上层在组件的支持下主要实现 iMC 的业务流程。在用户界面上 iMC 基于 B/S 架构,支持友好 Web 访问,使网络管理实现简洁高效。

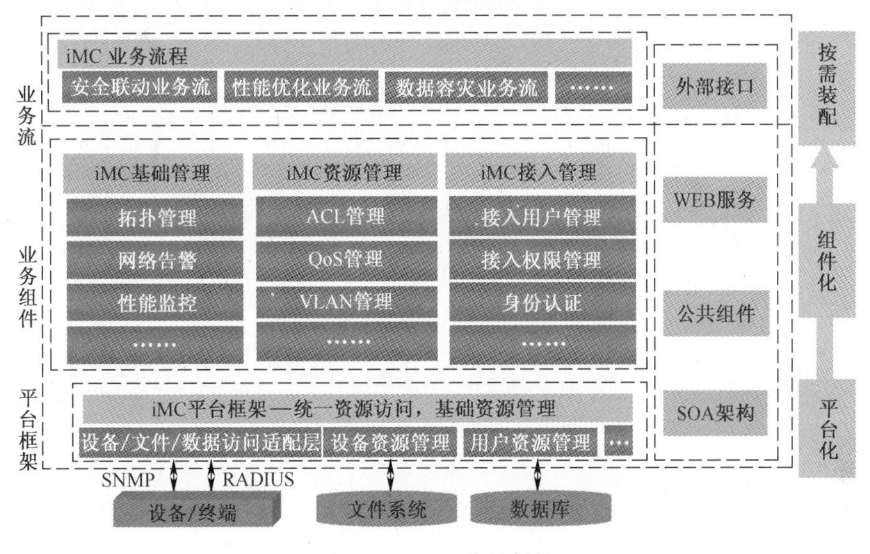

图 8-2 iMC 系统架构

3. H3C iMC 系统组网方式

iMC 系统提供两种组网方式,即分布式组网和分权分级式组网。安装一套 iMC 时,可以采用分布式组网,以便分担各模块的性能压力,即将各组件分布式安装到不同的服务器上。在分布式部署环境中,存在一个主服务器和若干从服务器。主服务器端运行 iMC 平台资源组件,从服务器可以分别运行平台性能、告警、用户接入认证(UAM)、终端准入控制(EAD)检查等组件。多个组件可以集中部署在一台服务器上,也可以根据实际负载情况和服务器配置情况分离部署。

对于设备数量较多、分布地域较广的网络,可以采用分权分级式组网方式,这种组网方式有利于对整个网络进行清晰分权管理和负载分担。分级组网时,按区域划分,将整个网管分为上、下级两层(或更多层),在各个区域部署 iMC 系统,其中专业版 iMC 平台为上级网管,其他 iMC 平台(专业版或标准版)为下级网管,如图 8-3 所示。

4. 支持的主要网络接口和协议

iMC 系统可以支持多种网络协议和网络接口,提供了良好的兼容性。

(1) 支持 SNMP v1、v2c、v3 协议访问设备,用于使用 MIB 进行管理的功能,包括 iMC 几乎所有和设备相关的功能。

(2) 支持 Telnet、SSH 协议访问设备,用于设备配置管理、ACL 管理等使用命令行的功能;SSH 协议(基于 Telnet 的安全远程登录协议)支持密码和 RSA/DSA 密钥认证,保证数据传输的安全性。

(3) 支持 TFTP、FTP、SFTP 协议,用于设备配置管理等使用文件传输的功能。

(4) 基于 HTTP/HTTPS 协议的 Web 浏览器访问接口,目前兼容 IE 和 Firefox 浏览器。

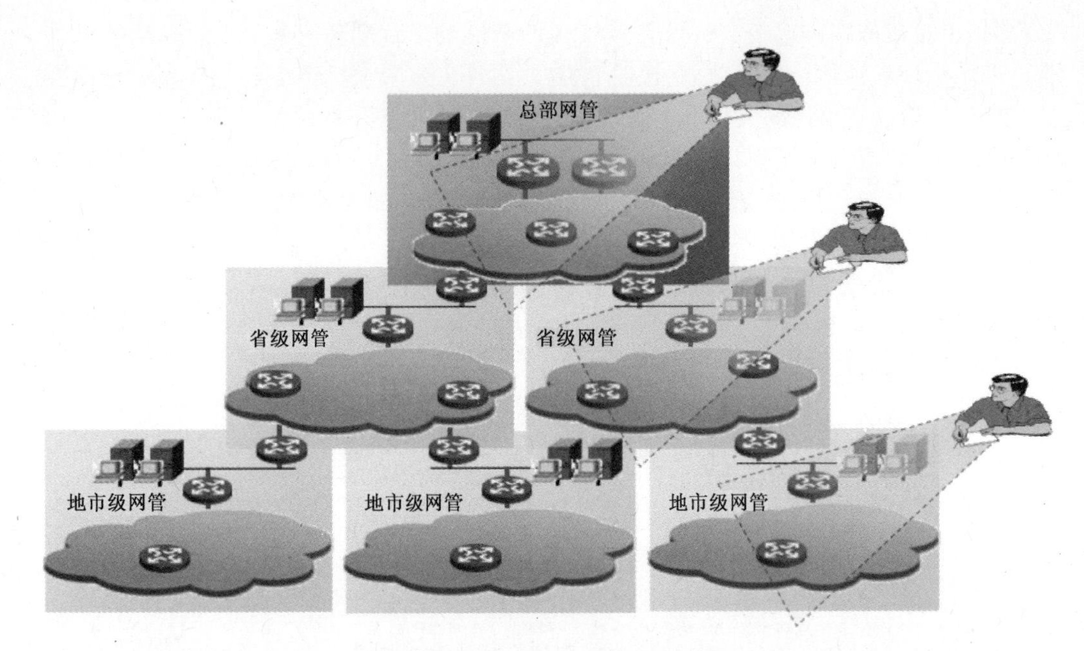

图 8-3　iMC 系统分级组网方式

(5) 基于 RESTful 协议的 Web Services 访问接口。

(二) H3C iMC 网络管理系统的管理界面

1. H3C iMC 系统的访问

用户访问时无须安装客户端，直接在 Web 浏览器的地址栏中输入 iMC 服务器的 URL：

http://<IP 地址>:<端口>/imc，iMC 的默认 HTTP 端口为 8080。

https://<IP 地址>:<端口>/imc，iMC 的默认 HTTPS 端口为 8443。

在登录页面中，输入正确的管理员和密码后单击“登录”按钮，如图 8-4 所示，即可进入系统首页。首次登录系统时，可使用默认的管理员登录。登录名和密码均为 admin。

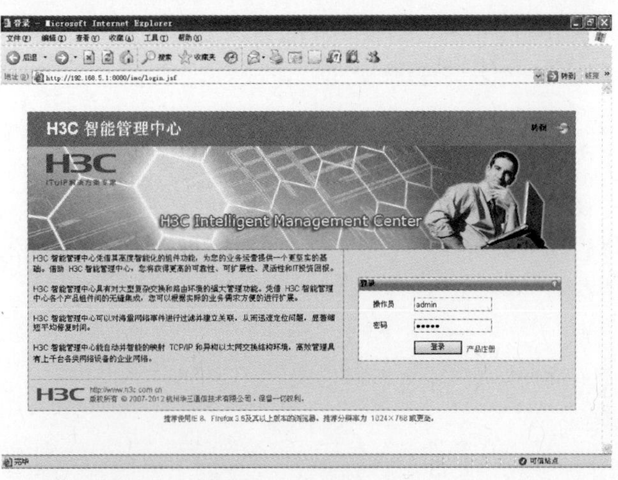

图 8-4　登录页面

进入系统后需要及时修改该密码。在 iMC 中可以根据需要增加不同权限的管理员。iMC 支持登录时输入验证码功能,管理员可通过修改配置文件开启该功能。

2. H3C iMC 系统的管理界面

(1) iMC 首页介绍。

用户可以在首页上定制展示元素,设定页面布局,自定义多个首页页面,如图 8-5 所示。可根据需要灵活设置,将自己关注的元素集中展示。

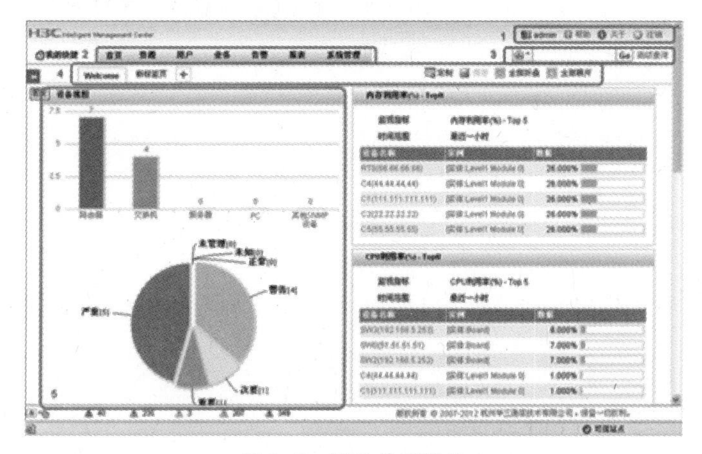

图 8-5　iMC 首页界面

(2) iMC 功能页介绍。

iMC 功能页界面如图 8-6 所示,除首页外,其他功能页的界面相同,这里仅以资源功能页为例。

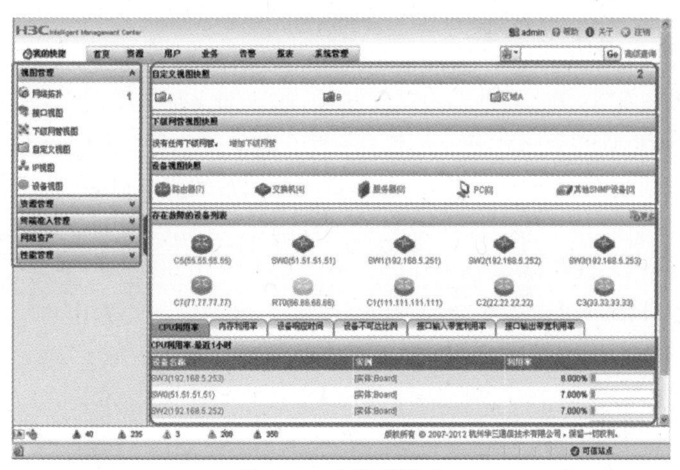

图 8-6　功能页界面

(3) 页签下拉菜单。

iMC 的功能页签提供了方便的下拉菜单,如图 8-7 所示。页签下拉菜单使管理员可以迅速定位到自己需要的功能。

(4) 导航树浮出菜单。

iMC 导航树提供了浮出菜单。浮出菜单可以将操作链接的子链接显示在浮出菜单中,方便管理员迅速定位和展开功能链接。

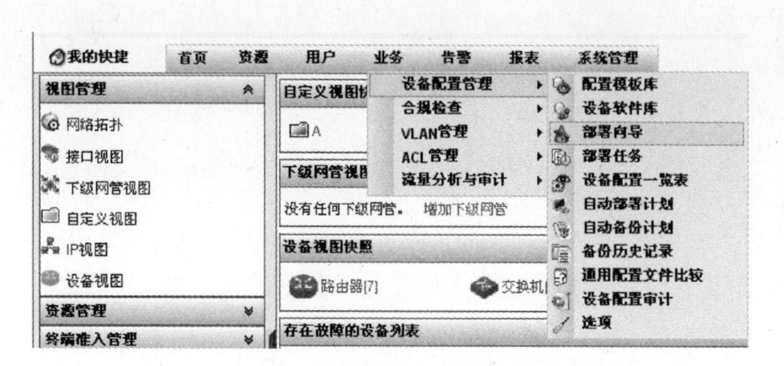

图 8-7　页签下拉菜单

第二节　网络运行管理

本节主要介绍网络运行管理相关知识,使读者了解网络性能测量的指标和基本方法、网络性能优化的思路、网络安全性评估的相关知识。

一、网络性能测量

网络性能测量是网络行为分析的基础。网络性能测量通过各种监测方法获取网络的性能参数,对网络性能特征进行测量和分析。网络性能测量可以为网络运营商提供网络性能监控的基础,为流量工程提供评测手段,为网络设备、协议的设计提供依据,对用户和应用定制的服务质量进行监测。

(一) 网络性能测量的必要性

网络性能测量的主要目的是发现网络瓶颈、优化网络配置,并进一步发现网络中可能存在的潜在危险,更加有效地进行网络性能管理,提供网络服务质量的验证和控制,对服务提供商的服务质量指标进行量化、比较和验证。网络的服务质量直接由网络性能决定,网络性能对于运营商、用户以及应用都具有重要的意义,性能测量是网络测量领域中研究最多的部分,是网络行为分析的基础。

网络端到端性能可以由一系列的性能指标来测量和描述。常用的网络端到端性能指标有,端到端时延、端到端带宽、丢包率以及连通性等。

(二) 网络性能测量指标及方法

网络性能指标就是与网络性能和可靠性相关的参数。常用 IP 网络性能指标内容如下。

(1) 吞吐量(Throughput):单位时间内通过网络传送的数据量。

(2) 带宽(Bandwidth):单位时间内物理通路理论上所能传送的最大比特数。

(3) 时延(Delay):数据报离开源节点的时间 T1 与到达目的点的时间 T2 的时间间隔,即数据报在网络中的传输延时时间。

(4) 时延抖动(Delay Variation):数据流中不同数据报时延的变化。

(5) 丢包率(Packet Loss Rate):总丢包数与传输的总数据报数的比率。

(6) 连通性(Connectivity):各网络组件间的互连通性,反映了数据能否在各网络组件之间互相传送的属性。

1. 时延测量

1) 时延指标

时延直接影响着应用的性能,当端到端的时延大于某个阈值时,应用往往因为超时而失效。包括:单向时延、双向时延(往返时延)、时延抖动和最小往返时延等。

(1) 单向时延。

单向时延(One-way Transmit Time,OTT)即从源节点发送数据报文到目的节点接收到它的时延。由于互联网中路径往往是非对称的,或者即使路由是对称的但双向具有不同的性能特征,同时有许多应用对不同方向上的时延指标具有不同的要求,如在 FTP 或 VOD 服务中,应用的数据主要来自下行的数据流量,单向时延指标可以比较准确地反映网络向应用实际提供的服务水平。

(2) 双向时延。

两个结点之间的往返时延由源节点到目的节点的单向时延、目的节点到源节点的单向时延和目的节点的处理时延三部分组成。因此,往返时延除包括网络端到端时延外,还包括了接收端的处理时延。由于接收端处理时延是往返时延测量以及实际网络通信中数据报文必然经历的组成部分,因此在一般测量中,并不需要减掉接收端处理时延。

(3) 时延抖动。

数据报文时延抖动是指由于在网络上变动的排队时延等原因造成的数据报文之间的时间间隔不统一,它代表了数据报文到达过程的平稳度。对于流媒体等应用,大的时延抖动将造成应用处理上的困难及不稳定的媒体播放。

(4) 最小往返时延。

对于点到点之间特定长度的数据报文,测量得到的往返时延中最小的称为最小往返时延(min-RTT),一般对应于数据报文没有排队的情况,因此,一般仅包含传输时延、传播时延和路由器处理时延。这部分时延相对变化较少,只有在路由或者拓扑发生变化时才会发生变化。最小时延的测量可以用于帮助推断节点的物理位置。

2) 时延测量方法

时延测量最常用的方法是主动测量法,即在测量节点上发送探测报文,然后接收应答报文并计算时间差。常见的测量方法包括:采用 ICMP 报文的实现方法、采用 UDP 报文的实现方法、采用 TCP 报文的实现方法。

(1) 采用 ICMP 报文的实现方法。

利用 ICMP 报文是最常用的测量方式,最典型的应用就是操作系统里自带的 Ping 命令。这种方法还可以测量往返路径上的丢包率、失序等性能参数。

(2) 采用 UDP 报文的实现方法。

UDP 需要指定一个端口,当接收方发现该端口对应的服务不存在时,会立即返回一个"端口不可到达"的 ICMP 报文。也就是说,接收方反馈的可能是 UDP 报文,也可能是 ICMP 报文,这两种返回的报文都可以用来计算网络的端到端时延。此外,在实现时要注意 UDP 报文长度的设置,通常应小于 500 字节。

(3) 采用 TCP 报文的实现方法。

为了避免防火墙的过滤,可以利用 TCP 报文实现端到端的测量。除了选取合适的测量报文,利用 TCP 报文测量网络时延的难点在于 TCP 发送机制本身。TCP 为了提高传输效率,往往不是即时发送报文,而要收集足够的数据后才发送,因此,可能会存在发送方记录的发送时间远远早于报文实际发送时间,而使得测量的结果大于实际值的现象。为了避免此现象的发生,发送方和接收方需要在 TCP 测量报文中加入 PSH 标志。

2. 带宽测量

带宽(Bandwidth)或吞吐量(Throughput)代表了一条链路或者网络路径在单位时间内能够传输的数据量。网络带宽直接关系到包括文件传输、流媒体、P2P 应用等网络应用的性能。设备的性能以及它与流量的相互作用决定了网络流量通过网络的速度,一个应用能够获得的带宽是由路径上的设备性能及其上的背景流量共同决定的。

1) 带宽指标

(1) 容量。

链路或路径的容量(Capacity)是链路或路径在单位时间内能够支持的最大数据传输量,即零背景流量、无多径转发情况下的数据传输能力。路径的容量不因链路中其他流量的存在而改变,是路径的一个不经常改变的属性,只有在底层硬件设施发生变化时才会变化。一条路径的容量是由其中容量最小的链路决定的,路径的容量等于容量最小的链路的容量。

(2) 可用带宽。

可用带宽(Available Bandwidth)是指在一个时间段中链路或路径未使用的容量。对于一个链路,如果其容量为 1000Mb/s,当前实际传输的数据速率为 500Mb/s,则其可用带宽为 500Mb/s。因此,可用带宽是由路径容量和负载共同决定的,而且处于不断变化中。

(3) 批量传输容量。

批量传输容量(Bulk Transfer Capacity,BTC)描述了网络在使用单个拥塞控制协议传输大量数据时的传输能力,它的目标是获得在长期传输数据的情况下一个单独的 TCP 实现能够达到的性能。路径的 BTC 等于在测量时间内传输的数据量除以传输时间。

(4) 窄链路和紧链路。

瓶颈带宽(Bottleneck Bandwidth)有时用来描述一条路径上容量最小链路的带宽,有时用来描述路径上可用带宽最小的链路,经常会引起混淆。为了避免混淆,容量最小的链路被称为窄链路(Narrow Link),可用带宽最小的链路被称为紧链路(Tight Link)。在一个端到端路径上,窄链路和紧链路可能是同一条链路,也可能是不同链路。

2) 带宽测量方法

带宽测量的方法通常是观察链路的属性对数据报文时延的影响。链路带宽在两个方面影响数据报文的传输时延:排队时延和传输时延。数据报文的排队时延是由链路的容量及它前面的数据报文队列大小决定的,数据报文的传输时延是由链路的容量和数据报文的大小决定的。

(1) 容量测量方法。

现有的链路容量测量算法主要分为两类:一类是根据分组大小与传输时延、带宽的线性关系而提出的变长报文 VPS(Variable Packet Size)测量方法,逐段测量路径的链路带宽。另一类是基于背靠背的包对/包列的时延间隔变化(Back-to-back Packet Pair/Train Dispersion,PPTD)和带宽的关系而提出的PPTD测量方法。

(2) 可用带宽测量方法。

探测速率模型是一种基于自引入拥塞概念的测量技术。在一条端到端路径上,如果发送端发送探测包的速率低于可用带宽,那么接收端的接收速率将与发送速率一致。相对的,如果探测包的发送速率高于可用带宽,发送的探测包中将有部分探测包在网络瓶颈处排队,那么接收端的接收速率将小于发送速率。

3. 丢包率测量

在有线网络中,由于误码等原因导致的报文丢失率非常低,导致丢包的主要原因是网络拥塞。在有线网络中包丢失之间具有较大的相关性。在无线网络中,引起丢包的原因主要是无线信号干扰和路径衰减。

1) 丢包率测量指标

在有些应用中,丢包会进一步造成数据报文在网络中的重传,网络负载增大,性能恶化。衡量链路丢包性能的参数除了丢包率,还有反映丢包时长、频率等参数。

(1) 丢包率:丢包率定义为链路或路径在一段时间内丢失包占传输包总数的比例。

(2) 丢包距离:两个紧邻的丢失报文之间的顺序号之差定义为丢包距离(Loss distance)。例如,在一个数据报文流中,顺序号为20的报文发生了丢失,下一个丢失的报文的顺序号为50,则丢包距离为30。

(3) 丢包周期:对于丢包周期,可以通过丢包期长度、丢包期频率来刻画其特征。丢包期长度即丢包周期持续的时间或报文数。

2) 丢包率测量方法

丢包率的测量中需要考虑发送数据报的间隔、分组大小、协议等多方面因素,常采用主动测量法。在发送的一组固定大小的数据报中加入序号,如果在一定的超时时间内接收端并没有收到该序号的包,就表明该数据报丢失;发完一组数据报后,计算出传输丢失的数据报占总发包数的百分比,就是丢包率。发送间隔可采用常数,也可以是泊松采样过程。丢包率测量方法与时延测量方法类似,也采用ICMP报文、UDP报文以及TCP报文的实现方法来测量丢包。

(三) NQA基础

网络质量分析(Network Quality Analyzer,NQA)通过发送测试报文,对网络性能、网络提供的服务及服务质量进行分析,并为用户提供网络性能和服务质量的参数,如时延抖动、TCP连接时延、FTP连接时延和文件传输速率等。利用NQA的测试结果,用户可以:①及时了解网络的性能状况,针对不同的网络性能进行相应处理;②对网络故障进行诊断和定位。

1. NQA功能

1) 支持多种测试类型

NQA是对Ping功能的扩展和增强。目前NQA支持15种测试类型:ICMP-echo、DHCP、DNS、FTP、HTTP、UDP-jitter、SNMP、TCP、UDP-echo、Voice和DLSw等测试。客户端向对端发送不同类型的测试报文,统计对端是否回应报文以及报文的往返时间等参数,以便用户根据统计结果判断协议的可用性和网络的性能。

2）支持阈值告警功能

NQA 可以对探测结果进行监测，通过向网管服务器发送 Trap 消息，及时将监测结果通知给网管服务器，以便网络管理员根据 Trap 消息了解测试运行状况和网络性能。

3）支持联动功能

联动功能是指通过建立联动项，对当前所在测试组中的探测结果进行监测，当连续探测失败次数达到一定数目时，就触发其他模块联动。

2. NQA 基本概念

1）测试组

进行 NQA 测试前，需要创建 NQA 测试组。在 NQA 测试组中配置 NQA 测试的参数。每个测试组有一个管理员名称和一个操作标签，以此可以唯一确定一个测试组。

2）测试和探测

启动 NQA 测试后，每隔一段时间启动一次测试，测试的时间间隔可由用户设定。一次 NQA 测试由若干次连续的探测组成，探测的次数可由用户来设定。

3）NQA 客户端和服务器

NQA 客户端是发起 NQA 测试的设备，NQA 测试组在客户端创建。NQA 服务器负责处理 NQA 客户端发来的测试报文。NQA 服务器通过监听指定 IP 地址和端口的报文对客户端发起的测试进行响应。在大多数的测试中，只需要配置 NQA 客户端。但在进行 TCP、UDP-echo、UDP-jitter 测试时，必须配置 NQA 服务器。在一个 NQA 服务器上可以创建多个 TCP 或 UDP 监听服务，每个监听服务对应一个目的地址和一个端口号，配置的目的地址和端口号必须与 NQA 客户端的配置一致，且不能与已有的监听服务冲突。

4）NQA 测试操作流程

（1）NQA 客户端构造指定测试类型的报文，并发送给服务器端。

（2）服务器端收到测试报文后，回复带有时间戳的应答报文。

（3）NQA 客户端根据是否收到应答报文，以及应答报文中的时间戳，计算报文丢失率、往返时间等参数。

二、网络性能优化

（一）网络优化概述

1. 网络优化概念

网络优化就是通过对运行中的网络进行参数采集、数据分析，找出影响网络质量的原因，采取改进措施使网络达到最佳运行状态，保证网络资源获得最佳效益，同时了解网络增长趋势，为网络扩容提供依据，其目的是提升网络性能、增强网络安全性以及提升网络的用户体验，主要包括硬件优化、软件优化、网络扩容和新技术更新。

硬件优化指在合理分析对新硬件的需求后，在性能和价格方面做出最优解决方案。软件优化指对软件的参数进行设置，从而使系统性能达到最优的过程。网络扩容是指在原有网络的基础上，增加新的网络建设项目，包括设备的替换、设备的增加、组网改变等等。新技术更新是指将原有网络中的全部或部分技术更替的过程。

2. 网络优化思路

如图 8-8 所示,网络优化思路分四步。

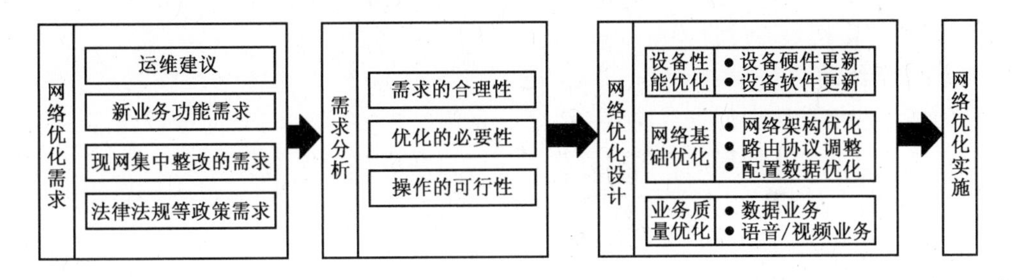

图 8-8 网络优化思路

1) 网络优化需求

包括运维建议、新业务功能需求、现网问题集中整改和法律法规问题需求。

2) 需求分析

需求的合理性是指网络优化的需求是否匹配实际的业务需求和投入产出比;优化的必要性考虑是否是紧急且必要的需求;操作的可行性是指现网条件下的可操作性、政策的可行性分析。

3) 网络优化设计

设备性能的优化包括设备硬件的更新和设备软件的更新;网络基础的优化包括网络架构的优化、网络协议的调整、配置数据的调优;业务质量的优化包括数据、语音和视频业务的优化。

4) 网络优化实施

根据设计方案实施网络优化,最后达到提高网络安全性、提升网络的用户体验和增加网络功能等目的。

(二) 提升用户体验

ISO 9241—210 标准将用户体验定义为“人们对于针对使用或期望使用的产品、系统或者服务的认知印象和回应”。也就是“好不好用,用起来方不方便”。因此,用户体验是主观的,且其注重实际应用时产生的效果。为提升用户体验,可以从以下四个方面进行优化。

1. 提供服务质量保证

服务质量是一个系统性的问题。企业网络中,除了传统的 WWW、E-Mail、FTP 等数据业务,还承载着视频监控、电视会议、语音电话、生产调度等业务。这些业务对带宽、延迟、延迟抖动等传输性能有着特殊的需求。比如视频监控、电视会议需要高带宽、低时延和抖动的保证。语音业务虽然不一定要求高带宽,但非常注重时延,在拥塞发生时要求优先获得处理。服务质量保证措施一般在网络的核心层和汇聚层实施。

2. 提升网络性能

随着企业的不断扩大、业务的不断更新,如果原有的网络已经无法高效的支撑公司的业务运营,那么就需要根据业务需求,对网络规模或设备型号等进行扩容或升级。

3. 简化用户侧配置

为了提升用户体验,简化用户的终端配置,可以通过一些方法来实现。比如网络中部署 DHCP Server,让用户终端都能够动态的获取网络地址。还有为了保证业务的可用性,网络服务器、打印机等通过将 MAC 与 IP 绑定的方式固定 IP 地址。

4. 新增网络功能

任何新增网络功能的需求首要需要考虑对现网的影响问题,任何新增功能都不应当对现有正常业务造成长期影响。需要充分评估新增网络功能的预期效果,以实现 WLAN 接入为例,目的是为了实现所有办公场所的全覆盖,还是仅覆盖重点区域(如会议室)?这些预期效果需要进行充分的评估,因为这直接影响对应的技术方案,进而影响到投资预算。通常新增一项网络功能,可以先在小范围试点,确认没有问题后再大面积部署。

(三) 提升网络安全

1. 管理安全优化

这里的管理安全是指在技术层面上保障管理手段的安全,其目的是保障敏感的管理信息不被非法窃取。管理安全的实施位置在所有设备。为了实现该需求,需要完善网络安全管理制度,增加网络设备访问控制的安全策略,或采用安全强度高的协议。

2. 边界安全优化

网络边界安全优化主要是指保护网络内部的资源(包括网络设备和信息资产)和用户终端不受到来自外部的攻击危害。实施位置在网络的边界。采取的手段包括攻击防范技术、包过滤技术、硬件防火墙等。

3. 访问控制优化

访问控制是指在网络路由可达的基础上,基于业务管控的需要,对特定的访问流量进行限制或阻断。访问控制优化的目的是保障关键业务的访问安全。实施的位置可能在网络的各个层面,包括接入层、汇聚层和核心层。

4. 接入安全优化

网络接入安全主要是指保护网络资源(包括网络设备和信息资产)不受来自内部用户有意或无意的危害。目的是实现用户的安全接入控制。实施的位置在接入层设备。具体手段包括网络访问控制(Network Access Control,NAC)、用户绑定、端口隔离等。

5. 网络监控优化

网络监控是指对网络的流量进行实时的或周期性的监控和分析,目的是识别异常流量和进行常规流量分析。实施位置一般在网络出口、服务器接口或关键链路。

(四) 性能管理

网络性能管理是网络管理员进行网络管理和监控的一项重要工作。性能管理提供了统一采集和查看设备性能数据的功能,iMC 的性能管理提供了对系统所管理的各种设备性能参数的公共监视功能。管理员可以查看设备当前的运行状况,也可以查看设备运行状况的历史数据。通过对性能历史数据的采集分析,可观察到网络性能的变化趋势,了解网络运行的基本情况和性能状态,找出影响性能的瓶颈,为网络性能优化提供参考。同时还可以依据性能管理功能设置告警的阈值,实现告警与性能相关联。例如 iMC 性能管理的相关操作包括缺省监视指标的设置、TopN 性能视图、自定义性能视图、全局指标设置、网络拓扑设置、实时性能监视等。

三、网络安全性评估

网络安全评估也就是网络风险评估，是指对网络信息和网络信息处理设施的威胁、影响和薄弱点及三者发生的可能性的评估，是确认安全风险及其大小的过程，即利用适当的风险评估工具，包括定性和定量的方法，确定网络信息资产的风险等级和优先风险控制顺序。

（一）网络安全评估概述

由于互联网协议 TCP/IP 的实施没有任何内置的安全机制，因此，大部分基于网络的应用也是不安全的。网络安全评估的目标是保证所有可能的网络安全漏洞是关闭的。多数网络安全评估是在公共访问的机器上，从互联网上的一个 IP 地址来执行的，诸如 E-mail 服务器、域名服务器（DNS）、Web 服务器、FTP 和 VPN 网关等。其他不同的网络评估实施是给出网络拓扑、防火墙规则集和公共可用的服务器及其类型的清单。

1. 网络评估

第 1 步是了解网络的拓扑。

第 2 步是获取公共访问机器的名字和 IP 地址。

第 3 步是对全部可达主机做端口扫描的处理。

2. 平台安全评估

平台安全评估的目的是认证平台的配置。认证的唯一方法是在平台自身上执行一个程序。有时该程序称为代理，因为集中的管理程序由此开始。

第 1 步是认证基准配置、操作系统、网络服务没有变更。

第 2 步是测试认证管理员的口令，以及本地口令的强度，如口令长度、口令组成、字典攻击等。

第 3 步跟踪审计子系统，在黑客作案前就能跟踪其行迹。

数据库的安全评估也是必需的，这部分内容不在本书叙述范围内。

3. 应用安全评估

黑客的目标是得到系统对应用平台的访问，强迫应用执行某些非授权用户的行为。很多基于 Web 应用的开发者使用公共网关接口（Common Gateway Interface，CGI）来分析表格，黑客能利用很多已知漏洞来访问使用 CGI 开发的 Web 服务器平台。低质量编写的应用程序的最大风险是允许访问执行应用程序的平台。当一个应用损坏时，安全体系结构必须将黑客包含进平台。一旦一台在公共层的机器受损，就可用它来攻击其他的机器。最通用的方法是在受损的机器上安装一台口令探测器。

（二）网络安全评估准则

网络安全评估标准的发展历程经历了三个阶段：首创而孤立的阶段、普及而分散的阶段和集中统一阶段。测评标准的发展演变历程如图 8-9 所示。

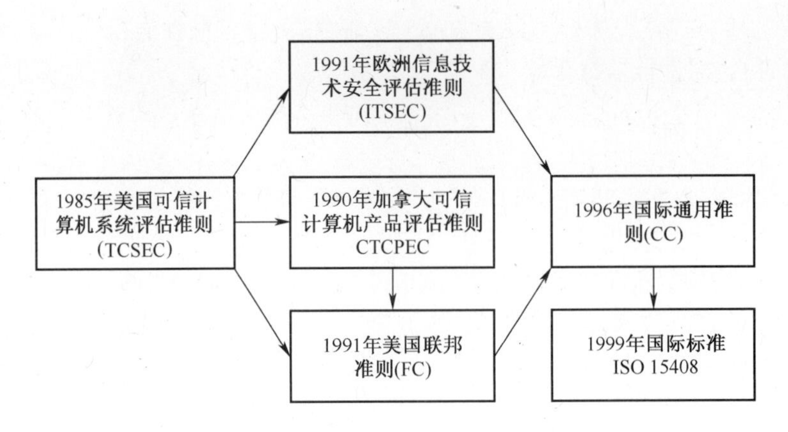

图 8-9 测评标准的发展演变历程

1. 可信计算机系统评估准则

可信计算机系统评估准则(Trusted Computer System Evaluation Criteria,TCSEC)是由美国国家计算机安全中心(NCSC)于1983年制定的计算机系统安全等级划分的基本准则,又称橘皮书。1987年发布了红皮书,即可信网络指南(Trusted Network Interpretation of the TCSEC,TNI),1991年发布了可信数据库指南(Trusted Database Interpretation of the TC-SEC,TDI)。TCSEC共分为四类七级:D、C1、C2、B1、B2、B3、A1。

2. 信息技术安全评估准则

信息技术安全评估准则(Information Technology Security Evaluation Criteria,ITSEC)由欧洲四国(荷、法、英、德)于1989年联合提出,俗称白皮书。在吸收TCSEC的成功经验的基础上,首次在评估准则中提出了信息安全的保密性、完整性、可用性的概念,把可信计算机的概念提高到可信信息技术的高度。

3. 通用安全评估准则

通用安全评估准则(Command Criteria for IT Security Evaluation,CC)由美国国家标准技术研究所(NIST)、国家安全局(NSA)、欧洲的荷、法、德、英以及加拿大等六国七方联合提出,于1991年宣布,1995年发布正式文件。

4. 计算机信息系统安全保护等级划分准则

我国国家质量技术监督局于1999年发布的国家标准,序号为GB 17859—1999。评价准则的出现为我们评价、开发、研究计算机及其网络系统的安全提供了指导准则。

(三) 网络安全评估技术

网络安全评估技术包括安全扫描和评估两部分,它能够检测远程或本地系统的安全脆弱性,并据此对系统总体的安全性进行评估。此技术把极为烦琐的安全检测通过程序来自动完成,不仅减轻了管理者的工作,缩短了检测时间,并且使问题发现的更快。安全评估技术可以快速、深入地对网络或本地主机进行漏洞测试,并给出格式统一、容易参考和分析的测试、评估报告。

1. 网络安全扫描技术

网络安全扫描技术是一种基于互联网远程检测目标网络或本地主机安全性脆弱点的技术。通过网络安全扫描,系统管理员能够发现所维护的Web服务器的各种TCP/IP端口的分配、开放的服务、Web 服务软件版本和这些服务及软件呈现在互联网上的安全漏洞。网络安全扫描技术也是采用积极的、非破坏性的办法来检验系统是否有可能被攻击崩溃。它利用了一系列的脚本模拟对系统进行攻击的行为,并对结果进行分析。这种技术通常被用来进行模拟攻击实验和安全审计。网络安全扫描技术与防火墙、安全监控系统互相配合就能够为网络提供很高的安全性。一次完整的网络安全扫描分为三个阶段。

第 1 阶段:发现目标主机或网络;

第 2 阶段:发现目标后进一步搜集目标信息,包括操作系统类型、运行的服务以及服务软件的版本等,如果目标是一个网络,还可以进一步发现该网络的拓扑结构、路由设备以及各主机的信息;

第 3 阶段:根据搜集到的信息判断或者进一步测试系统是否存在安全漏洞。

网络安全扫描主要技术包括有 PING 扫射(Ping Sweep)、操作系统探测(Operating System Identification)、如何探测访问控制规则(Firewalking)、端口扫描(Port Scan)以及漏洞扫描(Vulnerability Scan)等。

2. 常用安全评估方法

现有的科学性、合理性评估方法有很多。常用的安全评估方法有:IDS 抽样、网络构架分析和人工安全检查等。

网络安全评估是一个系统工程,其评估体系受到主观和客观、确定和不确定、自身和外界等多种因素的影响。在军用网络中,这些安全风险将会带来极大的安全隐患。网络安全评估作为网络信息系统安全工程重要组成部分,应逐渐走上规范化和法制化的轨道,军队对各种配套的安全标准和法规的制定应该更加健全,不断推进评估模型、评估方法、评估工具的研究和开发,网络信息系统及相关产品的安全评估认证将成为军用网络建设的必需环节。

第三节 网络值勤

本节主要介绍网络故障检测与排除的相关知识、网络值勤维护规章制度与通信保密相关知识。

一、网络故障检测与排除

(一) 网络故障诊断概述

从网络故障本身来说,经常会遇到的故障有:物理层故障、数据链路层故障、网络层故障、其他业务故障等。根据有关资料的统计,大约 80%的网络故障分布在物理层故障、数据链路层故障、网络层故障。故障诊断应该实现三方面的目的。

(1) 确定网络的故障点,排除故障,恢复网络的正常运行。

(2) 发现网络中故障点的原因,改善优化网络的性能。

(3) 观察网络的运行状况,及时预测网络通信质量。

故障诊断的步骤如下。

(1) 确定故障的具体现象,分析造成这种故障现象的原因。

(2) 收集需要的用于帮助隔离可能故障原因的信息。

(3) 据收集到的情况考虑可能的故障原因,排除某些故障原因。

(4) 根据最后的可能故障原因,建立一个诊断计划。

(5) 执行诊断计划,认真做好每一步的测试和观察,每改变一个参数都要确认其结果,分析结果确定问题是否解决,如果没有解决,继续下去,直到故障现象消失。

(二) 常用的网络故障测试命令

常用的网络故障测试命令有 ipconfig、ping、tracert、netstat 和 arp 等。

1. ipconfig 命令

ipconfig 命令采用 Windows 窗口的形式来显示 IP 协议的具体配置信息。使用 ipconfig 命令可以查看 IP 配置,ipconfig/? 可获得 ipconfig 的使用帮助,键入 ipconfig/all 可获得 IP 配置的所有属性。ipconfig 命令语法格式:ipconfig[/all][/renew[Adapter]][/release[Adapter]][/flushdns][/displaydns],其中/renew 用于更新指定适配器的 IPv4 地址,/release 用于释放指定适配器的 IPv4 地址,/flushdns 用于 DNS 解析程序缓存,/displaydns 用于显示 DNS 解析程序缓存内容。

2. ping 命令

ping 命令主要是用来检查路由是否能够到达某站点。由于该命令的包长小,在网上传递的速度非常快,可以快速检测要去的站点是否可达。如果执行 ping 不成功,则可以预测故障出现在以下几个方面:网线是否连通、网络适配器配置是否正确、IP 地址是否可用等。

如果执行 ping 成功而网络仍无法使用,问题很可能出在网络系统的软件配置方面,ping 成功只能保证当前主机与目的主机间存在一条连通的物理路径。

3. tracert 命令

tracert 命令用来检验数据报是通过什么路径到达目的地的。通过执行 tracert 命令,可以清楚地看到数据走的路径,判定数据报到达目的主机所经过的路径、显示数据报经过的中继节点清单和到达时间。用 tracert 命令可以方便地查出数据报是在哪里出错的。

4. netstat 命令

利用该命令可以显示有关统计信息和当前 TCP/IP 网络连接的情况,用户或网络管理人员可以得到非常详尽的统计结果。当网络中没有安装特殊的网管软件,但要详细地了解网络的整个使用状况时,netstat 命令是非常有用的。

5. arp 命令

arp 命令可以显示和设置互联网到以太网的地址转换表内容。这个表一般由 arp 来维护。当仅使用一个主机名作为参数时,arp 命令显示这个主机的当前 arp 表条目内容。如果这个主机不在当前 arp 表中,那么 ARP 就会显示一条说明信息。

(三) 物理层故障排除

物理层是 OSI 分层结构体系中最基础的一层,建立在通信媒体的基础上,实现系统和通信媒体的物理接口,为数据链路实体之间进行透明传输,为建立、保持和拆除计算机与网络之间的物理连接提供服务。物理层产生网络故障主要存在三大问题:信号衰减、噪声干扰、常见物理组件问题。

（四）数据链路层故障排除

数据链路层的功能是：在物理层提供比特流传输服务的基础上，在通信的实体之间建立数据链路连接，传送以帧为单位的数据，通过差错控制、流量控制等方法，使有差错的物理线路变成无差错的数据链路。常见链路类型、链路层协议有：以太网（VLAN、STP）、串行链路（PPP、HDLC、FR）、CPOS/E1 链路（PPP）。

1. PPP 协议故障排除

（1）物理接口参数设置不当导致 PPP 链路故障。

常见的参数包括：时钟选择（Clock）、时钟反转（Invert Receive-clock、Invert Transmit-clock）、同异步模式选择（Physical-mode）、波特率设置。

故障常表现为：只有发出的报文，而没有接收到的报文；大量的接收错误（Input Errors）。

（2）传输线路问题导致 PPP 链路故障。

第一种情况：传输线路不通，故障现象：只有发出的报文，而没有接收到的报文；线路自环后，收不到自己发出的报文。

第二种情况：传输线路有自环，故障现象：收发报文的魔术字（参数 Magic Number）相同。

第三种情况：传输线路误码率高，故障现象：收发报文 CRC 错误。

（3）如果一方为非标设备，双方 PPP 协商项不兼容，可能会导致协商不通过。

针对这种故障，查看 ppp 调试信息可以看到是哪些项协商不通过。

（4）PPP 参数配置错误会导致 PPP 链路故障。

PPP 参数配置错误包括 PPP 验证配置、MP 配置、PPP 协商参数配置等方面。

（5）没有接口路由导致 PPP 链路不可用。

故障现象：LCP 已经是 Open，但是 IP 报文无法互通，可考虑路由的原因。

2. VLAN 协议故障排除

VLAN 协议常见故障分为以下三种：VLAN 用户隔离不成功、VLAN 隔离后不能进行任何通信、采用 VLAN 技术后，无法进行设备管理。

（1）VLAN 协议故障排除的一般步骤。

首先分析数据帧的转发过程，特别是数据帧携带的 VLAN ID 的变化。看看在整个数据帧转发的过程中何时删除 VLAN 标签，何时增加 VLAN 标签在删除和增加的过程中是否变化过 VLAN ID，特别是 isolate-user-vlan 技术存在的时候。其次分析是否 VLAN 路由存在问题。

（2）VLAN 协议相关的故障诊断命令。

display vlan：用来显示 VLAN 的相关信息。

display interface：用来显示指定接口当前的运行状态和相关信息。

二、网络值勤维护规章制度

（一）网络值勤环境要求

网络值勤机房环境应符合国家《电子计算机机房设计规范》要求，采取必要的防尘、防水、防火、防雷击、防静电、防电磁干扰、防导磁粉尘和腐蚀性物质渗入等措施；机房应根据设备工作环境要求，区分设备间与工作间机房，使得功能区域分割清晰明了、便于识别和维护；无人值守机房还必须具有良好的防御自然灾害能力。

1. 机架

(1) 每排机架垂直每米偏差不大于3mm，水平度每米偏差不大于2mm。

(2) 机架间无明显缝隙，排列整齐，整列机架顶部及正面应成一直线，误差应不大于3mm。

(3) 机架固定端正牢固，能够支撑设备及安装附件的重量级，所有螺丝无松动现象。

(4) 机架内设备布局合理，标志清晰、准确、齐全，机架内线缆布放合理、绑扎整齐。

(5) 机房内所有设备机架必须接地保护，工作地、保护地及防雷地应采用独立引线分开连接至一个公共地网，不得用裸导线作为地线引接线，接地电阻不大于5Ω。

2. 布线

(1) 强、弱电分开放，二者相距不小于20cm，并尽可能避免垂直交叉。

(2) 线缆二头应挂牌标识，长度超过10m的线缆应在中间增加标牌。

(3) 走线架上、活动地板下和槽道内的线缆应平直并拢，捆扎整齐一致。

3. 电源

机房电源的基本要求如下。

(1) 交流电压应在200~240V之间，直流供电电压范围不超过设备标称值的±15%。

(2) 采用UPS等交流不间断电源的应当限制谐波分量，避免损坏机器设备。

(3) 当所在地电网不能满足设备供电要求时应采取相应的电源改善措施和进行隔离防护。

(4) 接地电阻中，交流工作接地不大于4Ω，直流工作接地不大于1Ω，防雷保护接地不大于10Ω。

机房电源检测的要求如下。

(1) 检查供电电压、频率是否达到标准，配电柜开关、交流接触器、仪表和指示灯显示是否正常。

(2) 检查空调系统运行是否正常，有无异常声响，保持机房正常温(湿)度。

(3) 按月检测稳压电源和不间断电源(UPS)的性能及后备电池电压，检查电池的有效备用时间，更换不合格电池组。

(4) 按月检测电气设备连接电缆、插头、插座及地线有无松动和接触不良。

(5) 按年检查动力电缆的完好性，测试联合接地体和专用接地体的接地电阻是否达到标准。

(6) 根据供电系统变化情况，及时调整机房配电，校对、更新配电资料。

(7) 清除电源和空调系统设备、机柜表面灰尘，维护保养高压设备检修工具。

4. 机房照明

(1) 机房内必须具有良好的光线照明，机房内照度应在100~300Lx。

(2) 机房必须有应急照明系统，其照度为正常照度的1/10。

(3) 应设置疏散照明和应急出口指示灯，其照度不小于0.5Lx。

(4) 完好率应保证达100%，以方便机房管理员管理维护。

(二) 网络设备安全操作规程

1. 值班制度

为了确保网络设备的正常运行,必须确定岗位值班人员的职能制度。通常军用信息网络设立网络运行、安全防护和信息服务三个值勤岗位,实行 24 小时轮流值班制度。值班人员按保密要求进行政审,经考核能独立担负值勤维护任务的,授予值勤工作代号。

1) 值班值勤要求

值班过程中集中精力,严守岗位,认真履行工作职责,不做与值班无关事项;严格遵守规章制度和操作规程,服从命令,听从指挥,及时请示报告;保持机房秩序,保证网络系统和设备正常运行,不得违章操作或擅自中断网络运行;不得利用工作之便传递私人文电、邮件和接打私人电话;按计划完成设备日常维护任务,及时整理、核对有关业务资料,录入、备份各类数据;认真填写值班日志和各种报表资料,不得弄虚作假或伪造、谎报值班情况;谦虚谨慎,用语规范,主动配合,密切协作。

(1) 节点站、安防中心、军以上单位信息服务中心和装备联修站实行 24 小时值班制度,其他单位按工作时段实行值班;

(2) 二级以上节点站、各级安防中心、军以上单位信息服务中心同时安排两人以上值班,设置领班员;

(3) 每日 17 时前,值勤台站汇总当日值班情况,向本级通信值班室和上级业务指导站报告。上报内容包括:完成上级指示、通知情况,完成日常维护任务情况,当日发生的重大问题(障碍、事故、差错)及处理情况。

2) 值班人员要求

值班人员按保密要求进行政审,经考核能独立担负值勤维护任务的,授予值勤工作代号。值班人员经考核能独立完成值勤维护任务的方可正式担负值班工作。值班人员必须编配工作代号,两人以上值班应当设领班员。值班人员应佩戴工作证,工作证佩戴于左胸上衣袋右侧,正面内容包括个人姓名、单位、照片、工号和值班身份,背面为注意事项。

3) 交接班

机房值班应严格交接班秩序,交接班要内容齐全、手续完备、责任明确。交班前半小时停止预检维护,整理机房环境,做好交班准备。交班时应对上级指示、网系运行、重大事项、工具器材、卫生状况、遗留业务等六个方面进行逐一交接。

交班前半小时停止预检维护,恢复设备正常工作状态,清扫卫生,整理工具、仪表,做好交班准备;交接班必须做到交接清楚,接班人员应对交接内容进行核查,核查无误,双方签字后,交班人员方可离开;交接班时发生网络障碍或安全事件,由交班人员负责处理,尔后再行交接;本班未处理完的事项,交接班后由接班人员继续处理。

交接班主要内容:上级指示、通知及本班执行情况,网络系统及设备运行、检修和变动情况,本班发生的重大问题(含事故、差错)及处理情况,待处理的问题及处理意见等。

2. 管理指标

1) 值勤维护指标

任务完成时限合格率:应达到 100%;网络事故(障碍)、安全事件处理时限内合格率:应达到 100%;日常维护作业、检修完成率:应达到 100%;值勤服务质量:全年网络应无事故、无用户和友邻节点站越级申告。

2）节点可用率

节点可用率指在考察时间段内，节点设备或中继正常工作时间与考察时间的百分比。

主干、骨干节点的节点可用率应达到99.00%以上，地区节点的节点可用率应达到98.50%以上，接入节点的节点可用率应达98.00%以上。

$$\text{节点可用率}=\frac{\text{考察时间}-\text{设备或中继不正常工作时间}}{\text{考察时间}}\times 100\%$$

注：中继指网络节点的中继端口和中继信道；不正常工作时间包括障碍时间、停机测试时间、临时请示停机时间（不含年度维护时间）；当设备和中继信道同时发生障碍时，按最长障碍时间计算。

（1）交换设备可用率。

交换设备可用率指在考察时间段内，设备的公共控制部分（系统软件、硬件、电源等）正常工作时间与考察时间的百分比（小数点后保留两位），计算方法：

$$\text{交换设备可用率}=\frac{\text{考察时间}-\text{公共控制部分不正常运行时间}}{\text{考察时间}}\times 100\%$$

（2）中继信道可用率。

中继信道可用率指考察时间段内，节点连接电路正常工作时间与考察时间的百分比。

$$\text{中继信道可用率}=\frac{\text{考察时间}-\text{中继信道不正常工作时间}}{\text{考察时间}}\times 100\%$$

当节点站有两个以上中继电路时，其实际中继信道可用率应为各方向中继按带宽比例进行统计的加权平均值。

$$\text{中继信道可用率}=\sum\frac{\text{某一中继方向带宽}}{\text{所有方向中继带宽总和}}\times\text{某一方向中继的可用率}$$

3）节点IP业务可用率

IP业务可用率指在考察时间段内，IP业务可用时间与考察时间的百分比。

主干、骨干节点IP业务可用率应达到98.50%以上，地区节点IP业务可用率应达到98.00%以上，接入节点IP业务可用率应达到97.00%以上。

$$\text{IP 业务可用率}=\frac{\text{IP 业务可用时间}}{\text{考察时间}}\times 100\%$$

注：当被监测节点丢包率小于50%时，则该节点的IP业务可用。

4）病毒防护率

病毒防护率指在考察时段内，考察对象未感染已知病毒的计算机数与入网计算机数的百分比。

主干、骨干、地区、接入节点设备或基础应用系统病毒防护率应当达到99.00%以上，用户接入网病毒防护率应当达到98.00%以上。

$$\text{病毒防护率}=\frac{\text{入网计算机数}-\text{感染已知病毒的计算机数}}{\text{入网计算机数}}\times 100\%$$

注：已知病毒是指全网统一配发的防病毒软件（含一级安防中心提供的最新病毒特征库）能够检测的病毒；入网计算机数按接入控制系统统计的计算机总数计算。

5）安全事件处理时限

安全事件处理时限为自安全防护系统发生安全事件报警或安防中心接受安全事件申告时起，至安全事件处理结束时间，应当达到：

已知病毒处理不得超过 30min；未知病毒处理不得超过 8h；网络入侵处理不得超过 30min；有害信息处理不得超过 30min；非法外联处理不得超过 10min。

6）机房环境指标

温度：21°C±3°C；湿度：50%±10%；供电指标：220V±10V，50Hz±1Hz；接地电阻：交流工作接地不大于 4Ω，直流工作接地不大于 1Ω，防雷保护接地不大于 10Ω。

3. 预检维护

1）基本要求

严格执行技术操作规程，认真落实预检维护计划，确保系统和设备达到战技指标要求；充分利用技术手段实时掌握系统和设备状态，迅速准确排除各种故障，保证系统和设备正常运行；逻辑资源及配置参数必须存储备份，调整、变更后应及时更新备份；严格遵守仪表、工具、器材管理规定，合理调配使用；适时升级防病毒软件，及时检测清除系统和设备的计算机病毒；进入等级战备或执行重大任务保障，停止预检维护；停机维护必须报上级信息化管理部门批准，停机时间为 00：00-07：00。

2）日维护

检查机房供电、消防器材及温湿度等是否符合规定标准，各类设备连接是否正确，机房有无异常声响或气味；检查路由器、交换机、服务器、防火墙、保密机及网络附属设备的开关、旋钮、连接电缆、电路配线有无错位松动及告警信息；检查各类系统和设备运行是否正常；及时升级防病毒软件、补丁程序和漏洞特征库，检测并清除计算机病毒；清洁设备、机柜表面灰尘。

3）月维护

检查各类系统和设备运行是否正常；备份各类系统运行数据；整理、校对配置参数及表报业务资料；检查机房备用设备是否达到战技指标要求；整理存储空间、系统运行数据及设备和电（线）路障碍记录；汇总并备份当月安全审计日志和安全事件等记录；实施漏洞扫描、审计认证等安全性检测，分析网络安全状况。

4）年维护

检查各类系统和设备运行是否正常；进行主备用设备倒换运行；备份各类系统运行数据；整理、校对配置参数及表报业务资料；检测系统和设备运行性能；备份运行数据、性能数据、审计日志、事件记录等；更新校对表报业务资料，汇总网络运行数据、审计日志和事件记录，编写年度报告；清除设备、机架内部灰尘和地板下及走线槽内积尘，检查更换老化、变质和绝缘不良的线缆，整理设备走线和电（线）路配线。

三、通信保密知识

军事通信保密，是指在通信组织、技术、管理、使用等方面，为保障军事秘密信息传输安全，所采取的防护手段和措施。

凡涉及军事秘密的通信，均应做好通信保密工作。全军所有单位和人员，在运用通信手段、使用通信工具时，都负有确保军事秘密信息传输安全的义务。

通令保密工作必须贯彻突出重点，积极防范，既确保军事通信秘密安全又便利工作的方针。

全军通信保密工作，在中国人民解放军保密委员会的领导下，由联合参谋部负责。各级通信部门，在一级主管业务部门和本级保密委员会领导下，负责承办本单位的通信保密工作。

（一）无线电通信保密

涉及军事秘密的无线电通信，必须采取保密措施，除在紧急情况下无法加密或敌侦听后来不及采取相应行动时除外，不准使用明码电报和明语传递军事秘密信息。禁止使用无保密措施的无线电信道召开有保密内容的电话会议。

无线电联络规定、无线电密语代密和通信保密终端的密钥，应当勤换多变。无线电通信资料，应按规定报送备案。

各级通信部门应根据任务、情况，适时控制无线电发信，实行无线电静默，组织无线电佯动。

地下指挥工程通信枢纽的无线电台，平时禁止无线电发信；必须进行无线电发信试验时，应按照审批程序报总参谋部批准，并采取隐蔽措施；启动时，须报中央军委批准。

禁止将无保密终端的卫星、微波、超短波等无线电电路接入有线电通信网内使用。

无线电台的设置、使用，必须按照军队无线电管理的有关规定履行审批手续。任何单位和个人不得擅自设置、使用无线电通信设备，擅自编用密语、密码。严禁利用无线电台抄收敌台广播、电报或者与规定以外的电台进行联络。

（二）有线电通信保密

不准在无保密措施的有线电通信中传递重要军事秘密内容，不准用民用电话办理秘密事项。

禁止任何单位和个人窃听有线电话和安装窃听装置。

重要用户的通信终端应当加装保密设备。

无绳式电话机不准接入军用市话网内使用。

新建有线电架空、埋地通信线路应当避开外国人居住地区和对外开放的旅游区。已建途经外国人驻地和对外开放的旅游区的有线电架空线路要控制使用，并积极创造条件改埋地下通信电（光）缆。

军用通信不得与外国人使用的通信设备同机、同杆、同缆。跨越国境的特殊军用通信（电）路，应按有关规定使用并采取保密措施。

（三）通信终端保密

各类通信终端，必须经过电磁信息泄漏安全检查，经批准后方可入网工作。未经批准安装的终端设备，通信部门有权采取中断措施。

凡使用通信保密终端发送过的信息，不得再使用非通信保密终端原文发送。

重要用户在使用通信终端时，必须采取技术措施，防止电磁信息泄漏造成泄密。

通信保密终端及其密码、密钥、技术资料属于绝密级军事秘密，应按有关规定妥善保管，安装、放置在安全可靠的位置。并指定专人负责管理、维修和安全检查。

通信保密终端的规划、研制、生产、配发(含保密终端密钥的产生、制作与管理),全军通用的由总参谋部负责。

通信保密终端,由师以上通信部门指定专人,设专用库房或专柜保管。在运输时,应当按照有关规定办理运输免检手续并由两个以上人员护送,必要时应派武装人员护送。

当遇有危及通信保密终端安全、难以采取其他保护措施的情况时,使用人员应按有关规定立即将通信保密终端或其密钥销毁。

通信保密终端及其图纸、资料遗失或被窃后,应迅速查找并采取防范措施。其中,属于通用的报总参谋部处置;专用的,由军兵种、国防科工委处置并报总参谋部备案。

通信保密终端的管理和维修人员应按机要人员条件遴选,报师以上单位政治部门批准,并保持相对稳定。

(四) 涉外通信保密

除对外开放的部队外,任何单位或个人,在与外国人或驻华机构的交往中,不得使用部队番号、代号。

任何单位和个人不得将军用电话提供外国人使用;不得将军用电话号码告诉外国人,不得使用军用通信设施与外国人联系。与外国人有公务联系的军事单位,应当安装使用民用电话。

军用总机不得受理国际长途和外国人的电话。

(五) 军邮和通信台站保密

凡授予部队代号的单位和在该单位的人员,对军外联系时应使用部队代号,不得使用部队番号。

本 章 小 结

本章主要介绍网络管理的基本概念、简单网络管理协议、网络运行管理与值勤等内容。在本章的学习过程中,读者应重点识记网络管理的基本概念、网络管理发展历史、SNMP 相关概念、网络管理系统的定义和功能、网络测试的发展及分类;网络性能优化的措施、网络故障的诊断思路、网络值勤相关概念等内容;理解网络管理体系结构、SNMP 协议通信过程、军事信息网异构网络的统一管理、常见的网络测试方法;网络性能优化的目的、网络安全评估的方法、结构化网络排障的流程等知识;掌握使用网络管理软件管理异构网络、网络性能优化的流程、网络故障排除方法;网络值勤、维护与管理等基本技能。

本章的重点是网络管理体系结构、SNMP 协议通信过程、网络测试发展及分类、网络性能优化的措施、结构化网络排障的流程。本章的难点是军事信息网异构网络的统一管理、网络测试和网络故障排除方法。

作 业 题

一、单项选择题

1. 网络管理的目标是最大限度地满足网络管理者和网络用户对计算机网络的有效性、(　　)、开放性、综合性、安全性和经济性的要求。

A. 可靠性　　B. 稳定性　　C. 融合性　　D. 易用性

2. 在网络中主要的安全问题有数据的私密性、(　　)和授权等。

A. 可加密性　　B. 稳定性　　C. 身份认证　　D. 保密性

3. SNMP 的基本思想是:为不同种类的设备、不同厂家的设备、不同型号的设备,定义(　　)的接口和协议,使得管理系统可以使用统一的外观对需要管理的网络设备进行管理。

A. 不同的　　B. 统一的　　C. 类似的　　D. 不相关的

4. 网络端到端性能可以由一系列的性能指标来测量和描述。常用的网络端到端性能指标有,端到端时延、端到端带宽、(　　)以及连通性等重要性能指标。

A. 可靠性　　B. 稳定性　　C. 抖动　　D. 丢包率

5. 将管理信息表示为(　　),是 MIB 的主要目的。

A. 测量对象　　B. 管理对象　　C. 存储对象　　D. 比较对象

6. 带宽(Bandwidth)或吞吐量(Throughput)代表了一条链路或者网络路径在单位时间内能够传输的(　　)。

A. 数据量　　B. 通信量　　C. 数据报　　D. 数据帧

7. 凡授予部队代号的单位和在该单位的人员,对军外联系时不得使用部队(　　)。

A. 番号　　B. 代号　　C. 代码　　D. 名称

8. iMC 采用 B/S 结构开发,用户访问时无需安装任何客户端,直接在 Web 浏览器的地址栏中输入 iMC 服务器的 URL 即可,URL 如下:http://<IP 地址>:<端口>/imc,iMC 的默认 HTTP 端口为(　　)。

A. 8080　　B. 8443　　C. 8020　　D. 8031

二、多项选择题

1. SNMP 的版本有(　　)。

A. SNMPv1　　B. SNMPv2　　C. SNMPv3　　D. SNMPv4

2. 网络管理的功能有(　　)。

A. 配置管理　　B. 故障管理　　C. 性能管理　　D. 计费管理

E. 登录管理

3. 常用的故障测试命令有(　　)。

A. ipconfig　　B. arp　　C. ping　　D. tracert

E. netstat

4. 网络性能指标就是与网络性能和可靠性相关的参数，常用 IP 网络性能指标内容包括(　　)。

A. 吞吐量　　B. 稳定性　　C. 带宽　　D. 时延

E. 丢包率

5. 常用的带宽指标有(　　)。

A. 容量　　B. 可用带宽　　C. 批量传输容量　　D. 窄链路和紧链路

6. 在无线网络中，引起丢包的原因主要是(　　)和(　　)。

A. 路径衰减　　B. 无线信号干扰　　C. 链路中断　　D. 信号不稳定

7. NQA 功能有(　　)。

A. 支持多种测试类型　　B. 支持阈值告警功能

C. 支持联动功能　　D. 支持自动检测功能

8. 网络安全评估标准的发展历程经历了(　　)的阶段。

A. 首创而孤立　　B. 普及而分散　　C. 统一而各自独立　　D. 集中统一

三、填空题

1. 值班人员必须编配工作代号，________人以上值班应当设领班员。

2. 机房电源的交流电压应在________V~________V 之间，直流供电电压范围不超过设备标称值的±15%。

3. 主干、骨干节点的节点可用率应达到________%以上，地区节点的节点可用率应达到________%以上，接入节点的节点可用率应达________%以上。

4. 主干、骨干、地区、接入节点设备或基础应用系统病毒防护率应当达到________%以上，用户接入网病毒防护率应当达到________%以上。

5. 安全事件处理时限为自安全防护系统发生安全事件报警或安防中心接受安全事件申告时起，至安全事件处理结束时间，应当达到：已知病毒处理不得超过________min；未知病毒处理不得超过________h；网络入侵处理不得超过________min；有害信息处理不得超过________min；非法外联处理不得超过________min。

6. TCSEC 可信计算机系统评估准则共分为________类________级。

7. 我国国家质量技术监督局于________年发布的国家标准，序号为 GB 17859—1999。

8. iMC 系统提供两种组网方式，即________组网和________组网。

四、简答题

1. 简述 SNMPv2 的优缺点。

2. SNMPv3 解决了网络传输时的多种安全问题，主要有哪些？

3. MIB-II 的管理对象分为哪几个组？

4. 简述 iMC 系统的两种部署方式。

5. 时延测量常用的方法有哪些？

6. 网络带宽主要包括哪几个指标？

7. 简述 NQA 的概念和作用。

第九章　军事信息网建设与管理案例

本章通过一个案例，使读者在学习完前面章节的所有内容后，结合实际组网运用，进一步理解军事信息网建设与管理的全过程，理解所学知识和技能如何运用在实际组网过程中，从而更好地掌握本书所讲述的知识和技能。

第一节　案 例 背 景

本节主要介绍××单位的网络系统建设背景。

一、建设背景

××单位是一所任职教育培训院校，主要建设一个连接所有下属单位的网络系统，它以信息网络为主体，连接办公、训练、教学、科研、智慧营区等网络子系统。目前××单位综合业务承载网存在各部门网络互相独立，网络没有统一的细化管理，存在资源无法共享等弊端，严重制约了网络的整体效能提升。

本次网络建设项目主要提升××单位的网络适应性、可靠性和可扩展性，在未来几年内适应网络信息化的发展，提高××单位整体基础网络环境，能够综合承载数据、语音、视频等多种业务，是一个先进、实用、安全、有扩展能力和升级潜力，并与外联网络物理隔离的网络系统。

采用新建网络与原有的网络进行合理的连接和整合，最大限度地节约资源，保障原有网络的基础应用和现有新建网络的高效利用。

二、设计原则

进行方案设计和实施时主要考虑以下几点原则。

(1) 实用性和先进性：网络建设注重使用和成效，要求技术先进，产品成熟。

(2) 标准型与开放性：网络能适应未来若干年的网络发展趋势，设备采用与国际标准兼容的开放协议。

(3) 稳定性和安全性：具有较高的容错性能，并采用先进的安全技术，保证信息的安全。

(4) 经济性和可扩展性：具有良好的可扩展性和灵活性，并保持对以前技术的兼容性。

(5) 可维护性与可管理性：采用业界先进的网络管理平台软件，综合进行网络管理，对网络进行实时的监控和管理。

第二节　需求分析与方案设计

本节主要讲述分析该单位的具体需求，制定相应的网络建设方案。

一、需求分析

建设后的××单位综合业务承载网在网络设计方面应充分满足以下几个方面。

(一) 高性能

随着 IP 电话、视频会议、视频监控、作训业务、OA 办公系统、电子邮件系统等应用的应用,该网络需要承载各种信息流,将对××单位的实验局域网以及广域网提出较高的要求。高性能、高质量的数据、语音、视频传输作为××单位综合业务承载网发展必然方向,网络应该运用当今最先进的技术,并且应该满足今后若干年的性能需求,因此:

(1) 基础平台采用高端路由交换机,整个核心网络采用高转发率的交换机实现核心网络,整个核心平台实现千兆主干;

(2) 每个实验室再通过千兆链路就近接入到汇聚设备,通过在接入层和汇聚层,合理的规划 VLAN,实现业务的二层隔离;

(3) 支持多种应用:××单位综合业务承载网是融合多种应用,如数据、IP 电话、视频等的网络,网络在建设之初就要考虑多对多业务的端到端的高质量支持;

(4) 对于一个大型网络来说,路由的合理规划及 IP 地址的灵活划分是非常重要的功能,它为实现全网范围的地址汇聚及路由快速收敛,减少由于路由抖动导致业务停顿而带来的损失提供了有效地保障手段。在网络设计中应选择切实可行的技术进行路由规划。

(二) 高安全性

(1) 网络级攻击:窃听报文,IP 地址欺骗、源路由攻击、端口扫描、拒绝服务攻击;

(2) 应用层攻击:有多种形式,包括探测应用软件的漏洞、特洛伊木马等;

(3) 系统级攻击:不法分子利用操作系统的安全漏洞对内部网构成安全威胁。

所以,建成的××单位综合业务承载网应具有良好的安全性,能够对使用者进行验证、授权、审核,以保障系统的安全性。同时提供灵活的用户接入控制策略:及分布式控制和集中式控制。

(三) 高可靠性

信息网系统承载着各种重要数据,整个网络系统应具有高可靠性。选用的路由设备必须满足数据互连业务、视频和 VOIP 业务所带来的高需求,如网络设备需要具有良好的组播、QoS、流分类等业务的处理能力等。

(四) 可扩展性和可升级性

系统要有可扩展性和可升级性,随着业务的增长和应用水平的提高,网络中的数据和信息流将按指数增长,需要网络有很好的可扩展性,并能随着技术的发展不断升级。

(五) 易管理、易维护

需要网络系统具有良好的可管理性,网管系统具有监测、故障诊断、故障隔离、过滤设置等功能,以便于系统的管理和维护。

二、网络系统构架

××单位综合业务承载网建设按照业务功能划分,分为独立的两张网络(A 网、B 网),采用 OSPF+BGP 路由技术。每张网络,作为业务承载网络,按照层次划分为承载网核心层,主要由核心路由器、核心交换机实现;承载网接入层,主要由汇聚交换机实现。

网络采用广域网和局域网结合方式建设,广域网采用核心路由器建设,核心路由器之间采用传输 622M POS 接口互联。局域网采用核心+汇聚共同组成。

网络的核心层主要承载上行流量的汇聚和高速转发。该层具备高带宽、低时延和超强路由交换能力。

三、网络建设方案

整个工程分布在 X 楼、Y 楼、Z 楼等楼宇,需要建设独立的两张承载网络(A 网、B 网)将各栋楼的各要素连起来。拟给 A 网分配 10.0.0.0/8 的 A 类网段,给 B 网分配 20.0.0.0/8 的 A 类网段。考虑到后续扩容需求,采用光纤布设到各机房、机房内布设六类双绞线的光电混合布线方案。

具体拟制的网络建设方案内容简要介绍如下,详细方案略。

1. 网络拓扑图

A 网的拓扑图如图 9-1 所示,B 网与此类似。

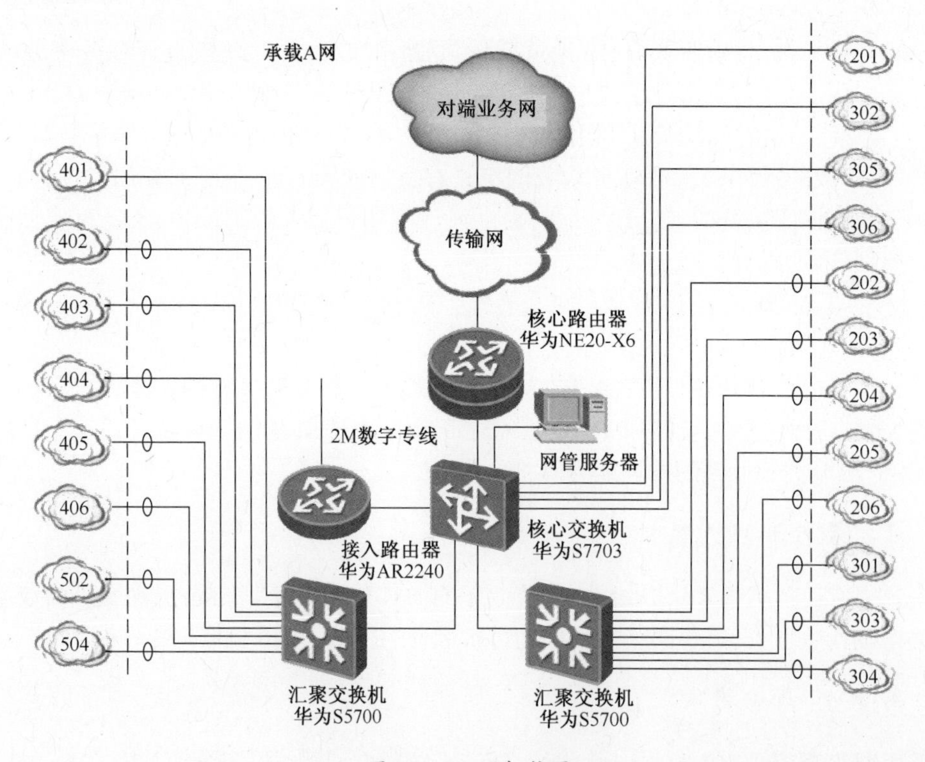

图 9-1 A 网拓扑图

2. 建筑平面布局及布线方案

由于涉及的建筑物较多,规模较大,应此将其定位为智能化园区综合布线系统。

园区的综合布线系统是一个高标准的布线系统,水平系统和工作区采用六类网线,主干采用光纤,构成主干千兆以太网,不仅能满足现有数据、语音、图像等信息传输的要求,也为今后的发展奠定基础。

3. VLAN 及 IP 地址规划方案

×楼内 VLAN 及 IP 地址规划见表 9-1 所列,其余楼宇内方案类似。

表 9-1　×楼内 VLAN 及 IP 地址规划表

X 楼承载 A 网 IP 规划表			
序号	房间号	VLAN 号	VLAN 网关地址
1	201	vlan221	10. 2. 21. 254
2	202	vlan222	10. 2. 22. 254
3	203	vlan223	10. 2. 23. 254
4	204	vlan224	10. 2. 24. 254
5	205	vlan225	10. 2. 25. 254
6	206	vlan226	10. 2. 26. 254
7	301	vlan231	10. 2. 31. 254
8	302	vlan232	10. 2. 32. 254

4. 设备、线缆命名方案

设备的命名规则采用:设备定位+设备位置+设备型号+编号的方式进行命名,举例如下。

ACC-B1F3U2-2710,其中各字段的含义为

(1) ACC:接入交换机。

(2) B1F3U2:1 号楼 3 楼 2 单元。

(3) 2710:设备型号。

线路的命名规则采用:对端设备名+对端端口号的方式,举例如下。

To-AGG-B1N1-G0/0/8:

(1) AGG:汇聚交换机。

(2) B1N1:1 号楼 1 号机。

(3) GE0/0/8:对端端口号。

在规划时采用表 9-2 所列形式进行规划。

表 9-2　路由交换设备命名表

放置地点	设备名	设备型号	名称

5. 路由规划方案

整个网络的路由规划如图 9-2 所示。

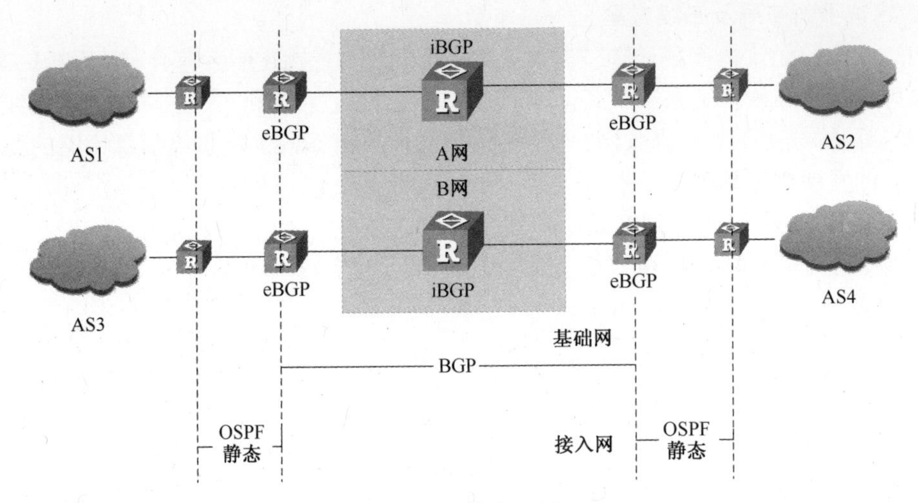

图 9-2　路由规划

6. 网络安全防护方案

针对三层网络安全问题,采取的保护机制主要包括:

(1) 访问控制列表。

(2) ARP 表项安全控制。

(3) uRPF 单播逆向路径校验。

(4) 防火墙配置。

针对二层网络安全问题,采取的保护机制见表 9-3 所列。

表 9-3　二层网络安全问题及保护

二层攻击类型	二层保护机制
针对设备的 DoS 攻击	交换机 CPU 保护
流量超载	流量抑制/风暴控制
MAC 欺骗	端口安全机制
DHCP 攻击	DHCP 监测
ARP 攻击	限速/固化/隔离/动态 ARP 检测
源伪造攻击	IP 数据报源检测

第三节　网络互联与服务构建

本节主要讲述在完成需求分析和制定好网络建设方案后,如何进行网络互联和服务构建。

一、网络互联

(一) 实施准备

理清方案实施的流程和步骤,做好现场环境熟悉、技术准备、设备和材料准备、人员准备、现场安全和管理准备等前期工作,并做好工程施工计划。

（二）实施过程

按照开箱验货、硬件安装、单机基础调试验收、目标网络联网调测、目标网络联网验收、全网业务验证的顺序进行网络互联工作的具体实施。

二、服务构建

在开始服务构建之前，确认设备的物理设计、逻辑设计、脚本配置。然后制定施工的每个环节的具体操作步骤包括硬件安装、软件调试等。

（一）物理接口调测

完成接口协议、IP 地址等参数配置后，主要使用 display interface brief 查看接口是否 up，如接口 down 请检查线缆连接、端口协商模式及光功率等。

（二）交换机业务配置

二层协议主要检查 802.1Q 配置，生成树配置及链路切换测试，LLDP 邻居状态检查等。三层主要包括直连互通测试，路由协议邻居状态检查，路由条目是否缺失，并模拟路径故障进行演练测试。

（三）IGP 路由协议配置

包括 OSPF、ISIS、静态路由的配置，具体配置从略。

（四）BGP 路由协议配置

包括 EBGP 和 IBGP 的配置，具体配置从略。

（五）远程管理维护特性配置

在所有设备上配置 SSH 登录功能，针对不同用户分别开启访客、普通用户和特权用户等权限，具体配置从略。

（六）网络安全特性配置

在路由交换设备上配置二层和三层防护功能，在防火墙上配置对应的终端安全和内容安全策略，具体配置从略。

（七）网络管理特性配置

安装 iMC 网管系统，所有设备及服务器上配置 SNMP 参数，并将设备及服务器加入网管系统，进行统一管理，具体配置从略。

第四节 测试验收与项目文档

本节主要讲述完成网络互联和服务构建后，如何进行网络工程项目的测试验收。

一、测试验收内容

（一）网络设备测试

设备上电后检查的重点是关注各种指示灯的状态，重点观察电源指示灯、风扇指示灯、主控板指示灯、业务板指示灯、接口板指示灯等。

使用 display device 查看设备板卡的注册状态，确认 Status 为 Normal 状态。

使用 display device slot xxx（xxx 表示槽位号）查看具体槽位板块状态。

使用 display power 查看设备电源状态。

使用 display power system 查看设备功率。

使用 display version 查看设备的版本信息。

使用 display esn 查看设备序列号。

使用 display interface brief 查看接口是否 up，如接口 down 请检查线缆连接、端口协商模式及光功率等。

（二）网络功能测试

二层协议主要检查 802.1Q 配置，生成树配置及链路切换测试，LLDP 邻居状态检查等。

三层主要包括直连互通测试，路由协议邻居状态检查，路由条目是否缺失，并模拟路径故障进行演练测试。

访问控制测试主要测试用户访问网络的权限，如是否成功认证、授权、审计等。

其他业务测试，如 SNMP 等需根据实际需求执行。

具体测试过程从略。

（三）网络性能测试

双机热备测试主要测试链路和设备等出现异常时，备用设备是否能成功切换为主用状态，目的在于测试双机热备的可靠性。

业务流量测试主要测试业务流量走向，一般可用 tracert 命令查看。

QoS 服务测试主要检查针对用户流量做的 QoS 是否生效，是否达到预期效果。

在测试时，在不影响业务的前提下进行测试，通过测试网络和设备的丢包率、包转发延迟和吞吐量来体现业务的性能。通过在实现不同网络功能的基础上，测试网络和设备基本性能，包括路由器、交换机的 CPU、内存、缓存等的使用情况，衡量实现不同的测试情况下对设备资源的消耗指标。

具体测试过程从略。

二、项目文档交付

交付的项目文档包括：网络规划方案、网络实施方案、硬件质检报告、项目验收报告、项目验收证书等文档。具体文档内容从略。

第五节 网络运维与网络管理

本节主要讲述网络日常管理运维中如何进行日常巡检。

一、日常巡检

日常巡检按照见表 9-4 所列内容进行逐步检查登记。

表 9-4 日常巡检登记表

单位名称		巡检时间	
巡检人			
设备名称:		设备型号:	
巡检内容		检查方法	结 果
1. 检查设备面板指示灯状态,看是否有红灯告警		检查告警指示灯	是(否)正常
2. 电源状态查看,查看是否有红灯告警		检查告警指示灯	是(否)正常
3. 登录设备检查 logbuffer,查看是否有异常告警		登录设备执行 display logbuffer 命令	是(否)正常
4. 检查端口是否存在错误包		登录设备执行 display interface brief 命令	是(否)正常
5. 检查设备 OSPF 邻居状态		登录设备执行 display ospf peer 命令	是(否)正常
6. 检查设备 OSPF 错误包数量		登录设备执行 display ospf error 命令	是(否)正常
7. 检查 VRRP 状态		登录设备执行 display vrrp brief 命令	是(否)正常
8. 检查××业务系统连通性		在 PC 上使用 ping 命令测试目标业务系统	是(否)正常
9. 测试××业务是否能够访问		在 PC 上使用客户端或浏览器登录相关业务系统测试	是(否)正常
备注:以每台设备为单位填写。			
异常问题记录(上面检查发现的问题或在各检查项外发现的问题请在此具体描述)			
异常问题解决方案(异常问题解决方案在此具体描述)			

二、网管系统

全网部署 iMC 网管系统,进行所有网络设备的管理维护,具体内容从略。

三、网络性能监测

在重要网络节点配置 NQA 功能,并与网管系统联动,进行实时性能监测,具体内容从略。

参 考 文 献

[1] 王厚生．军事通信网建设[M]．武汉:通信指挥学院,2009.

[2] Andrew S. Tanenbaum, David J. Wethrall. 计算机网络[M]．5 版.严伟,潘爱民,译．北京:清华大学出版社,2012.

[3] 申普兵．计算机网络与通信[M]．2 版.北京:人民邮电出版社,2012.

[4] 新华三大学．路由交换技术详解与实践(第 2 卷)[M]．北京:清华大学出版社,2018.

[5] 新华三大学．路由交换技术详解与实践(第 3 卷)[M]．北京:清华大学出版社,2018.

[6] 杨云,康志辉．网络服务器搭建、配置与管理—Window Server[M]．2 版.北京:清华大学出版社,2015.

[7] 林康平．云计算技术[M]．北京:人民邮电出版社,2017.

[8] 刘志成,林东升,彭勇．云计算技术与应用基础[M]．北京:人民邮电出版社,2017.

[9] 雷震甲．计算机网络管理[M]．3 版.西安:西安电子科技大学出版社,2017.

[10] 小田圭二．图解性能优化[M]．北京:人民邮电出版社,2017.

[11] 徐明．网络管理[M]．北京:高等教育出版社,2017.

[12] 王灵霞．网络管理运维与实战宝典[M]．北京:中国铁道出版社,2016.

[13] 杨黎斌,戴航,蔡晓妍．网络信息内容安全[M]．北京:清华大学出版社,2017.

[14] 胡嘉麟．基于移动网络的信息过滤模型及设计[D]．兰州:兰州大学,2015.

[15] 陈晓桦,武传坤．网络安全技术[M]．北京:人民邮电出版社,2017.

[16] 庞景安．Web 信息采集技术研究与发展[J]．情报科学,2009.

[17] 吴熲．基于移动网络信息安全的内容过滤技术的研究[D]．上海:华东理工大学硕士论文,2015.

[18] 公安部、国家保密局、国家密码管理委员会和国务院信息化工作办公室．关于信息安全等级保护工作的实施意见(公通字[2004]66 号)[R]．北京:公安部,2004.

[19] 公安部、国家保密局、国家密码管理局、国务院信息工作办公室．信息安全等级保护管理办法([2007]43 号)[R]．北京:2007.

[20] GB/T 22240—2008. 信息安全技术信息系统安全保护等级定级指南[S].

[21] 公安部．信息安全等级保护安全建设整改工作指南(公信安[2009]1429 号)[R]．北京:公安部,2009.

[22] 郭启全．网络安全法与网络安全等级保护制度[M]．北京:电子工业出版社,2018.

作业题参考答案

第一章

一、单项选择题

1. A　　2. A　　3. B　　4. D

二、多项选择题

1. ABCD　　2. ABCD

三、填空题

1. 军队作战指挥和军队行动
2. Reference Model of Open System Interconnection
3. 物理层、数据链路层、网络层、通信功能
4. TCP/IP
5. 骨干网

四、简答题

1. 画出 TCP/IP 参考模型,并简述各层的主要协议。

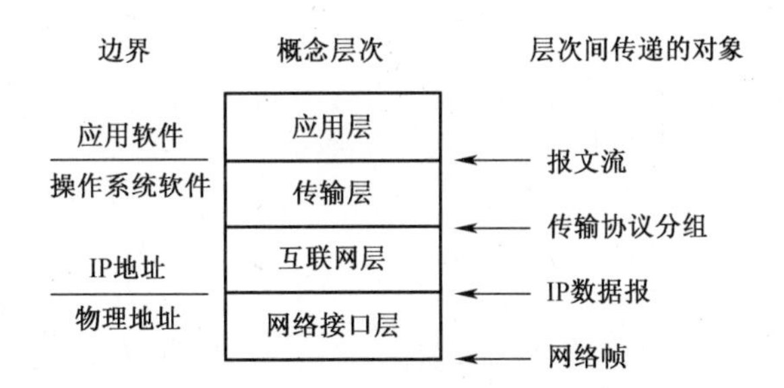

网络接口层负责接收 IP 数据报并通过网络发送。或者从网络上接收物理帧,抽出 IP 数据报,交给互联网层。

互联网层负责不同计算机或路由器之间的通信。

传输层的任务是提供端到端的通信。

应用层向用户提供一组常用的应用程序。

2. 有哪些特殊的 IP 地址? 各有什么用途?

① 有限广播地址:32 比特全为"1"的地址,用于同时向本地网上所有主机发送报文。

② 定向广播地址:主机地址部分全为"1"的地址,用于同时向指定网络所有主机发送报文。

③ 本地网络地址:32 比特全为"0"的地址,表示本地网络,有时作为默认路由地址。

④ 特定网络地址:主机地址部分全为"0"的地址,表示特定网络。

⑤ 回送地址:A 类网络地址 127,它是一个保留地址,用于网络软件以及本地进程间通信,可以用来测试本主机网卡驱动程序和 TCP/IP 协议栈是否工作正常。

3. 将某 C 类网络 192.168.118.0 划分成 6 个子网,请计算出子网掩码及每个子网的网络地址、广播地址,以及有效的主机 IP 地址范围。

要求分为 6 个子网,6 介于 4 到 8 之间,因此向 C 类网络借 3 位主机号,故掩码为:255.255.255.224。

子网号 192.168.118.0,有效主机 1~30,广播地址 192.168.118.31。

子网号 192.168.118.32,有效主机 33~62,广播地址 192.168.118.63。

子网号 192.168.118.64,有效主机 65~94,广播地址 192.168.118.95。

子网号 192.168.118.96,有效主机 97~126,广播地址 192.168.118.127。

子网号 192.168.118.128,有效主机 129~158,广播地址 192.168.118.159。

子网号 192.168.118.160,有效主机 161~190,广播地址 192.168.118.191。

子网号 192.168.118.192,有效主机 193~222,广播地址 192.168.118.223。

子网号 192.168.118.224,有效主机 225~254,广播地址 192.168.118.255。

第二章

一、单项选择题

1. C　　2. D　　3. B　　4. A　　5. A

6. B

二、多项选择题

1. ABC　　2. ABCD　　3. ABCD　　4. ACD

三、填空题

1. 核心层　　2. 应用需求、网络需求　　3. 战区固定式通信网

4. 星型、树型　　5. 工作区子系统、垂直主干子系统、建筑群主干子系统

6. 帧转发速率

四、简答题

1. 网络工程实施主要包括那几个步骤?

(1) 工程实施计划。在网络设备安装前,需要编制工程实施计划,列出需实施的项目、费用和负责人等,以便控制投资,按进度要求完成实施任务。

(2) 网络设备到货验收。系统中要用到的网络设备到货后,在安装调试前,必须先进行严格的功能和性能测试,以保证购买的产品能很好地满足用户需要。

(3) 设备安装。网络系统的安装和调试需要由专门的技术人员负责。

(4) 系统测试。系统安装完毕,就要进行系统测试。系统测试是保证网络安全可靠运行的基础。

(5) 系统试运行。系统调试完毕后,进入试运行阶段。

(6) 用户培训。一个规模庞大、结构复杂的网络系统往往需要网络管理员来维护,并协调网络资源的使用。

(7) 系统转换。经过一段时间的试运行,系统达到稳定、可靠的水平,就可以进行系统转换工作。

2. 军事信息网的网络工程设计原则是什么?

(1) 面向各类应用,确保资源共享;(2) 突出军事特色,满足应用需求;(3) 加强安全保密,提高防御能力;(4) 采用先进技术,实现跨越发展。

3. 简述层次化网络设计模型的优点。

(1) 可扩展性。由于分层设计的网络采用模块化设计,路由器、交换机和其他网络互联设备能在需要时方便地加到网络组件中。

(2) 高可用性。冗余、备用路径、优化、协调、过滤和其他网络处理使得层次化具有整体的高可用性。

(3) 低时性。由于路由器隔离了广播域,同时存在多个交换和路由选择路径,数据流能快速传送,而且只有非常低的时延。

(4) 故障隔离。使用层次化设计易于实现故障隔离。模块设计能通过合理的问题解决和组件分离方法加快故障的排除。

(5) 模块化。分层网络的模块化设计让每个组件都能完成互联网络中的特定功能,因而可以增强系统的性能,使网络管理易于实现并提高网络管理的组织能力。

(6) 高投资回报。通过系统优化及改变数据交换路径和路由路径,可在分层网络中提高带宽利用率。

(7) 网络管理。如果建立的网络高效而完善,则对网络组件的管理更容易实现化程度较高。这将大大地节省雇佣员工和人员培训的费用。

4. 简述 IP 地址的分配原则。

(1) 唯一性:一个 IP 网络中不能有两个主机采用相同的 IP 地址。

(2) 简单性:地址分配应简单且易于管理,降低网络扩展的复杂性,简化路由表项。

(3) 连续性:连续地址在层次结构网络中易于进行路由表聚类,大大缩减路由表,提高路由算法的效率。

(4) 可扩展性:地址分配在每一层次上都要留有余量,在网络规模扩展时能保证地址聚合所需的连续性。

(5) 灵活性:地址分配应具有灵活性,以满足多种路由策略的优化,充分利用地址空间。

5. 结构化布线系统具有以下特点。

(1) 实用性:能支持多种数据通信、多媒体技术及信息管理系统等,能够适应现代和未来技术的发展。

(2) 灵活性:任意信息点能够连接不同类型的设备,如微机、打印机、终端、服务器、监视器等。

(3) 开放性:能够支持任何厂家的任意网络产品,支持任意网络结构,如总线型、星型、环型等。

(4) 模块化:所有的接插件都是积木式的标准件,方便使用、管理和扩充。

(5) 扩展性:实施后的结构化布线系统是可扩充的,以便将来有更大需求时,很容易将设备安装接入。

(6) 经济性:一次性投资,长期受益,维护费用低,使整体投资达到最少。

第三章

一、单项选择题

1. A　2. C　3. D　4. D　5. C
6. C　7. B　8. C　9. D　10. A
11. D　12. D　13. C　14. C　15. A
16. A

二、多项选择题

1. ABC　2. ABC　3. ABD　4. ABD　5. ABCD

三、填空题

1. 无连接的数据报服务　2. 网络层　3. 内部网络、外部网络
4. 内部网络、DMZ 区、外部网络　5. 路由模式、透明模式、混合模式
6. 信息收集、数据分析、响应　7. 打断会话、与防火墙联动

四、简答题

1. 简述网络互联的基本概念。

答:网络互联是指将两个以上的通信网络通过一定的方法,用一种或多种网络通信设备相互连接起来,以构成更大的网络系统。网络互联的目的是以实现不同网络中的用户可以进行互相通信、共享软件和数据等。

2. 简述网络互联的两个解决方案。

答:网络互联的两个解决方案分为面向连接和面向无连接的。

面向连接,是指通信双方在进行通信之前,要事先在双方之间建立起一个完整的可以彼此沟通的通道,这个通道也就是连接。在通信过程中,整个连接的情况一直可以被实时地监控和管理。而无连接的通信,就不需要预先建立起一个联络两个通信节点的连接来,需要通信的时候,发送节点就可以往“网络”上送出信息,让信息自主地在网络上去传,一般在传输的过程中不再加以监控,让该信息的传递在通信网络中尽力而为地往目的地节点传送。

与面向连接相对,面向无连接是指通信双方不需要事先建立通信线路,而是把每个带有目的地址的报文分组送到线路上,由系统自主选定线路进行传输。

面向连接基于电话系统模型,而面向无连接则基于邮政系统模型。相对于面向连接的建立连接的三个过程,面向无连接只有“传送数据”的过程。

3. 简述交换机原理及转发方式。

答:原理:当交换机从某个端口收到一个数据报,它先读取包头中的源 MAC 地址,这样它就知道源 MAC 地址的机器是连在哪个端口上的;再去读取包头中的目的 MAC 地址对应的端口,把数据报直接复制到该端口上;如表中有与该目的 MAC 地址对应的端口,把数据报直接复制到该端口上;如表中找不到相应的端口则把数据报广播到所有端口上,当目的机器对源机器回应时,交换机又可以学习一目的 MAC 地址与哪个端口对应,在下次传送数据时就不再需要对所有端口进行广播了,不断的循环这个过程,对于全网的 MAC 地址信息都可以学习到,二层交换机就是这样建立和维护它自己的地址表。

转发方式分为直通式转发、存储式转发和无碎片直通式。

4. 防火墙主要功能是什么?

答:在计算机网络中,防火墙是保护内部网络免受来自外部网络非授权访问的安全系统或设备,它在受保护的内部网和不信任的外部网络之间建立一个安全屏障,通过检测、限制、更改跨越防火墙的数据流,尽可能地对外部网络屏蔽内部网络的信息和结构,防止外部网络的未授权访问,实现内部网与外部网的可控性隔离,保护内部网络的安全。

5. 入侵检测系统的作用?

答:入侵检测作为动态安全技术的核心技术之一,能在不影响网络性能的情况下对网络进行监测,从而起到对内部攻击、外部攻击和误操作的主动防御,扩展了系统管理员安全管理的能力(包括安全审计、监视、进攻识别和响应),提高了信息安全基础结构的完整性,是网络安全防御体系的另一个重要组成部分。

第四章

一、单项选择题

1. C　　2. B　　3. C　　4. D　　5. B

6. B　　7. C

二、多项选择题

1. AC　　2. ABC　　3. BC　　4. BC　　5. BC

6. ABC　　7. CD　　8. ABC　　9. AD　　10. ABC

11. ABC

三、填空题

1. Hybrid　　2. IP 地址、所属 IP 网段　　3. Hybrid　　4. MAC VLAN

5. 传输速率基带传输最大传输距离为 500m　　6. 空闲检测、强化干扰

7. 调频扩频直接序列扩频正交频分多路复用高速率的直接序列扩频

四、简答题

1. 简述局域网的特点。

覆盖范围小,从几十米到几千米;传输速率高,为 10Mb/s~1000Mb/s;误码率低,仅为 10^{-8}~10^{-11};局域网是一个自治网,由所属单位管理。

2. 画出以太网的 MAC 帧格式。

以太网的 MAC 帧格式如下图所示:

前导码	帧始定界符	目的地址	源地址	长度/类型	数据	FCS

目的地址 DA:6 字节,目的 MAC 地址,其最低有效位为“0”表示单地址,为“1”表示组地址,全“1”时为广播地址。

源地址 SA:6 字节,源 MAC 地址。

长度/类型 L:2 字节,表示数据域长度的值或上一层使用协议的类型。

数据:46~1500 字节,LLC 层数据单元或 IP 数据报,它作为 MAC 帧的数据域。

FCS:4 字节,帧校验,采用 CRC-32 校验码。

3. 什么是无线局域网？无线局域网有哪些优点？

无线局域网是利用射频(RF)技术取代双绞铜线(Coaxial)所构成的局域网络。

特点为：

安装便捷。WLAN 最大的优势就是免去或减少了网络布线的工作量，一般只要安装一个或多个接入点(Access Point)设备，就可建立覆盖整个建筑或地区的局域网络。

使用灵活。无线网的信号覆盖区域内任何一个位置都可以接入网络。

经济节约。由于有线网络缺少灵活性，这就要求网络规划者尽可能地考虑未来发展的需要，这就往往导致预设大量利用率较低的信息点。而一旦网络的发展超出了设计规划，又要花费较多费用进行网络改造。而 WLAN 可以避免或减少以上情况的发生。

易于扩展。WLAN 有多种配置方式，能够根据需要灵活选择。

4. 生成树协议的功能是什么？

STP 的主要功能是通过计算，动态地阻断冗余链路，从而消除数据链路层环路。

5. 简述虚拟局域网的特点。

虚拟局域网的主要特点为：有效控制广播域范围、增强局域网的安全性、灵活构建虚拟工作组和增强网络的健壮性。

6. WLAN 使用那些无线传输技术？

WLAN 主要使用红外线通信、扩展频谱通信及窄带微波通信等无线传输技术。

7. 简述 STP 和 RSTP 的区别。

(1) 端口角色方面，RSTP 将端口的角色增加为五种，相比 STP 增加了 Edged Port 和 Backup 端口。

(2) 端口状态方面，RSTP 将端口的状态缩减为三种。

(3) 加快收敛方面，RSTP 相比 STP 提供了三种快速切换的方式：边缘端口可直接从阻塞状态进入转发状态；对于新的根端口若对端为指定端口且处于转发状态，则该根端口可直接进入转发状态；对于点到点链路的指定端口可通过一次握手直接进入转发状态。

8. 相对于 RSTP，MSTP 主要做了哪些改进？

MSTP 相比于 RSTP 最大的区别就是可实现不同 VLAN 在多条链路上的负载分担，不再是所有的 VLAN 共享一棵树，而是可根据需要生成多个生成树实例。

第五章

一、单项选择题

1. C　2. A　3. C　4. A　5. B
6. A　7. B　8. C　9. C　10. D
11. A　12. A　13. D　14. C　15. B

二、多项选择题

1. AD　2. AB　3. ABCD　4. AB　5. CD
6. ABD　7. BC　8. ABD　9. ABC　10. ACD

三、填空题

1. 0.0.0.0、0.0.0.0　2. import-route　3. IP、89
4. 最短路径优先(SPF)算法　5. 内部网关、链路状态
6. 224.0.0.5、224.0.0.6
7. 0.0.0.0、0
8. Open、Update、Notification、Route-refresh
9. 公认必遵属性、公认任选属性、可选传递属性、可选非传递属性
10. 全互联

四、简答题

1. 简述PPP链路的工作过程。

(1) 链路建立阶段。

PPP通信双方发送LCP数据报来交换配置信息,一旦配置信息交换成功,链路即宣告建立。LCP数据报包含一个配置选项域,该域允许设备协商配置选项,如最大接收单元数目、特定PPP域的压缩和链路认证协议等。如果LCP数据报中不包含某个配置选项那么采用该配置选项的默认值。

(2) 链路认证阶段(可选)。

链路认证是PPP协议提供的一个可选项,如果用户选择了认证协议,那么本阶段将采用PAP或者CHAP完成认证过程,认证成功后,进入网络层控制阶段。

(3) 网络层控制阶段。

在完成上两个阶段后,进入该阶段。PPP双方开始发送NCP报文来选择并配置网络层的协议,如IP协议或IPX协议等。同时也会选择对应的网络层地址,如IP地址或者IPX地址等。配置成功后,就可以通过这条链路发送报文了。

(4) 链路终止阶段。

认证失败、链路建立失败、载波丢失或管理员关闭链路后都会导致链路终止。

2. MP的作用是什么?有哪两种实现方式?

MP是将多个PPP链路捆绑使用的技术。将多个PPP链路进行捆绑形成MP链路,可以满足增加整个通信链路的带宽、增强可靠性的需求。

可以采用虚拟模板(VT)接口实现MP,也可以采用MP-Group实现MP。常用的是MP-Group方式。

3. 配置静态路由的命令是什么?

ip route - static ip - address {mask | mask - length} nexthop - address [preference preference] [description text]

4. 配置华为路由器OSPF协议的基本步骤是什么?

基本的OSPF网络配置只需要在各路由器上使用OSPF命令启用OSPF进程,使用area命令配置相应的OSPF区域,并通过network命令宣告所连接的网络即可。多区域OSPF的基本配置与单区域类似,仅仅把路由器的接口按正确的区域进行划分即可。

5. Stub区域、TotallyStub区域、NSSA区域各有什么特点?

Stub区域不接收AS外部的路由信息;Totally Stub区域不接收AS外部路由以及区域间的路由信息;这两种区域都不允许存在ASBR。

NSSA 区域不接收 AS 外部路由,但区域内可存在 ASBR,即可以发布外部路由。

6. 简述 BGP 的路由通告原则。

在目前的实现中,BGP 发布路由时采用如下策略。

(1) 当存在多条有效路由时,BGP Speaker 只将最优路由发布给对等体。

(2) BGP Speaker 只把自己使用的路由发布给对等体。

(3) BGP Speaker 从 EBGP 获得的路由会向它所有的 BGP 对等体发布(包括 EBGP 对等体和 IBGP 对等体)。

(4) BGP Speaker 从 IBGP 获得的路由不向它的 IBGP 对等体发布。

(5) BGP Speaker 把从 IBGP 获得的路由发布给它的 EBGP 对等体(关闭 BGP 与 IGP 同步的情况下,IBGP 路由被直接发布;开启 BGP 与 IGP 同步的情况下,该 IBGP 路由只有在 IGP 也发布了这条路由时才会被同步并发布给 EBGP 对等体)。

(6) 连接一旦建立,BGP Speaker 将把自己所有的 BGP 路由发布给新对等体。

7. 为什么要求 BGP 和 IGP 同步?什么情况下可以取消同步?

同步是指 IBGP 和 IGP 之间的同步,其目的是为了避免出现误导外部 AS 路由器的现象发生。

如果设置了同步特性,在 IBGP 路由加入路由表并发布给 EBGP 对等体之前,会先检查 IGP 路由表。只有在 IGP 也知道这条 IBGP 路由时,它才会被发布给 EBGP 对等体。在下面的情况中,可以关闭同步特性。

(1) 本 AS 不是过渡 AS。

(2) 本 AS 内所有路由器建立 IBGP 全连接。

第六章

一、单项选择题

1. B　　2. D

二、多项选择题

1. ABCD　　2. ABD

三、填空题

1. 研究如何利用计算机从动态网络的海量信息中,对与特定安全主题相关的信息进行自动获取、识别和分析的技术

2. 事件产生单元、事件分析单元、安全响应单元、事件数据库

3. 信息内容的采集

4. 操作系统、应用系统、数据库系统、网络应用

四、简答题

1. 最小特权原则、职责分离原则、多级安全原则

2. 等级保护工作主要分为五个环节,分别是网络定级、网络备案、等级测评、网络安全建设整改、安全自查和监督检查。

3. ①统一领导,分级负责;②广域监察,局域管控;③纵深防御,分级保护;④区域自治,联防联动。

第七章

一、单项选择题

1. A　　2. C　　3. B　　4. D　　5. B
6. C　　7. C　　8. C　　9. D

二、多项选择题

1. ABC　　2. ACD　　3. ABD　　4. BCD

三、填空题

1. 磁盘阵列　　2. 迭代查询、递归查询、反向查询

四、简答题

1. 简述云计算的概念。

云计算是指 IT 基础设施的交付和使用模式,指通过网络以按需、易扩展的方式获得所需的资源(硬件、平台、软件)。提供资源的网络被称为"云"。"云"中的资源在使用者看来是可以无限扩展的,并且可以随时获取,按需使用,随时扩展,按使用付费。这种特性经常被称为像水电一样使用 IT 基础设施。广义的云计算是指服务的交付和使用模式,指通过网络以按需、易扩展的方式获得所需的服务。这种服务可以是 IT 和软件、互联网相关的,也可以是任意其他的服务。

2. 云计算的关键特征有哪些?

(1) 按需自助服务。消费者无需同服务提供商交互就可以自动地得到自助的计算资源能力,如服务器的时间、网络存储等(资源的自助服务)。

(2) 无所不在的网络访问。借助于不同的客户端来通过标准的应用对网络访问的可用能力。

(3) 划分独立资源池。根据消费者的需求来动态地划分或释放不同的物理和虚拟资源,这些池化的供应商计算资源以多租户的模式来提供服务。用户经常并不控制或了解这些资源池的准确划分,但可以知道这些资源池在那个行政区域或数据中心,包括存储、计算处理、内存、网络带宽以及虚拟机个数等。

(4) 快速弹性。一种对资源快速和弹性提供和同样对资源快速和弹性释放的能力。对消费者来讲,所提供的这种能力是无限的(随需的、大规模的计算机资源),并且在任何时间以任何量化方式可购买的。

(5) 服务可计量。云系统对服务类型通过计量的方法来自动控制和优化资源使用。(如存储、处理、带宽以及活动用户数)。资源的使用可被监测、控制以及对供应商和用户提供透明的报告(即付即用的模式)。

第八章

一、单项选择题

1. A　　2. C　　3. B　　4. D　　5. B
6. A　　7. A　　8. A

二、多项选择题

1. ABC　2. ABCD　3. ABCDE　4. ACDE　5. ABCD
6. AB　7. ABC　8. ABD

三、填空题

1. 2　2. 200、240　3. 99.00%、98.50%、98.00%
4. 99.00%、98.00%　5. 30、8、30、30、10
6. 4、7　7. 1999　8. 分布式、分权分级式

四、简答题

1. 简述SNMPv2的优缺点。

SNMPv2的优点主要体现在：

(1) 定义了上下级管理站间通信的功能。对上级管理站而言，下级管理站既有管理站的功能，也有代理的功能。就代理角色来说，它需要接收上级管理站发送的命令并实现相应处理。

(2) SNMPv2提供了GetBulkRequest操作，它能够有效地检索大块的数据，特别适合在表中检索多行数据，提高了大量数据读取的效率。

(3) 对SNMPv1的SMI和MIB进行了增强。

缺点：在安全机制上没有安全管理部分。

2. SNMPv3解决了网络传输时的多种安全问题，主要有哪些？

SNMPv3提供的安全性主要是数据的加密和认证，借助于密码学相关的加密和摘要算法实现：

(1) 认证。数据完整性和数据发送源认证，保证消息是该发送源发送的，不是别人伪造的数据报、传输过程中没有被篡改过。使用HMAC、MD5和SHA-1对数据进行摘要，从而认证数据有没有被篡改。

(2) 加密。对数据进行加密，保证不能使用网络数据报截获技术将监听包直接解读。使用DES的CBC模式来加密数据，既保证了加解密的效率，又保证了足够的强度。

3. MIB-II的管理对象分为哪几个组？

MIB-II的管理对象分为11个组：system组、interfaces组、at组、ip组、icmp组、tcp组、udp组、egp组、cmot组、transmission组和snmp组。

4. 简述iMC系统的两种部署方式。

iMC系统提供了两种部署方式。

(1) 集中式部署：将所有组件全部部署在主服务器上；

(2) 分布式部署：将部分组件部署在其他服务器(从服务器)上。

其中，主服务器是iMC系统中的管理中心，负责与其他所有从服务器联动共同完成管理工作；从服务器负责完成特定的管理工作，比如性能管理等；从服务器只与主服务器进行数据交互，管理员在从服务器上只能通过IE浏览器访问主服务器来启动部署监控代理，进行分布式部署。当采用分布式部署时，用户只需要访问主服务器即可实现iMC系统的管理功能。

5. 时延测量常用的方法有哪些？

时延测量最常用的方法是主动测量法，即在测量节点上发送探测报文，然后接收应答

报文并计算时间差。常见的测量方法包括:采用 ICMP 报文的实现方法、采用 UDP 报文的实现方法、采用 TCP 报文的实现方法。

6. 网络带宽主要包括哪几个指标?

常用的带宽指标有:容量、可用带宽、批量传输容量、窄链路和紧链路。

7. 简述 NQA 的概念和作用。

NQA 是网络质量分析(Network Quality Analyzer)的简称。NQA 通过发送测试报文,对网络性能、网络提供的服务及服务质量进行分析,并为用户提供网络性能和服务质量的参数,如时延抖动、TCP 连接时延、FTP 连接时延和文件传输速率等。利用 NQA 的测试结果,用户可以:①及时了解网络的性能状况,针对不同的网络性能进行相应处理。②对网络故障进行诊断和定位。